外微分形式の理論

外微分形式の理論

松 田 道 彦 著

岩 波 書 店

はしがき

微積分の発見からほぼ1世紀を経て外微分形式の概念が確立された．微分法を使用するためには，変数を独立変数と従属変数の二つに分けねばならぬ．しかしながら，外微分形式の方法を使用すると，諸変数を独立変数と従属変数に区別する必要はなくなる．1世紀におよぶ外微分形式の研究が果実を結んだのは前世紀末期のことである．とくにLieによって接触変換の概念が確立されてから，独立変数と従属変数および導函数を自由に変換することが可能になり，従来の1階偏微分方程式の解法理論が一新されたとき，大きな感動が当時の数学者をとらえた．その感動のなかから，Cartanによって外微分形式の特性系と包合系との二つの重要な概念が得られた．

本書の目的は三つである．その一は外微分形式の方法を固定された座標系によらずに自由に駆使する基礎を与えること：その二は特性系の概念のもとに偏微分方程式の古典的求積論を統一すること：その三は包合系の理論の最近の発展を紹介することである．

前世紀末から今世紀初頭にかけて外微分形式論にかけられた大きな期待は，現在に至ってもなお十分にみたされたとはいいがたい．外微分形式の方法が自由に駆使されて豊富な結果が生み出されることを筆者は願ってやまない．

1975年7月

松田道彦

目　　次

序　　論

Cartanは外微分形式系の積分についての1901年の論文[2]において，特性系(système caractéristique)と包合系(système en involution)との二つの概念を与えた．特性系は問題を常微分方程式の積分に帰着させようとし，包合系は問題をCauchy–Kowalevskyの定理に帰着させようとするなかで発見されたものである．この論文はPfaffによって提起された問題

"外微分形式系Σが与えられたとき，Σの積分多様体の最大次元$m(\Sigma)$を求めよ"

に答えるために書かれた．CartanはPfaff方程式系について種数の概念を得て，種数gのPfaff方程式系にはg次元の積分多様体が存在することを示した．上のPfaffの問題は"各正整数rについて，$m(\Sigma)\geqq r$であるか否かを判定せよ"ともいえる．正整数rを固定したとき，種数gが$g\geqq r$をみたすならば，それは包合系になる．Cartanの存在定理によって，Pfaff方程式系Σが包合系であるならば$m(\Sigma)\geqq r$が導かれる．

このPfaffの問題に関連して古くから次の問題がある:

"その次元が$m(\Sigma)$に等しい積分多様体を常微分方程式系を解くことによって構成し得るか．"

Cartanが特性系を考えたのは，この問題に答えるためである．偏微分方程式を常微分方程式に帰着させて解くことは，Lagrange以来の古い問題であった．未知函数1箇の1階偏微分方程式についてはLagrangeとJacobiによってその解法が得られた．2階偏微分方程式についてはMonge, Ampèreたちによってその求積が試みられた．Cartanの特性系の発見はこれらの解法の本質を見抜くものであった．

Pfaffの問題は，Σがただ一つのPfaff形式からなる場合には，Frobeniusと

DarbouxのPfaff形式の標準化によって解決された．彼等の解法において本質的な役割を演じたのは外微分の概念である．この外微分の概念を駆使してCartanは特性系と包合系との二つの概念を得たのであった．

外微分形式の方法の優秀性は接触変換についてのLieの定理によって確証された．これによって彼は固定された座標系から解放されて新しい解の概念を得たのであった．Lieの理論はGoursatの著作[10]によって広く紹介された．2年後1893年に独訳されたとき，Lie自身激越な巻頭言を寄せた．外微分形式の方法の優秀性についての強い確信がなければ，当時難解を極めたPfaffの問題にCartanは挑戦できなかったであろう．単独のPfaff方程式自身難解な主題であった当時において，その系を問題にするのは極めて困難なことであった．

Goursatは1階偏微分方程式についてのLieの理論を紹介したばかりではなく，Lieの方法が2階偏微分方程式についても有効であることを彼の著作[11]によって示した．1896, 98年に2回に分けて出版されたGoursatのこの著作は偏微分方程式の求積論の基礎をなすものである．晩年の労作[12]において彼は特性系の概念のもとに古典的求積論が統一し得るであろうことを洞察していた．

包合系の概念は，1934年KählerによってPfaff方程式系から一般の外微分形式系に拡張された．これによってPfaffの問題は次のように述べることができるようになった：“与えられた外微分形式系を包合系かまたは非可解系に延長する方法を与えよ．”この問題はCartanについで松島，倉西たちが追求した．彼等によってこの古典的な問題は，現代数学の問題として厳格に構成され，倉西の深い研究，Guillemin, Sternbergたちの努力および筆者のささやかな寄与によって，現在一つの解決に到達している．

しかしながら，積分多様体を常微分方程式系の解によって構成する課題は，問題の厳格な構成すらなされていない．本書では特性系の概念のもとに問題の所在を明らかにしたい．

本書において，序章，第1章についてはほとんど予備知識を前提しない．第2章については，代数学の基礎概念，多様体の概念，層の概念が既知とされる．しかしながら，緒論をよんでもらえば，それらの既知概念なしにも解法の概要を理解していただけると思う．

序章　基礎概念

§0　緒　　論

今世紀に至るまで微分方程式論の主要な問題は，与えられた方程式の一般解または厳密解を求めることであった．それは科学の他の分野にたいして数学の担う任務の一つとして当然のことであった．この求積の主題から多くの分野が拓かれ豊かな成果が数学にもたらされた．現在，求積論それ自身は多くの数学者によって研究されているとはいいがたい．しかしながら，現在こそ求積論より派生して得られた豊かな成果を求積論それ自身に還元すべきときであると考える．求積論の問題は大きく分けて次の三つに約されるであろう：

I. 偏微分方程式が与えられたならば，それが常微分方程式に帰着し得るか否かを判定すること．

II. 常微分方程式が与えられたならば，それが求積可能であるか否かを判定すること．

III. 求積可能ならば，一般解または厳密解が楕円積分および Abel 積分によって表示し得るか否かを判定すること．

本章においては問題(I)に現れる基礎概念について述べる．ここでは古典に現れる通りにすべての概念を把握する．現代数学にいうところの“定義”は下さない．例えば，“函数”とはなにか，函数の属すべき“範疇”はなにかを定義しない．証明の論理は古典において許されているものを踏襲する．現代数学の記述様式が普遍のものとなっている現在にあってこのような記述様式をとるのは，それが求積論の現段階において古典理論の本質をとらえるための唯一の方法であると信じるからである．求積論の現代化は，求積論の目的に適う公理を発見しその公理をみたす体系を構成することによって行なわれねばならない．

そのためには，古典理論とその外延の全貌が明らかにされねばならぬ．

代数的微分方程式系の理論は Ritt[29] によって現代化されている．これは求積論の現代化の方向を示唆するものである．

本章の最後の２節§6，§7は，第２章，包合系の理論への導入部である．また§2は Kowalevsky 系について解の存在定理を与えるものであり，独立した節である．

本章の一部は現存する函数の範疇で議論することが可能である(“あとがき”参照)．

§1 Pfaff 形式

独立変数 $x_1, \cdots, x_n$ の微分の１次結合

$$\omega = a_1 dx_1 + \cdots + a_n dx_n$$

は Pfaff 形式とよばれる．ここで $a_i (1 \leqq i \leqq n)$ は，$x_1, \cdots, x_n$ の函数である．

例えば，x, y, z を直交座標とする３次元 Euclid 空間において曲面族

$$F(x, y, z) = c$$

を考える．点 $P=(x, y, z)$ の無限小変位

$$P' = (x+dx, y+dy, z+dz)$$

から P を過る曲面の P における接平面への距離は Pfaff 形式

$$\frac{1}{H} dF = \frac{1}{H}(F_x dx + F_y dy + F_z dz)$$

によって与えられる．ここで

$$H^2 = F_x^2 + F_y^2 + F_z^2.$$

また曲線族

$$F(x, y, z) = a, \qquad G(x, y, z) = b$$

を考える．無限小変位点 P' から点 P を過る曲線と P において直交する平面への距離は Pfaff 形式

$$(1) \qquad \frac{1}{H}\{(F_y G_z - F_z G_y) dx + (F_z G_x - F_x G_z) dy + (F_x G_y - F_y G_x) dz\}$$

によって与えられる．ここで

$$H^2=(F_yG_z-F_zG_y)^2+(F_zG_x-F_xG_z)^2+(F_xG_y-F_yG_x)^2.$$

座標系$(x_1,\cdots,x_n)$をもつ空間Vにおいて

(2)
$$x_i=f_i(u_1,\cdots,u_m),\qquad 1\leqq i\leqq n$$

によって定義される部分多様体Mが Pfaff 方程式$\omega=0$の解であるとは，Mの任意の点PにたいしてM上の無限小変位P'が$\omega=0$をみたすときにいう．$u_1,\cdots,u_m$を独立な助変数とすれば，そのための必要十分条件は Pfaff 形式

$$\begin{aligned}\omega&=\sum_{i=1}^n a_i(f_1(u),\cdots,f_n(u))df_i\\&=\sum_{j=1}^m\sum_{i=1}^n a_i\frac{\partial f_i}{\partial u_j}du_j\end{aligned}$$

が，$u_1,\cdots,u_m$を独立変数とみて0に等しいことである．例えば Pfaff 形式(1)をωによって表わすとき，曲面Mが$\omega=0$の解であるための必要十分条件は，M上の任意の点PにおいてPを過る曲線がMと直交することである．空間内の任意の点にたいしてその点を過る解曲面が存在するための必要十分条件は，ωが$\varphi d\phi$の形に表わされることである．ここでφ,ϕは，x,y,zの函数である．このとき解曲面は$\phi=c$によって与えられる．それがいつ可能であるかについては後で考える．Pfaff 方程式の解は積分多様体ともよばれる．

Pfaff 形式θをωの他にとる:

$$\theta=b_1dx_1+\cdots+b_ndx_n.$$

点$P=(x_1,\cdots,x_n)$の二つの無限小変位

$$\begin{aligned}P'&=(x_1+dx_1,\cdots,x_n+dx_n),\\P''&=(x_1+\delta x_1,\cdots,x_n+\delta x_n)\end{aligned}$$

を考える．ωとθの外積$\omega\wedge\theta$を

$$\omega\wedge\theta=\omega(x,dx)\theta(x,\delta x)-\omega(x,\delta x)\theta(x,dx)$$

によって定義する:

$$\omega\wedge\theta=\sum_{i<j}(a_ib_j-a_jb_i)dx_i\wedge dx_j\qquad(1\leqq i<j\leqq n).$$

ここで

$$dx_i\wedge dx_j=dx_i\delta x_j-\delta x_idx_j\qquad(1\leqq i<j\leqq n).$$

定義よりつねに

$$\theta \wedge \omega = -\omega \wedge \theta.$$

Pfaff 形式 ω の外微分 $d\omega$ を

$$d\omega = \sum_{i=1}^{n} da_i \wedge dx_i = \sum_{i<j}\left(\frac{\partial a_j}{\partial x_i} - \frac{\partial a_i}{\partial x_j}\right) dx_i \wedge dx_j$$

によって定義する．これは次のような意味をもつ:

$$\begin{aligned} d\omega &= \{\omega(x+dx, \delta(x+dx)) - \omega(x, \delta x)\} \\ &\quad - \{\omega(x+\delta x, d(x+\delta x)) - \omega(x, dx)\} \\ &= \sum_{i=1}^{n} \{a_i(x+dx)\delta(x_i+dx_i) - a_i(x)\delta x_i\} \\ &\quad - \sum_{i=1}^{n} \{a_i(x+\delta x)d(x_i+\delta x_i) - a_i(x)dx_i\} \\ &= \sum_{i=1}^{n}(da_i\delta x_i - \delta a_i dx_i) = \sum_{i=1}^{n} da_i \wedge dx_i. \end{aligned}$$

ここで

$$\delta dx_i = d\delta x_i \qquad (1 \leqq i \leqq n)$$

を仮定した．その意味は次のとおりである: 点 P を過る 2 次元多様体

$$x_i = f_i(\alpha, \beta), \qquad 1 \leqq i \leqq n$$

を考え，P', P'' をそれぞれ

$$dx_i = \frac{\partial f_i}{\partial \alpha} d\alpha \qquad (1 \leqq i \leqq n),$$

$$\delta x_i = \frac{\partial f_i}{\partial \beta} d\beta \qquad (1 \leqq i \leqq n)$$

によって与える．このとき高次の無限小を無視して

$$\begin{aligned} \delta dx_i &= \frac{\partial f_i}{\partial \alpha}(\alpha, \beta+d\beta)d\alpha - \frac{\partial f_i}{\partial \alpha}(\alpha, \beta)d\alpha \\ &= \frac{\partial}{\partial \beta}\left(\frac{\partial f_i}{\partial \alpha}\right) d\alpha d\beta = \frac{\partial}{\partial \alpha}\left(\frac{\partial f_i}{\partial \beta}\right) d\alpha d\beta = d\delta x_i. \end{aligned}$$

函数 $\varphi(x_1, \cdots, x_n)$ からその微分として導かれる Pfaff 形式

$$d\varphi = \frac{\partial \varphi}{\partial x_1} dx_1 + \cdots + \frac{\partial \varphi}{\partial x_n} dx_n$$

にたいしては

$$d(d\varphi) = 0.$$

逆に $d\omega=0$ ならば，ω は $d\varphi$ の形に表わされる．実際

$$\frac{\partial a_j}{\partial x_i}=\frac{\partial a_i}{\partial x_j} \qquad (1\leqq i<j\leqq n)$$

の条件のもとで準線形偏微分方程式系

$$\frac{\partial \varphi}{\partial x_i}=a_i \qquad (1\leqq i\leqq n)$$

は解 φ をもつ(§3，例1)．ここで $a_i\,(1\leqq i\leqq n)$ は $x_1,\cdots,x_n$ の函数である．

この外微分の概念を用いれば，先に考えた問題は次のように解ける．Pfaff 形式

$$\omega = adx+bdy+cdz$$

が $\varphi d\psi$ の形に表わされるための必要十分条件は

(3) $$d\omega \equiv 0 \quad \mathrm{mod}(\omega).$$

それは Pfaff 形式 θ が存在して

$$d\omega = \theta\wedge\omega$$

と表わされることを意味する(§3，系1)．$c=1$ の場合に考えれば

$$\begin{aligned} d\omega &= (b_x-a_y)dx\wedge dy-a_zdx\wedge dz-b_zdy\wedge dz \\ &\equiv (b_x-a_y)dx\wedge dy+(a_zdx+b_zdy)\wedge(adx+bdy) \quad \mathrm{mod}(\omega) \\ &= (b_x-a_y+ba_z-ab_z)dx\wedge dy \end{aligned}$$

より(3)が成立するための必要十分条件は

$$b_x-a_y+ba_z-ab_z = 0.$$

独立な助変数 $u_1,\cdots,u_m$ を用いて(2)によって定義される多様体 M を考える．ω および $\omega\wedge\theta$ において，$x_i(1\leqq i\leqq n)$ を f_i で置き代えて M 上に制限したものをそれぞれ $\bar{\omega},\overline{\omega\wedge\theta}$ によって表わせば，恒等式

$$d\bar{\omega} = \overline{d\omega}$$

$$\bar{\omega}\wedge\bar{\theta} = \overline{\omega\wedge\theta}$$

が検証される．左辺は ω および θ を独立変数 $u_1,\cdots,u_m$ についての Pfaff 形式とみて外微分および外積をとったものである．特に $m=n$ の場合を考えれば，外微分および外積の定義は座標のとり方によらないことがわかる．また多様体 M が Pfaff 方程式 $\omega=0$ の解であれば，M 上 $d\omega=0$ であり，任意の Pfaff 形式 θ にたいして M 上 $\omega\wedge\theta=0$.

Pfaff 方程式の例として

$$dy-zdx=0$$

を考える．ここで x, y, z は独立変数である．外微分すれば $dx\wedge dz=0$．dz との外積をとれば上式から $dy\wedge dz=0$．dy との外積をとれば $zdy\wedge dx=0$．この三式より2次元の積分多様体は存在しない．1次元の積分多様体は

$$y=f(x),\qquad z=f'(x)$$

または z を助変数として

$$x=a,\qquad y=b$$

によって与えられる．ここで f は任意函数，a, b は任意定数である．故に最初に考えた問題において

$$F=z=a,\qquad G=x+yz=b$$

とすれば(1)は

$$(1+z^2)^{-1}(dy-zdx)$$

となり，曲線族に直交する曲面は存在しない．

次に Pfaff 形式に双対的な無限小変換について述べる．$(x_1, \cdots, x_n)$ を座標とする空間 V 上の微分作用素

$$X=\xi_1\frac{\partial}{\partial x_1}+\cdots+\xi_n\frac{\partial}{\partial x_n}$$

は無限小変換またはベクトル場とよばれる．ここで $\xi_1, \cdots, \xi_n$ は $x_1, \cdots, x_n$ の函数である．V 上の常微分方程式系

$$\frac{dx_i}{dt}=\xi_i(x),\qquad 1\leqq i\leqq n$$

を $t=0$ における初期条件

$$x_i=x_i{}^0\qquad(1\leqq i\leqq n)$$

のもとで解き，その解を $x_i=\varphi_i(t; x_1{}^0, \cdots, x_n{}^0), 1\leqq i\leqq n$ とする．このとき，点 $(x_1{}^0, \cdots, x_n{}^0)$ を点 $(\varphi_1, \cdots, \varphi_n)$ に移す変換を Φ_t によって表わせば，Φ_t は1助変数変換群をなす．すなわち，Φ_0 は恒等写像であって，

$$\Phi_s\Phi_t=\Phi_{s+t}.$$

とくに

$$\Phi_t{}^{-1}=\Phi_{-t}.$$

高次の無限小を無視して，Φ_{dt} は

$$x_i \to x_i + \xi_i dt \qquad (1 \leqq i \leqq n)$$

によって与えられる．X の他に無限小変換

$$Y = \eta_1 \frac{\partial}{\partial x_1} + \cdots + \eta_n \frac{\partial}{\partial x_n}$$

を考える．括弧積 $[X, Y]$ を

$$[X, Y] = \sum_{i=1}^n \sum_{j=1}^n \left(\xi_j \frac{\partial \eta_i}{\partial x_j} - \eta_j \frac{\partial \xi_i}{\partial x_j} \right) \frac{\partial}{\partial x_i}$$

によって定義する．それは次のような意味をもつ：Y から生成される 1 助変数変換群を Ψ_s によって表わし，点 $P=(x_1, \cdots, x_n)$ にたいして，P', P'' をそれぞれ

$$P' = \Psi_{ds} \Phi_{dt}(P), \qquad P'' = \Phi_{dt} \Psi_{ds}(P)$$

によって定義する．P', P'' の座標をそれぞれ

$$(x_1', \cdots, x_n'), \qquad (x_1'', \cdots, x_n'')$$

とすれば，高次の無限小を無視して

$$x_i' - x_i'' = \sum_{j=1}^n \left(\xi_j \frac{\partial \eta_i}{\partial x_j} - \eta_j \frac{\partial \xi_i}{\partial x_j} \right) ds dt \qquad (1 \leqq i \leqq n).$$

実際これは

$$\begin{aligned} x_i' &= x_i + \xi_i dt + \eta_i (x + \xi dt) ds \\ &= x_i + \xi_i dt + \eta_i ds + \sum_{j=1}^n \frac{\partial \eta_i}{\partial x_j} \xi_j dt ds, \end{aligned}$$

$$x_i'' = x_i + \eta_i ds + \xi_i dt + \sum_{j=1}^n \frac{\partial \xi_i}{\partial x_j} \eta_j ds dt$$

より導かれる．

V 上の函数 ϕ にたいして

$$[X, Y](\phi) = XY(\phi) - YX(\phi)$$

が成立する．V の座標 $x_1, \cdots, x_n$ を $y_1, \cdots, y_n$ にとり代えるならば，X は

$$\bar{X} = \sum_{j=1}^n \sum_{i=1}^n \xi_i \frac{\partial y_j}{\partial x_i} \frac{\partial}{\partial y_j}$$

と表わされる．このとき

$$[\bar{X}, \bar{Y}] = \overline{[X, Y]}.$$

左辺は $y_1, \cdots y_n$ を V の座標とみて括弧積をとったものである．従って括弧積の定義は座標のとり方によらない．

無限小変換の系

$$\mathfrak{X} = \{X_1, \cdots, X_r\}$$

を考える．V の部分多様体 M が $\mathfrak{X}$ の積分多様体であるとは，M の各点 x において

$$X_\alpha \in T_x(M), \qquad 1 \leqq \alpha \leqq r \tag{4}$$

となるときにいう．ここで $T_x(M)$ は x における M の接空間である．M が独立な助変数 $u_1, \cdots, u_m$ を用いて(2)によって定義されるならば，上の条件(4)は

$$X_\alpha \equiv 0 \quad \mathrm{mod}\left(\frac{\partial}{\partial u_1}, \cdots, \frac{\partial}{\partial u_m}\right), \qquad 1 \leqq \alpha \leqq r$$

と表わされる．ここで

$$\frac{\partial}{\partial u_j} = \sum_{i=1}^{n} \frac{\partial f_i}{\partial u_j} \frac{\partial}{\partial x_i} \qquad (1 \leqq j \leqq m).$$

M が系 $\{X, Y\}$ の積分多様体であるならば，M は系

$$\{X, Y, [X, Y]\}$$

の積分多様体である．実際 V の座標をとり代えて $u_1, \cdots, u_m, v_1, \cdots, v_s$ とし，M は

$$v_1 = \cdots = v_s = 0$$

によって定義されるとする．このとき

$$X = \sum_{i=1}^{m} a_i(u, v) \frac{\partial}{\partial u_i} + \sum_{\alpha=1}^{s} b_\alpha(u, v) \frac{\partial}{\partial v_\alpha},$$

$$Y = \sum_{i=1}^{m} a_i'(u, v) \frac{\partial}{\partial u_i} + \sum_{\alpha=1}^{s} b_\alpha'(u, v) \frac{\partial}{\partial v_\alpha}$$

とすれば，M が系 $\{X, Y\}$ の積分多様体であることから

$$b_\alpha(u, 0) = b_\alpha'(u, 0) = 0 \qquad (1 \leqq \alpha \leqq s). \tag{5}$$

括弧積をとれば

$$[X, Y] = \sum_{i=1}^{m} \left\{ \sum_{j=1}^{m} \left(a_j \frac{\partial a_i'}{\partial u_j} - a_j' \frac{\partial a_i}{\partial u_j} \right) + \sum_{\alpha=1}^{s} \left(b_\alpha \frac{\partial a_i'}{\partial v_\alpha} - b_\alpha' \frac{\partial a_i}{\partial v_\alpha} \right) \right\} \frac{\partial}{\partial u_i}$$

$$+ \sum_{\alpha=1}^{s} \left\{ \sum_{i=1}^{m} \left(a_i \frac{\partial b_\alpha'}{\partial u_i} - a_i' \frac{\partial b_\alpha}{\partial u_i} \right) + \sum_{\beta=1}^{s} \left(b_\beta \frac{\partial b_\alpha'}{\partial v_\beta} - b_\beta' \frac{\partial b_\alpha}{\partial v_\beta} \right) \right\} \frac{\partial}{\partial v_\alpha}.$$

ここで(5)およびそれから導かれる

$$\frac{\partial b_\alpha}{\partial u_i}(u,0)=\frac{\partial b_\alpha{}'}{\partial u_i}(u,0)=0 \qquad (1\leqq\alpha\leqq s, 1\leqq i\leqq m)$$

によって，M上の任意の点xにおいて

$$[X, Y]=\sum_{i=1}^m\sum_{j=1}^m\left(a_j\frac{\partial a_i{}'}{\partial u_j}-a_j{}'\frac{\partial a_i}{\partial u_j}\right)\frac{\partial}{\partial u_i}\in T_x(M).$$

これはX, YをM上の無限小変換とみて括弧積をとったものに等しい．

Pfaff 形式ωと無限小変換Xとの内積を

$$X(\omega)=\omega(X)=\sum_{i=1}^n a_i\xi_i$$

によって定義する．また外積$\omega_\wedge\theta$と二つの無限小変換X, Yにたいして，$\omega_\wedge\theta(X, Y)$を

$$\omega_\wedge\theta(X, Y)=\omega(X)\theta(Y)-\omega(Y)\theta(X)$$

によって定義する．これらはともにV上の函数になる．内積の定義は座標のとり方によらない．このとき恒等式

$$X\omega(Y)-Y\omega(X)=d\omega(X, Y)+\omega([X, Y])$$

がなりたつ．実際

$$d\omega(X, Y)=\frac{1}{2}\sum_{i=1}^n\sum_{j=1}^n\left(\frac{\partial a_j}{\partial x_i}-\frac{\partial a_i}{\partial x_j}\right)(\xi_i\eta_j-\xi_j\eta_i),$$

$$\omega([X, Y])=\sum_{i=1}^n\sum_{j=1}^n\left(\xi_j\frac{\partial\eta_i}{\partial x_j}-\eta_j\frac{\partial\xi_i}{\partial x_j}\right)a_i,$$

$$X(\omega(Y))=X\left(\sum_{i=1}^n a_i\eta_i\right)=\sum_{j=1}^n\sum_{i=1}^n\xi_j\left(\frac{\partial a_i}{\partial x_j}\eta_i+a_i\frac{\partial\eta_i}{\partial x_j}\right),$$

$$Y(\omega(X))=\sum_{j=1}^n\sum_{i=1}^n\eta_j\left(\frac{\partial a_i}{\partial x_j}\xi_i+a_i\frac{\partial\xi_i}{\partial x_j}\right).$$

最後に偏微分方程式との関連について述べる．Pfaff 方程式$\omega=0$の解を求めるのに，積分多様体の次元rを指定しさらに座標系を固定して

$$x_\alpha=f_\alpha(x_1, \cdots, x_r), \qquad r<\alpha\leqq n$$

の形の解を求めることに問題を限定すれば，それは偏微分方程式系

$$a_i+\sum_{\alpha>r}^n\frac{\partial f_\alpha}{\partial x_i}a_\alpha=0 \qquad (1\leqq i\leqq r)$$

を解くことと同等である．ここで

$$a_j = a_j(x_1, \cdots, x_r, f_{r+1}, \cdots, f_n), \qquad 1 \leqq j \leqq n.$$

逆に偏微分方程式

$$F(x_1, \cdots, x_r, y_1, \cdots, y_m, p^1, \cdots, p^l) = 0$$

を積分することを考える．ここで

$$p^j = (p_\alpha{}^{i_1 \cdots i_j}; 1 \leqq \alpha \leqq m, 1 \leqq i_1 \leqq \cdots \leqq i_j \leqq r),$$

$$p_\alpha{}^{i_1 \cdots i_j} = \frac{\partial^j y_\alpha}{\partial x_{i_1} \cdots \partial x_{i_j}}.$$

この問題は Pfaff 方程式系

$$F = 0,$$

$$dy_\alpha - \sum_{i=1}^{r} p_\alpha{}^i dx_i = 0 \qquad (1 \leqq \alpha \leqq m),$$

$$dp_\alpha{}^{i_1 \cdots i_j} - \sum_{i=1}^{r} p_\alpha{}^{i_1 \cdots i_j i} dx_i = 0$$

$$(1 \leqq \alpha \leqq m, 1 \leqq j < l, 1 \leqq i_1 \leqq \cdots \leqq i_j \leqq r)$$

の解を求めることと同等である．ここで

$$x_1, \ \cdots, \ x_r, \ y_1, \ \cdots, \ y_m, \ p^1, \ \cdots, \ p^l$$

を独立変数と考える．例えば

$$F(x, y, z, p, q) = 0, \qquad p = \frac{\partial z}{\partial x}, \qquad q = \frac{\partial z}{\partial y}$$

を解くには

$$F = 0, \qquad dz - pdx - qdy = 0$$

を解けばいい．また

$$F(x, y, z, p, q, r, s, t) = 0,$$

$$r = \frac{\partial^2 z}{\partial x^2}, \qquad s = \frac{\partial^2 z}{\partial x \partial y}, \qquad t = \frac{\partial^2 z}{\partial y^2}$$

を解くには

$$F = 0, \qquad dz - pdx - qdy = 0,$$

$$dp - rdx - sdy = 0, \qquad dq - sdx - tdy = 0$$

を解けばいい．

§2 Cauchy–Kowalevsky の定理

偏微分方程式の解の存在定理として基本的な Cauchy と Kowalevsky による定理(Kowalevsky[16])を述べる.

複素数を係数とする巾級数

$$\sum a_{i_1\cdots i_d} z_1^{i_1}\cdot\cdots\cdot z_d^{i_d} \qquad (0\leqq i_1,\cdots,i_d)$$

が収束巾級数であるとは, 正数 $\rho_1,\cdots,\rho_d$ が存在して

$$\sum |a_{i_1\cdots i_d}|\rho_1^{i_1}\cdot\cdots\cdot\rho_d^{i_d}<\infty \qquad (0\leqq i_1,\cdots,i_d)$$

が成立することである. そのための必要十分条件は正数 ρ, M が存在して, すべての $i_1,\cdots,i_d$ にたいして

(1) $$|a_{i_1\cdots i_d}|\leqq M\rho^{-(i_1+\cdots+i_d)}, \qquad i_1,\cdots,i_d\geqq 0$$

が成立することである. 函数 $\varphi(z_1,\cdots,z_d)$ が点 $z^0=(z_1^0,\cdots,z_d^0)$ において正則であるとは, $\varphi(z)$ が z^0 の近傍において

$$\varphi(z)=\sum a_{i_1\cdots i_d}(z_1-z_1^0)^{i_1}\cdot\cdots\cdot(z_d-z_d^0)^{i_d} \qquad (0\leqq i_1,\cdots,i_d)$$

と展開されることである. ただし右辺は $z_1-z_1^0,\cdots,z_d-z_d^0$ についての収束巾級数であるとする. φ が z^0 において正則ならば, z^0 に十分近い点において正則である.

すべての係数が零または正数であるような巾級数

$$\psi=\sum b_{i_1\cdots i_d} z_1^{i_1}\cdot\cdots\cdot z_d^{i_d} \qquad (i_1,\cdots,i_d\geqq 0)$$

を考える:

$$b_{i_1\cdots i_d}\geqq 0 \qquad (i_1,\cdots,i_d\geqq 0).$$

このとき ψ が巾級数

$$\varphi=\sum a_{i_1\cdots i_d} z_1^{i_1}\cdot\cdots\cdot z_d^{i_d} \qquad (i_1,\cdots,i_d\geqq 0)$$

の優級数であるとは, すべての $i_1,\cdots,i_d$ について

$$|a_{i_1\cdots i_d}|\leqq b_{i_1\cdots i_d} \qquad (i_1,\cdots,i_d\geqq 0)$$

が成立するときにいう. 優級数 ψ が収束級数であるならば, φ も収束級数である. 逆に φ が収束級数ならば, 収束級数 ψ が存在して φ の優級数となる. 実際(1)をみたす正数 ρ, M をとり

$$\psi=M\left\{1-\frac{1}{\rho}(z_1+\cdots+z_d)\right\}^{-1}$$

によって ψ を定義すれば

$$\psi = M\sum_{i=0}^{\infty}\left\{\frac{1}{\rho}(z_1+\cdots+z_d)\right\}^i$$

であるから，ψ は φ の優級数となる．

独立変数を $x_1, \cdots, x_n$，未知函数を $u_1, \cdots, u_m$ として準線形偏微分方程式系

$$\frac{\partial u_i}{\partial x_1} = \sum_{j=1}^{m}\sum_{p=2}^{n} A_{ijp}\frac{\partial u_j}{\partial x_p} \qquad (1 \leqq i \leqq m) \tag{2}$$

を考える．ここで A_{ijp} は $u_1, \cdots, u_m$ の函数

$$A_{ijp} = A_{ijp}(u_1, \cdots, u_m), \quad 1 \leqq i, j \leqq m,\ 2 \leqq p \leqq n$$

であって

$$u_1 = b_1, \quad \cdots, \quad u_m = b_m$$

において正則であるとする．次のような m 箇の函数 $\varphi_i(x_2, \cdots, x_n), 1 \leqq i \leqq m$ を与える：各 φ_i は

$$x_2 = a_2, \quad \cdots, \quad x_n = a_n$$

において正則であって

$$\varphi_i(a_2, \cdots, a_n) = b_i, \quad 1 \leqq i \leqq m.$$

このとき次の定理がなりたつ：

定理 1 任意の a_1 にたいして，次の条件をみたす(2)の解

$$u_i = \Phi_i(x_1, \cdots, x_n), \quad 1 \leqq i \leqq m$$

が一意に存在する：各 $\Phi_i\ (1 \leqq i \leqq m)$ は

$$x_1 = a_1, \quad \cdots, \quad x_n = a_n$$

において正則であり，$x_1 = a_1$ のとき

$$\Phi_i(a_1, x_2, \cdots, x_n) = \varphi_i(x_2, \cdots, x_n), \quad 1 \leqq i \leqq m.$$

証明 解の存在を仮定して $\Phi_i\ (1 \leqq i \leqq m)$ を

$$\Phi_i = \sum_{r=0}^{\infty}\frac{1}{r!}\varphi_{ir}(x_2, \cdots, x_n)\cdot(x_1 - a_1)^r, \quad 1 \leqq i \leqq m \tag{3}$$

とおく．このとき φ_{i0} は

$$\varphi_{i0}(x_2, \cdots, x_n) = \varphi_i(x_2, \cdots, x_n)$$

によって決定される．また φ_{i1} は

$$\varphi_{i1} = \left.\frac{\partial \Phi_i}{\partial x_1}\right|_{x_1=a_1} = \sum_{j=1}^{m}\sum_{p=2}^{n} A_{ijp}\left.\frac{\partial \Phi_j}{\partial x_p}\right|_{x_1=a_1}$$

において

$$u_k = \varphi_k(x_2, \cdots, x_n), \qquad 1 \leqq k \leqq m,$$

$$\left.\frac{\partial \Phi_j}{\partial x_p}\right|_{x_1=a_1} = \frac{\partial \varphi_j}{\partial x_p} \qquad (1 \leqq j \leqq m, 2 \leqq p \leqq n)$$

とおくことにより決定される．帰納的に φ_{ir} は

$$\varphi_{i,r+1} = \frac{\partial^r}{\partial {x_1}^r}\left.\left(\sum_{j=1}^{m}\sum_{p=2}^{n} A_{ijp}\frac{\partial \Phi_j}{\partial x_p}\right)\right|_{x_1=a_1}$$

において

$$\frac{\partial^s u_k}{\partial {x_1}^s} = \varphi_{ks} \qquad (1 \leqq k \leqq m, 0 \leqq s \leqq r),$$

$$\left.\frac{\partial^{\sigma+1} \Phi_j}{\partial {x_1}^\sigma \partial x_p}\right|_{x_1=a_1} = \frac{\partial \varphi_{j\sigma}}{\partial x_p} \qquad (1 \leqq j \leqq m, 0 \leqq \sigma \leqq r)$$

とおくことにより決定される．従って解が存在するならば，それは一意に存在する．上のようにして帰納的に φ_{ir} を定義するとき，それによって(3)から決定される Φ_i が各 i にたいして $(a_1, \cdots, a_n)$ において正則ならば，この Φ_i が解を与える．これより各 $\Phi_i (1 \leqq i \leqq m)$ が $(a_1, \cdots, a_n)$ において正則であることを示す．

各 A_{ijp} を

$$u_1 - b_1, \qquad \cdots, \qquad u_m - b_m$$

の巾級数とみて，その優級数として

$$B_{ijp} = M\left(1 - \frac{U}{r}\right)^{-1}, \qquad U = \sum_{k=1}^{m}(u_k - b_k)$$

をとる．ここで M, r は正数であって，i, j, p に依らない．また各 $\varphi_i - b_i$ を

$$x_2 - a_2, \qquad \cdots, \qquad x_n - a_n$$

の巾級数とみて，その優級数として $\psi_i - b_i$ を

$$\psi_i - b_i = N\left(1 - \frac{y}{\rho}\right)^{-1} - N = \frac{Ny}{\rho - y}$$

ととる．ここで N, ρ は i によらない正数であって

$$y = (x_2 - a_2) + \cdots + (x_n - a_n).$$

このとき偏微分方程式系

(4) $$\frac{\partial u_i}{\partial x_1}=\sum_{j=1}^{m}\sum_{p=2}^{n}B_{ijp}\frac{\partial u_j}{\partial x_p}\qquad(1\leqq i\leqq m)$$

を，$x_1=a_1$ における初期条件

(5) $$u_i=\phi_i(x_2,\cdots,x_n),\qquad 1\leqq i\leqq m$$

のもとで考えるとき，$(a_1,\cdots,a_n)$ において正則な解

$$u_i=\Psi_i(x_1,\cdots,x_n),\qquad 1\leqq i\leqq m$$

が存在するならば，

$$x_1-a_1,\qquad\cdots,\qquad x_n-a_n$$

の巾級数として Ψ_i-b_i は各 i について Φ_i-b_i の優級数を与える．これより偏微分方程式系(4)を初期条件(5)のもとで解く．そのために偏微分方程式

(6) $$\frac{\partial u}{\partial x}=\frac{Mm(n-1)}{1-\dfrac{mu}{r}}\frac{\partial u}{\partial y}$$

を初期条件

(7) $$u(0,y)=\frac{Ny}{\rho-y}$$

のもとで解く．これが解 $u(x,y)$ をもつとするならば

$$u_i=u(x,y)+b_i,\qquad 1\leqq i\leqq m$$

が初期条件(5)のもとにおける(4)の解を与える．ここで

$$x=x_1-a_1,\qquad y=(x_2-a_2)+\cdots+(x_n-a_n).$$

§4(例2)に述べるように(6)の一般解は

$$Mm(n-1)x+\left(1-\frac{mu}{r}\right)y=F(u)$$

によって与えられる．ここで F は u の任意函数である．初期条件(7)より F は

$$F(u)=\left(1-\frac{mu}{r}\right)\frac{\rho u}{N+u}$$

と決定される．従って u は2次式

$$Mm(n-1)x+\left(1-\frac{mu}{r}\right)y=\left(1-\frac{mu}{r}\right)\frac{\rho u}{N+u}$$

から条件 $u(0,0)=0$ によって決定される．これは

$$x=0,\qquad y=0$$

において正則である．この函数 $u(x,y)$ が初期条件(7)のもとにおける(6)の解

を与えることは実際に検証される．従ってこれより，§4の結果を借りることなく，定理1が導かれる(証終)．

次に偏微分方程式系

$$\frac{\partial u_i}{\partial x_1}=\sum_{j=1}^{m}\sum_{p=2}^{n}A_{ijp}\frac{\partial u_j}{\partial x_p}+B_i \qquad (1\leqq i\leqq m) \tag{8}$$

を考える．ここで A_{ijp}, B_i は

$$x_1, \cdots, x_n, \qquad u_1, \cdots, u_m$$

の函数であって

$$x_1=a_1, \cdots, x_n=a_n,\ \ u_1=b_1, \cdots, u_m=b_m$$

において正則であるとする．次のような m 箇の函数 $\varphi_i(x_2, \cdots, x_n), 1\leqq i\leqq m$ を与える：各 φ_i は $(a_2, \cdots, a_n)$ において正則であって

$$\varphi_i(a_2, \cdots, a_n)=b_i, \qquad 1\leqq i\leqq m.$$

このとき次の定理がなりたつ：

定理2 次の条件をみたす(8)の解

$$u_i=\Phi_i(x_1, \cdots, x_n), \qquad 1\leqq i\leqq m$$

が一意に存在する：各 Φ_i $(1\leqq i\leqq m)$ は $(a_1, \cdots, a_n)$ において正則であって

$$\Phi_i(a_1, x_2, \cdots, x_n)=\varphi_i(x_2, \cdots, x_n), \qquad 1\leqq i\leqq m.$$

証明 未知函数 $u_1, \cdots, u_m, t_1, \cdots, t_n$ にたいして偏微分方程式系

$$\begin{cases}\dfrac{\partial u_i}{\partial x_1}=\displaystyle\sum_{j=1}^{m}\sum_{p=2}^{n}(A_{ijp})\frac{\partial u_j}{\partial x_p}+(B_i)\frac{\partial t_2}{\partial x_2} \qquad (1\leqq i\leqq m), \\ \dfrac{\partial t_1}{\partial x_1}=\dfrac{\partial t_2}{\partial x_2}, \\ \dfrac{\partial t_q}{\partial x_1}=0 \qquad (1<q\leqq n)\end{cases} \tag{9}$$

を考える．ここで $(A_{ijp}), (B_i)$ は A_{ijp}, B_i において

$$x_\alpha=t_\alpha \qquad (1\leqq\alpha\leqq n)$$

とおいたものである．偏微分方程式系(9)を，$x_1=a_1$ における初期条件

$$u_i=\varphi_i(x_2, \cdots, x_n), \qquad 1\leqq i\leqq m,$$

$$t_1=a_1, \qquad t_q=x_q \qquad (2\leqq q\leqq n)$$

のもとで解けば，定理1より解

$$u_i=\Phi_i(x_1, \cdots, x_n), \qquad 1\leqq i\leqq m,$$

$$t_\alpha = T_\alpha(x_1, \cdots, x_n), \qquad 1 \leqq \alpha \leqq n$$

が存在して，Φ_i, T_α は $(a_1, \cdots, a_n)$ において正則である．このとき，$1<q\leqq n$ にたいして

$$\frac{\partial T_q}{\partial x_1} = 0, \qquad T_q(a_1, x_2, \cdots, x_n) = x_q$$

であるから

$$T_q = x_q \qquad (1<q\leqq n).$$

とくに $T_2 = x_2$ であるから(9)より

$$\frac{\partial T_1}{\partial x_1} = \frac{\partial T_2}{\partial x_2} = 1.$$

初期条件

$$T_1(a_1, x_2, \cdots, x_n) = a_1$$

より，$T_1 = x_1$ が導かれる．従って $u_i = \Phi_i$ $(1\leqq i\leqq m)$ は(8)の解を与える．解の一意性は明白である(証終)．

常微分方程式系

$$\frac{dy_i}{dt} = F_i(t, y_1, \cdots, y_m), \qquad 1\leqq i\leqq m \tag{10}$$

を考える．ここで各 F_i は

$$t = a, \qquad y_1 = b_1, \qquad \cdots, \qquad y_m = b_m$$

において正則であるとする．初期条件

$$y_i(a) = y_i{}^0 \qquad (1\leqq i\leqq m)$$

のもとにおける(10)の解を

$$y_i = \Phi_i(t, y_1{}^0, \cdots, y_m{}^0), \qquad 1\leqq i\leqq m$$

とする．ここで各 $y_i{}^0$ は b_i に十分近いとする．このとき，独立変数として $t, y_1{}^0, \cdots, y_m{}^0$ をとることにより定理2から次の系1が導かれる：

系1 各 Φ_i $(1\leqq i\leqq m)$ は，$t, y_1{}^0, \cdots, y_m{}^0$ の函数として

$$t = a, \qquad y_1{}^0 = b_1, \qquad \cdots, \qquad y_m{}^0 = b_m$$

において正則である．

さらに偏微分方程式系

$$\frac{\partial u_i}{\partial x_1} = H_i(x_1, \cdots, x_n, u_1, \cdots, u_m, q^2, \cdots, q^n), \qquad 1\leqq i\leqq m \tag{11}$$

を考える．ここで

$$q^p=\left(\frac{\partial u_1}{\partial x_p},\cdots,\frac{\partial u_m}{\partial x_p}\right),\qquad 2\leqq p\leqq n$$

であって，各 $H_i\,(1\leqq i\leqq m)$ は

$$\begin{aligned}&x_\alpha=a_\alpha\qquad(1\leqq\alpha\leqq n),\\&u_i=b_i\qquad(1\leqq i\leqq m),\\&\frac{\partial u_j}{\partial x_p}=c_{jp}\qquad(1\leqq j\leqq m,2\leqq p\leqq n)\end{aligned}$$

において正則であるとする．次の条件をみたす函数 $\varphi_i\,(x_2,\cdots,x_n),1\leqq i\leqq m$ を与える：各 $\varphi_i\,(1\leqq i\leqq m)$ は $(a_2,\cdots,a_n)$ において正則であって

$$\begin{aligned}&\varphi_i(a_2,\cdots,a_n)=b_i\qquad(1\leqq i\leqq m),\\&\frac{\partial\varphi_j}{\partial x_p}(a_2,\cdots,a_n)=c_{jp}\qquad(1\leqq j\leqq m,2\leqq p\leqq n).\end{aligned}$$

このとき次の定理が成立する：

定理 3 次の条件をみたす(11)の解

$$u_i=\Phi_i(x_1,\cdots,x_n),\qquad 1\leqq i\leqq m$$

が一意に存在する：各 $\Phi_i\,(1\leqq i\leqq m)$ は $(a_1,\cdots,a_n)$ において正則であって

$$\Phi_i(a_1,x_2,\cdots,x_n)=\varphi_i(x_2,\cdots,x_n),\qquad 1\leqq i\leqq m.$$

証明 未知函数

$$u_i\,(1\leqq i\leqq m),\qquad t_{j\alpha}\,(1\leqq j\leqq m,1\leqq\alpha\leqq n)$$

にたいして偏微分方程式系

$$(12)\qquad\begin{cases}\dfrac{\partial u_i}{\partial x_1}=t_{i1}\qquad(1\leqq i\leqq m),\\[2mm]\dfrac{\partial t_{i1}}{\partial x_1}=\left(\dfrac{\partial H_i}{\partial x_1}\right)+\displaystyle\sum_{j=1}^m\left(\dfrac{\partial H_i}{\partial u_j}\right)t_{j1}+\sum_{j=1}^m\sum_{p=2}^n\left(\dfrac{\partial H_i}{\partial\left(\dfrac{\partial u_j}{\partial x_p}\right)}\right)\dfrac{\partial t_{j1}}{\partial x_p}\\\qquad\qquad\qquad\qquad\qquad\qquad\qquad\qquad(1\leqq i\leqq m),\\[2mm]\dfrac{\partial t_{iq}}{\partial x_1}=\dfrac{\partial t_{i1}}{\partial x_q}\qquad(1\leqq i\leqq m,2\leqq q\leqq n)\end{cases}$$

を考える．ここで括弧をつけたものは，括弧の中において

$$\frac{\partial u_k}{\partial x_q}=t_{kq}\qquad(1\leqq k\leqq m,2\leqq q\leqq n)$$

とおいたものである．偏微分方程式系(12)を，$x_1=a_1$ における初期条件

$$u_i=\varphi_i(x_2,\cdots,x_n),\qquad 1\leqq i\leqq m,$$

$$t_{i1}=H_i(a_1,x_2,\cdots,x_n,\varphi_1,\cdots,\varphi_m,q_0{}^2,\cdots,q_0{}^n),\qquad 1\leqq i\leqq m,$$

$$t_{iq}=\frac{\partial\varphi_i}{\partial x_q}\qquad(1\leqq i\leqq m, 2\leqq q\leqq n)$$

のもとで解く．ここで

$$q_0{}^p=\left(\frac{\partial\varphi_1}{\partial x_p},\cdots,\frac{\partial\varphi_m}{\partial x_p}\right),\qquad 2\leqq p\leqq n.$$

このとき定理2より解

$$u_i=\Phi_i(x_1,\cdots,x_n),\qquad 1\leqq i\leqq m,$$

$$t_{j\alpha}=T_{j\alpha}(x_1,\cdots,x_n),\qquad 1\leqq j\leqq m, 1\leqq\alpha\leqq n$$

が存在して，$\Phi_i, T_{j\alpha}$ は $(a_1,\cdots,a_n)$ において正則である．すべての $2\leqq q\leqq n$ にたいして(12)より

$$\frac{\partial}{\partial x_1}\left(T_{iq}-\frac{\partial\Phi_i}{\partial x_q}\right)=\frac{\partial T_{i1}}{\partial x_q}-\frac{\partial}{\partial x_q}\left(\frac{\partial\Phi_i}{\partial x_1}\right)=\frac{\partial}{\partial x_q}\left(T_{i1}-\frac{\partial\Phi_i}{\partial x_1}\right)=0.$$

$x_1=a_1$ において

$$T_{iq}=\frac{\partial\Phi_i}{\partial x_q}=\frac{\partial\varphi_i}{\partial x_q}$$

であるから，つねに

$$T_{iq}=\frac{\partial\Phi_i}{\partial x_q}\qquad(2\leqq q\leqq n, 1\leqq i\leqq m).\tag{13}$$

$q=1$ にたいしては，すべての $1\leqq i\leqq m$ にたいして

$$T_{i1}=H_i(x_1,\cdots,x_n,\Phi_1,\cdots,\Phi_m,Q^2,\cdots,Q^n)\tag{14}$$

がなりたつ．ここで

$$Q^p=\left(\frac{\partial\Phi_1}{\partial x_p},\cdots,\frac{\partial\Phi_m}{\partial x_p}\right),\qquad 2\leqq p\leqq n.$$

実際(14)の右辺を $K_i(x_1,\cdots,x_n)$ とすれば

$$\frac{\partial}{\partial x_1}(T_{i1}-K_i)=0.$$

これは(13)および

$$T_{j1}=\frac{\partial\Phi_j}{\partial x_1}\qquad(1\leqq j\leqq m),$$

$$\frac{\partial T_{j1}}{\partial x_p}=\frac{\partial}{\partial x_p}\left(\frac{\partial \Phi_j}{\partial x_1}\right)=\frac{\partial}{\partial x_1}\left(\frac{\partial \Phi_j}{\partial x_p}\right),\qquad 1\leqq j\leqq m,\, 2\leqq p\leqq n$$

を用いて(12)から導かれる．$x_1=a_1$ において

$$T_{i1}=K_i=H_i(a_1, x_2, \cdots, x_n, \varphi_1, \cdots, \varphi_m, q_0{}^2, \cdots, q_0{}^n)$$

であるから，つねに

$$T_{i1}=K_i \qquad (1\leqq i\leqq m).$$

故に $u_i=\Phi_i\ (1\leqq i\leqq m)$ は(11)の解を与える．解の一意性は明白である(証終)．

最後に偏微分方程式系

$$\frac{\partial^{r_i} u_i}{\partial x_1{}^{r_i}}=H_i(x_1, \cdots, x_n, u_1, \cdots, u_m, q),\qquad 1\leqq i\leqq m \tag{15}$$

を考える．ここで q は

$$\left(\frac{\partial^{i_1+\cdots+i_n} u_j}{\partial x_1{}^{i_1}\cdots\partial x_n{}^{i_n}}\,;\ 1\leqq j\leqq m, 1\leqq i_1+\cdots+i_n\leqq r_j, i_1\neq r_j\right)$$

を表わし，H_i は

$$x_\alpha=a_\alpha \qquad (1\leqq \alpha\leqq n),\qquad u_j=b_j \qquad (1\leqq j\leqq m),$$

$$\frac{\partial^{i_1+\cdots+i_n} u_j}{\partial x_1{}^{i_1}\cdots\partial x_n{}^{i_n}}=c_{j,i_1,\cdots,i_n} \qquad (1\leqq j\leqq m, 1\leqq i_1+\cdots+i_n\leqq r_j, i_1\neq r_j)$$

において正則である．各 H_i は u_j の r_j 次までの偏導函数を含むが，$\partial^{r_j}u_j/\partial x_1{}^{r_j}$ を含まない．次の条件をみたす $\sum_{i=1}^{m} r_i$ 箇の函数

$$\varphi_{i\lambda}(x_2, \cdots, x_n),\qquad 1\leqq i\leqq m, 0\leqq \lambda\leqq r_i-1$$

を与える：各 $\varphi_{i\lambda}$ は $(a_2, \cdots, a_n)$ において正則であって

$$\frac{\partial^{i_2+\cdots+i_n}\varphi_{i\lambda}}{\partial x_2{}^{i_2}\cdots\partial x_n{}^{i_n}}(a_2, \cdots, a_n)=c_{i,\lambda,i_2,\cdots,i_n}$$

$$(1\leqq i\leqq m, 0\leqq \lambda< r_i, 0\leqq i_2+\cdots+i_n\leqq r_i-\lambda).$$

ただし

$$c_{i,0,0,\cdots,0}=b_i \qquad (1\leqq i\leqq m).$$

このとき定理3の証明を一般化して次の Cauchy–Kowalevsky の定理を得る：

定理 4 次の条件をみたす(15)の解

$$u_i=\Phi_i(x_1, \cdots, x_n),\qquad 1\leqq i\leqq m$$

が一意に存在する：各 Φ_i は $(a_1, \cdots, a_n)$ において正則であって

$$\frac{\partial^\lambda \Phi_i}{\partial {x_1}^\lambda}(a_1, x_2, \cdots, x_n) = \varphi_{i\lambda}(x_2, \cdots, x_n), \qquad 1 \leqq i \leqq m, 0 \leqq \lambda < r_i.$$

この定理において，H_i は u_j の r_j を越える次数の偏導函数を含むことは許されない．例えば，偏微分方程式

$$\frac{\partial u}{\partial x_1} = \frac{\partial^2 u}{\partial {x_2}^2} \tag{16}$$

を考える．初期条件

$$u(0, x_2) = \varphi(x_2) = M\left(1 - \frac{x_2}{\rho}\right)^{-1}$$

のもとで(16)を解くことを試みる．ここで M, ρ は正数である．このとき形式解

$$u = \Phi(x_1, x_2)$$

は(16)から

$$\begin{aligned}\Phi &= \sum_{i=0}^{\infty} \frac{1}{i!} \varphi^{(2i)}(x_2) \cdot {x_1}^i \\ &= \sum_{i=0}^{\infty} \frac{(2i)!}{i!} \left(1 - \frac{x_2}{\rho}\right)^{-2i-1} \cdot M \left(\frac{x_1}{\rho^2}\right)^i\end{aligned}$$

と得られる．しかしながら

$$\Phi(x_1, 0) = M \sum_{i=0}^{\infty} \frac{(2i)!}{i!} \left(\frac{x_1}{\rho^2}\right)^i$$

より，Φ は $(0,0)$ において正則でない．

上記(15)の形をした偏微分方程式系は Kowalevsky 系とよばれる．定理4は Kowalevsky 系の解の存在定理を与える．しかしながら，与えられた偏微分方程式系が，Kowalevsky 系であることは解が存在するための十分条件であっても必要条件ではない．一般の偏微分方程式系に解が存在するか否かを判定する問題は，この Cauchy-Kowalevsky の定理を基礎にして，第2章において論じられるであろう．そこでは Kowalevsky 系を一般化するものとして包合系が定義される．包合系の理論の発端となった Cartan による Pfaff 方程式系についての解の存在定理は §6 に述べる．

本節に述べた Cauchy-Kowalevsky の定理の証明は，Goursat([10, Chap. 1])による．この定理の歴史については，Forsyth[8, Chap. 2]を参照されたい．

§3 完 全 系

微分作用素

$$X=\sum_{i=1}^{n}\xi_i(x_1,\cdots,x_n)\frac{\partial}{\partial x_i}\qquad(\neq 0)$$

を，$(x_1,\cdots,x_n)$を座標とする空間V上で考える．

補題 1 Vの座標$y_1,\cdots,y_n$を適当にとれば，この座標によってXは$\partial/\partial y_1$と表わされる．

証明 各$\xi_i\,(1\leqq i\leqq n)$は$(a_1,\cdots,a_n)$において正則であって，$\xi_1(a_1,\cdots,a_n)\neq 0$であると仮定する．このとき偏微分方程式

(1) $$\frac{\partial u}{\partial x_1}=-\frac{1}{\xi_1}\sum_{p=2}^{n}\xi_p\frac{\partial u}{\partial x_p}$$

を考える．各$p\,(2\leqq p\leqq n)$について，$x_1=a_1$における初期条件を

(2) $$u(a_1,x_2,\cdots,x_n)=x_p$$

と設定する．前節の定理1より，初期条件(2)をみたす(1)の解

$$u=u_p(x_1,\cdots,x_n)$$

が存在して，それは$(a_1,\cdots,a_n)$において正則である．座標$z_1,\cdots,z_n$を

$$z_1=x_1,\qquad z_p=u_p\qquad(2\leqq p\leqq n)$$

によって定義すれば，それによってXは$\xi_1\partial/\partial z_1$と表わされる．$X(f)=1$の解$f_1$をとって，座標$y_1,\cdots,y_n$を

$$y_1=f_1,\qquad y_p=z_p\qquad(2\leqq p\leqq n)$$

によって定義すれば，それによってXは$\partial/\partial y_1$と表わされる(証終)．

線形偏微分方程式$X(f)=0$を考える．

定理 1 独立な$n-1$箇の解$f_1,\cdots,f_{n-1}$が存在して，$X(f)=0$の一般解は

$$f=\Phi(f_1,\cdots,f_{n-1})$$

によって与えられる．ここでΦは$f_1,\cdots,f_{n-1}$の任意函数である．

証明 補題1の座標系$y_1,\cdots,y_n$をとれば，$y_2,\cdots,y_n$は$X(f)=0$の解であって，一般解は$\Phi(y_2,\cdots,y_{n-1})$によって与えられる(証終)．

線形偏微分方程式系

(3) $$X_1(f)=\cdots=X_r(f)=0$$

を考える．ここで

(4) $$X_\alpha = \sum_{i=1}^{n} \xi_{\alpha i} \frac{\partial}{\partial x_i} \qquad (1 \leqq \alpha \leqq r).$$

§1(p. 9)に述べたように

$$X_\alpha X_\beta(f) - X_\beta X_\alpha(f) = [X_\alpha, X_\beta](f)$$

であるから，f が(3)の解ならば

$$[X_\alpha, X_\beta](f) = 0 \qquad (1 \leqq \alpha < \beta \leqq r).$$

定義1 線形偏微分方程式系(3)が完全系であるとは，すべての $\alpha, \beta (1 \leqq \alpha < \beta \leqq r)$ にたいして

$$[X_\alpha, X_\beta] \equiv 0 \quad \mathrm{mod}(X_1, \cdots, X_r)$$

がなりたつことである．

任意の線形偏微分方程式系は，括弧積を付け加えることをくり返して完全系に延長することができる．

二つの線形偏微分方程式系

$$\mathcal{X} = \{X_1, \cdots, X_r\}, \qquad \mathcal{Y} = \{Y_1, \cdots, Y_s\}$$

が同値であるとは，すべての $\alpha, \beta (1 \leqq \alpha \leqq r, 1 \leqq \beta \leqq s)$ にたいして

$$X_\alpha \equiv 0 \quad \mathrm{mod}(\mathcal{Y}), \qquad Y_\beta \equiv 0 \quad \mathrm{mod}(\mathcal{X})$$

がなりたつときにいう．線形偏微分方程式系と作用素系とは同一視する．

命題1 $\mathcal{X}$ が完全系ならば，それと同値な $\mathcal{Y}$ も完全系である．

証明 各 $\beta (1 \leqq \beta \leqq s)$ にたいして，仮定より Y_β は

$$Y_\beta = \sum_{\alpha=1}^{r} a_{\beta\alpha} X_\alpha$$

と表わされる．ここで $a_{\beta\alpha}$ は $x_1, \cdots, x_n$ の函数である．括弧積の定義から，すべての $\beta, \gamma (1 \leqq \beta < \gamma \leqq s)$ にたいして

$$[Y_\beta, Y_\gamma] = \sum_{\alpha=1}^{r} \sum_{\lambda=1}^{r} a_{\beta\alpha} a_{\gamma\lambda} [X_\alpha, X_\lambda] + \sum_{\lambda=1}^{r} \sum_{\alpha=1}^{r} a_{\beta\alpha} X_\alpha(a_{\gamma\lambda}) X_\lambda - \sum_{\alpha=1}^{r} \sum_{\lambda=1}^{r} a_{\gamma\lambda} X_\lambda(a_{\beta\alpha}) X_\alpha.$$

$\mathcal{X}$ は完全系であって，かつ $\mathcal{Y}$ と同値であるから

$$[Y_\beta, Y_\gamma] \equiv 0 \quad \mathrm{mod}(\mathcal{Y})$$ (証終).

定義2 $\mathcal{X}$ が Jacobi 系であるとは，$\mathcal{X}$ が完全系であって，かつある座標

$x_1, \cdots, x_n$ にたいして各 X_α が

$$X_\alpha = \frac{\partial}{\partial x_\alpha} + \sum_{\sigma>r}^{n} \xi_{\alpha\sigma} \frac{\partial}{\partial x_\sigma} \qquad (1 \leqq \alpha \leqq r)$$

と表わされるときにいう.

$\mathscr{X}$ が Jacobi 系ならば

$$[X_\alpha, X_\beta] = 0 \qquad (1 \leqq \alpha < \beta \leqq r).$$

命題1より，任意の完全系 $\mathscr{Y}$ にたいしてそれと同値な Jacobi 系 $\mathscr{X}$ が存在する.

完全系 $\mathscr{X}$ の階数 q を

$$q = n - \mathrm{rank}(\xi_{\alpha i})_{1 \leqq \alpha \leqq r, 1 \leqq i \leqq n}$$

によって定義する. ただし $\mathscr{X}$ は(4)によって生成されるものとする. $X_1, \cdots, X_r$ が独立ならば

$$q = n - r.$$

定理2 完全系 $\mathscr{X}$ の階数を q とする. このとき q 箇の独立な解 $f_1, \cdots, f_q$ が存在して，一般解は Φ を任意函数として $\Phi(f_1, \cdots, f_q)$ によって与えられる.

証明 $\mathscr{X}$ に含まれる独立な方程式の箇数 $n-q$ についての帰納法によって証明する. $n-q=1$ のときは，定理1によって正しい. $\mathscr{X}$ と同値な Jacobi 系 $\mathscr{Y}$ をとる. 補題1より，V の座標系 $y_1, \cdots, y_n$ が存在して，Y_1 は

$$Y_1 = \frac{\partial}{\partial y_1}$$

と表わされる. このとき

$$Y_\beta = \sum_{i=1}^{n} \eta_{\beta i} \frac{\partial}{\partial y_i} \qquad (2 \leqq \beta \leqq n-q)$$

とすれば，$\mathscr{Y}$ は Jacobi 系であるから

$$0 = [Y_1, Y_\beta] = \sum_{i=1}^{n} \frac{\partial \eta_{\beta i}}{\partial y_1} \frac{\partial}{\partial y_i} \qquad (2 \leqq \beta \leqq n-q).$$

すなわち

$$\frac{\partial \eta_{\beta i}}{\partial y_1} = 0 \qquad (2 \leqq \beta \leqq n-q, 1 \leqq i \leqq n).$$

またすべての β, γ $(2 \leqq \beta < \gamma \leqq n-q)$ にたいして

$$[Y_\beta, Y_\gamma] = 0$$

であるから，とくに

$$Y_\beta(\eta_{\gamma 1})-Y_\gamma(\eta_{\beta 1})=0.$$

従って，各 $\beta\,(2\leqq\beta\leqq n-q)$ について Z_β を

$$Z_\beta = Y_\beta-\eta_{\beta 1}Y_1=\sum_{i=2}^{n}\eta_{\beta i}\frac{\partial}{\partial y_i}$$

によって定義すれば，すべての β,γ にたいして

$$[Z_\beta, Z_\gamma]=\{Z_\gamma(\eta_{\beta 1})-Z_\beta(\eta_{\gamma 1})\}\,Y_1=0.$$

故に，独立変数 $y_2, \cdots, y_n$ にたいして

$$\{Z_2, \cdots, Z_{n-q}\}$$

は完全系をなす．これより定理が導かれる(証終)．

次に未知函数 u についての準線形偏微分方程式系

$$(5)\qquad X_\alpha(u)=\zeta_\alpha(x_1, \cdots, x_n, u),\qquad 1\leqq\alpha\leqq r$$

を考える．ここで

$$X_\alpha=\sum_{i=1}^{n}\xi_{\alpha i}(x_1, \cdots, x_n, u)\frac{\partial}{\partial x_i}\qquad(1\leqq\alpha\leqq r).$$

$u=u(x_1, \cdots, x_n)$ が(5)の解を与えるならば

$$\begin{aligned}0 &= X_\alpha\{X_\beta(u)-\zeta_\beta\}-X_\beta\{X_\alpha(u)-\zeta_\alpha\}\\ &=\sum_{i=1}^{n}\sum_{j=1}^{n}\left(\xi_{\alpha j}\frac{\partial\xi_{\beta i}}{\partial x_j}-\xi_{\beta j}\frac{\partial\xi_{\alpha i}}{\partial x_j}\right)\frac{\partial u}{\partial x_i}\\ &\quad+\sum_{i=1}^{n}\left(\zeta_\alpha\frac{\partial\xi_{\beta i}}{\partial u}-\zeta_\beta\frac{\partial\xi_{\alpha i}}{\partial u}\right)\frac{\partial u}{\partial x_i}\\ &\quad+\sum_{i=1}^{n}\left(\xi_{\beta i}\frac{\partial\zeta_\alpha}{\partial x_i}-\xi_{\alpha i}\frac{\partial\zeta_\beta}{\partial x_i}\right)+\zeta_\beta\frac{\partial\zeta_\alpha}{\partial u}-\zeta_\alpha\frac{\partial\zeta_\beta}{\partial u}.\end{aligned}$$

故に，$x_1, \cdots, x_n, u$ を独立変数とみて，$\tilde{X}_\alpha$ を

$$\tilde{X}_\alpha=X_\alpha+\zeta_\alpha\frac{\partial}{\partial u}\qquad(1\leqq\alpha\leqq r)$$

によって定義し，括弧積 $[\tilde{X}_\alpha, \tilde{X}_\beta]$ を

$$[\tilde{X}_\alpha, \tilde{X}_\beta]=\sum_{i=1}^{n}\xi_{\alpha\beta i}\frac{\partial}{\partial x_i}+\zeta_{\alpha\beta}\frac{\partial}{\partial u}\qquad(1\leqq\alpha<\beta\leqq r)$$

と表わすならば，(5)の解 u にたいして

$$\sum_{i=1}^{n}\xi_{\alpha\beta i}\frac{\partial u}{\partial x_i}=\zeta_{\alpha\beta}\qquad(1\leqq\alpha<\beta\leqq r).$$

陰函数

$$v(x_1, \cdots, x_n, u) = c \tag{6}$$

によって u を定義するとき，各 c にたいして u が(5)の解を与えるための必要十分条件は，

$$\tilde{X}_\alpha(v) = 0 \qquad (1 \leqq \alpha \leqq r).$$

実際(6)より

$$\frac{\partial v}{\partial x_i} + \frac{\partial v}{\partial u}\frac{\partial u}{\partial x_i} = 0 \qquad (1 \leqq i \leqq n).$$

準線形偏微分方程式系(5)を解くためには，まず

$$\{\tilde{X}_1, \cdots, \tilde{X}_r\} = \tilde{\mathscr{X}}$$

を線形偏微分方程式の完全系

$$\{\tilde{Y}_1, \cdots, \tilde{Y}_s\} = \tilde{\mathscr{Y}}$$

に延長する．$\tilde{\mathscr{Y}}$ の階数を q とし，独立な解を $v_1, \cdots, v_q$ とする．このとき

$$\frac{\partial}{\partial u} \not\equiv 0 \quad \mathrm{mod}(\tilde{\mathscr{Y}}) \tag{7}$$

ならば，Φ を任意函数として

$$\Phi(v_1, \cdots, v_q) = c$$

が(5)の一般解を与える．(7)よりある v_j が存在して

$$\frac{\partial v_j}{\partial u} \not\equiv 0.$$

$\tilde{\mathscr{Y}}$ が条件(7)をみたさないときには，系(5)は任意定数または任意函数を含む一般解をもたない．

準線形偏微分方程式系(5)は，線形偏微分方程式系 $\tilde{\mathscr{X}}$ が完全系をなし

$$\frac{\partial}{\partial u} \not\equiv 0 \quad \mathrm{mod}(\tilde{\mathscr{X}})$$

がみたされるとき，完全系とよばれる．

例 1　準線形偏微分方程式系

$$\frac{\partial u}{\partial x_i} = a_i(x_1, \cdots, x_n), \qquad 1 \leqq i \leqq n$$

を考える．このとき $\tilde{X}_\alpha = \partial/\partial x_\alpha + a_\alpha \partial/\partial u \ (1 \leqq \alpha \leqq n)$．従って

$$[\tilde{X}_\alpha, \tilde{X}_\beta] = \left(\frac{\partial a_\beta}{\partial x_\alpha} - \frac{\partial a_\alpha}{\partial x_\beta}\right)\frac{\partial}{\partial u} \qquad (1 \leqq \alpha < \beta \leqq n).$$

故に与えられた系が完全系であるための必要十分条件は

$$\frac{\partial a_\beta}{\partial x_\alpha}-\frac{\partial a_\alpha}{\partial x_\beta}=0 \qquad (1\leqq\alpha<\beta\leqq n).$$

このとき一般解は

$$v(x_1,\cdots,x_n,u)=c$$

によって与えられる．ここで v は $\tilde{\mathscr{X}}$ の定数でない解である．

準線形偏微分方程式系(5)の階数は，$\tilde{\mathscr{Y}}$ が条件(7)をみたすとき，$\tilde{\mathscr{Y}}$ の階数から1を引いた値として定義される．とくに線形系の場合にはその階数はつねに定義可能であって，線形系として完全系 $\mathscr{Y}$ に延長したときの $\mathscr{Y}$ の階数に等しい．準線形偏微分方程式系(5)の階数が p に等しいとき，一般に次の初期値問題が一意に定まる解をもつ:

空間 V 内の p 次元多様体 M とその上の函数 φ を与えるとき，(5)の解であって M 上への制限が φ に一致するものを求めよ．

実際 $(x_1,\cdots,x_n,u)$ を座標とする空間を W とし，$v_1,\cdots,v_{p+1}$ を延長して

$$v_1,\ \cdots,\ v_{p+1},\ w_1,\ \cdots,\ w_{n-p}$$

を W の座標とする．$v_1,\cdots,v_{p+1}$ を座標とする空間 U への W の射影を π とする．W 内の p 次元多様体 N を

$$N=\{(x,u);\,x\in M,u=\varphi(x)\}$$

によって定義する．これを π によって U に射影すれば，U 内の p 次元多様体 πN を得る．U の次元は $p+1$ であるから πN は

$$\Phi(v_1,\cdots,v_{p+1})=0$$

によって定義される．これより解 u が決定される．

これより Pfaff 方程式系

$$\omega_\alpha=0 \qquad (1\leqq\alpha\leqq r)$$

を考える．ここで

$$\omega_\alpha=\sum_{i=1}^n a_{\alpha i}dx_i \qquad (1\leqq\alpha\leqq r).$$

二つの Pfaff 方程式系

$$\Omega=\{\omega_1,\cdots,\omega_r\}, \qquad \Pi=\{\pi_1,\cdots,\pi_s\}$$

が同値であるとは，すべての $\alpha,\beta\,(1\leqq\alpha\leqq r, 1\leqq\beta\leqq s)$ にたいして

$$\omega_\alpha \equiv 0 \mod(\Pi), \qquad \pi_\beta \equiv 0 \mod(\Omega)$$

がなりたつときにいう．Pfaff 方程式系と Pfaff 形式系とは同一視する．

定義 3　Pfaff 方程式系 Ω が完全積分可能であるとは，Ω が函数の微分よりなりたつ系

$$df_1 = \cdots = df_s = 0$$

と同値であるときにいう．

定義 4　Ω が Frobenius の条件をみたすとは，すべての $\alpha\,(1 \leqq \alpha \leqq r)$ にたいして

(8)
$$d\omega_\alpha \equiv 0 \mod(\Omega), \qquad 1 \leqq \alpha \leqq r$$

がなりたつときにいう．

これより Ω が完全積分可能であるための必要十分条件は Frobenius の条件が Ω によってみたされることである(Frobenius の定理)のを証明する．条件(8)の意味は，すべての α にたいして Pfaff 形式 $\theta_{\alpha\beta}\,(1 \leqq \beta \leqq r)$ が存在して

$$d\omega_\alpha = \sum_{\beta=1}^{r} \theta_{\alpha\beta} \wedge \omega_\beta$$

となることである．Pfaff 形式系 Ω にたいして，線形偏微分方程式系 $A(\Omega)$ を

$$A(\Omega) = \{X;\ X(\omega_\alpha)=0,\ 1 \leqq \alpha \leqq r\}$$

によって定義する．$A(\Omega)$ の生成元

$$\mathscr{X} = \{X_1, \cdots, X_t\}$$

をとる．

補題 2　Pfaff 形式 ω が

(9)
$$d\omega(X_\alpha, X_\beta) = 0 \qquad (1 \leqq \alpha < \beta \leqq t)$$

をみたすならば

$$d\omega \equiv 0 \mod(\Omega).$$

証明　必要ならば座標の番号を変えて，Ω と同値な系 Π を次のようにとる：

$$\pi_i = dx_i + \sum_{\lambda > s}^{n} b_{i\lambda} dx_\lambda \qquad (1 \leqq i \leqq s).$$

このとき $d\omega$ は

$$d\omega = \sum_{i=1}^{s} \theta_i \wedge \pi_i + \sum_{\lambda<\mu} c_{\lambda\mu} dx_\lambda \wedge dx_\mu \qquad (s < \lambda < \mu \leqq n)$$

と表わされる．各 $\lambda\,(s < \lambda \leqq n)$ にたいして Y_λ を

$$Y_\lambda = \frac{\partial}{\partial x_\lambda} - \sum_{i=1}^{s} b_{i\lambda} \frac{\partial}{\partial x_i} \qquad (s<\lambda\leqq n)$$

によって定義し

$$\mathcal{Y} = \{Y_{s+1}, \cdots, Y_n\}$$

とすれば，$\mathcal{Y}$ は $\mathcal{X}$ と同値である．故に(9)より

$$d\omega(Y_\lambda, Y_\mu) = 0 \qquad (s<\lambda<\mu\leqq n).$$

従って

$$c_{\lambda\mu} = d\omega(Y_\lambda, Y_\mu) = 0 \qquad (s<\lambda<\mu\leqq n)$$ (証終).

命題 2 Ω が Frobenius の条件をみたすための必要十分条件は，$A(\Omega)$ の生成元よりなりたつ $\mathcal{X}$ が完全系であることである．

証明 §1 (p. 11) に述べた恒等式より，各 α, β, γ $(1\leqq\alpha\leqq r, 1\leqq\beta<\gamma<t)$ にたいして

$$X_\beta\omega_\alpha(X_\gamma) - X_\gamma\omega_\alpha(X_\beta) = d\omega_\alpha(X_\beta, X_\gamma) + \omega_\alpha([X_\beta, X_\gamma]).$$

ここで

$$\omega_\alpha(X_\gamma) = \omega_\alpha(X_\beta) = 0.$$

従って

$$d\omega_\alpha(X_\beta, X_\gamma) + \omega_\alpha([X_\beta, X_\gamma]) = 0 \tag{10}$$
$$(1\leqq\alpha\leqq r, 1\leqq\beta<\gamma<t).$$

$\mathcal{X}$ が完全系であるならば

$$[X_\beta, X_\gamma] \equiv 0 \mod(\mathcal{X})$$

より

$$\omega_\alpha([X_\beta, X_\gamma]) = 0.$$

故に(10)から補題 2 より

$$d\omega_\alpha \equiv 0 \mod(\Omega).$$

逆に Ω が Frobenius の条件をみたすならば

$$d\omega_\alpha \equiv 0 \mod(\Omega)$$

より

$$d\omega_\alpha(X_\beta, X_\gamma) = 0.$$

従って(10)から

$$[X_\beta, X_\gamma] \in A(\Omega).$$

これより

$$[X_\beta, X_\gamma] \equiv 0 \mod (\mathscr{X}) \qquad (証終).$$

命題 3 Ω が Frobenius の条件をみたすならば，Ω と同値な Π も Frobenius の条件をみたす.

証明 すべての $\beta\,(1\leqq\beta\leqq s)$ にたいして

$$\pi_\beta = \sum_{\alpha=1}^{r} c_{\beta\alpha}\omega_\alpha \qquad (1\leqq\beta\leqq s).$$

ここで $c_{\beta\alpha}$ は，$x_1, \cdots, x_n$ の函数である．このとき

$$d\pi_\beta = \sum_{\alpha=1}^{r}(dc_{\beta\alpha}\wedge\omega_\alpha + c_{\beta\alpha}d\omega_\alpha) \equiv 0 \mod (\Omega).$$

従って

$$d\pi_\beta \equiv 0 \mod (\Pi), \qquad 1\leqq\beta\leqq s \qquad (証終).$$

定理 3 Ω が完全積分可能であるための必要十分条件は，Frobenius の条件が Ω によってみたされることである.

証明 Ω が完全積分可能であるならば，それは

$$\Pi = \{df_1, \cdots, df_s\}$$

と同値である．Π は明らかに Frobenius の条件をみたす．従って命題 3 より Ω は Frobenius の条件をみたす．逆に Ω が Frobenius の条件をみたすならば，命題 2 より $A(\Omega)$ の生成元よりなる $\mathscr{X}$ は完全系である．$\mathscr{X}$ の階数を q とすれば，定理 2 より独立な解 $f_1, \cdots, f_q$ が存在する．$\mathscr{X}$ の階数 q は Ω に含まれる独立な方程式の箇数に等しいから，Ω は Pfaff 方程式系

$$df_1 = \cdots = df_q = 0$$

と同値である(証終).

最後に第一積分の定義を述べる．函数 f にたいして，$f=c$ が Ω の第一積分であるとは

$$df \equiv 0 \mod (\Omega)$$

がなりたつときにいう．ここで f は定数でないとする．$f=c$ が Ω の第一積分を与えるための必要十分条件は，f が $A(\Omega)$ の生成元よりなる $\mathscr{X}$ の解になることである．定理 3 より次の系 1，系 2 が導かれる:

系 1 Pfaff 方程式 $\omega=0$ に第一積分 $f=c$ が存在するための必要十分条件は

$$d\omega \equiv 0 \quad \mathrm{mod}(\omega).$$

このとき函数 g が存在して，ω は gdf と表わされる．

系 2 Ω が Frobenius の条件をみたすならば，独立な q 箇の第一積分 $f_i=c_i$ $(1 \leqq i \leqq q)$ が存在して，任意の第一積分は

$$\Phi(f_1, \cdots, f_q) = c$$

によって与えられる．ここで q は $\mathcal{X}$ の階数である．

系 2 において Ω の $n-q$ 次元の積分多様体は，$f_i=c_i\,(1 \leqq i \leqq q)$ によって与えられる．それより高次元の積分多様体は存在しない．故に最高次元の積分多様体は q 箇の任意定数に依存する．しかしながら，完全積分可能でない一般の Pfaff 形式系の最高次元の積分多様体は任意函数に依存し得る．それについては §6 および第 2 章において論じる．

逆に線形偏微分方程式系 $\mathcal{X}$ が階数 q の完全系をなすとき，定理 2 の $f_1, \cdots, f_q$ を用いて，Pfaff 方程式系 Ω を

$$df_1 = \cdots = df_q = 0$$

によって定義すれば，$A(\Omega)$ は $\mathcal{X}$ によって生成される．$\mathcal{X}$ を無限小変換の系とみなすとき，

$$f_1 = c_1, \qquad \cdots, \qquad f_q = c_q$$

は $\mathcal{X}$ の $n-q$ 次元積分多様体を与える．ここで $c_1, \cdots, c_q$ は定数である．

§4 1階偏微分方程式の解法

最初に x, y を独立変数とする 1 階準線形偏微分方程式

(1) $$Ap + Bq = C$$

を考える．ここで p, q は未知函数 z の偏導函数

$$p = \frac{\partial z}{\partial x}, \qquad q = \frac{\partial z}{\partial y}$$

であって，A, B, C は x, y, z の函数である．陰函数

$$G(x, y, z) = c$$

によって定義される z がすべての c にたいして解を与えるための必要十分条件は

$$X(G) = 0, \qquad X = A\frac{\partial}{\partial x}+B\frac{\partial}{\partial y}+C\frac{\partial}{\partial z}.$$

このとき Ω によって Pfaff 方程式系

$$\frac{dx}{A} = \frac{dy}{B} = \frac{dz}{C}$$

を表わせば，$A(\Omega)$ は X によって生成される．Ω の二つの独立な第一積分を

$$H(x, y, z) = a, \qquad K(x, y, z) = b$$

とすれば，(1)の一般解は

$$\Phi(H, K) = c$$

によって与えられる．ここで Φ は任意函数である．

例 1 準線形方程式

$$xp+yq = xy$$

を考えれば，H および K は

$$H = \frac{y}{x}, \qquad K = z-\frac{1}{2}xy$$

によって与えられる．

例 2 準線形方程式

$$(1-\alpha z)p = \beta q$$

を考える．ここで α, β は定数である．一般解は

$$H = \beta x+(1-\alpha z)y, \qquad K = z$$

より

$$\beta x+(1-\alpha z)y = F(z)$$

によって与えられる．ここで F は任意函数である．この例は§2, 定理1の証明(p. 16)に現れたものである．

次に未知函数 z についての1階偏微分方程式

(2) $$F(x, y, z, p, q) = 0$$

を考える．助変数 a, b を含む解 z が陰函数

$$V(x, y, z, a, b) = 0 \qquad (V_z \neq 0)$$

によって与えられたとする．

定義 1 $V=0$ が完全解であるとは，次の行列 Δ の階数が3に等しいときにいう：

$$\varDelta = \begin{bmatrix} 0 & V_x & V_y & V_z \\ V_a & V_{ax} & V_{ay} & V_{az} \\ V_b & V_{bx} & V_{by} & V_{bz} \end{bmatrix}.$$

$V=0$ が完全解を与えるならば

(3) $$V = V_x+pV_z = V_y+qV_z = 0$$

から a, b を消去して $F=0$ を得る．実際，$V_z \neq 0$ であるから，定義1より

$$\operatorname{rank}\begin{pmatrix} V_a & V_{ax}+pV_{az} & V_{ay}+qV_{az} \\ V_b & V_{bx}+pV_{bz} & V_{by}+qV_{bz} \end{pmatrix} = 2$$

が導かれる．従って(3)は a, b に関して解ける．

完全解 $V=0$ から次のようにして一般解が導かれる：助変数 a, b の間に任意に関係式

$$\varPhi(a, b) = 0$$

を与える．このとき

$$V = \varPhi = V_a\varPhi_b - V_b\varPhi_a = 0$$

から a, b を消去して一般解を得る．また

$$V = V_a = V_b = 0$$

から a, b を消去し得るときには，それは特異解を与える．

例3 方程式

$$z - xp - yq + \frac{1}{2}(p^2+q^2) = 0$$

を考える．このとき

$$z - ax - by + \frac{1}{2}(a^2+b^2) = 0$$

は完全解を与える．これは特異解

$$z = \frac{1}{2}(x^2+y^2)$$

を導く．

幾何学的にいえば，一般解は完全解の1助変数部分族の包絡面として得られる．特異解は2助変数を含む完全解それ自身の包絡面である．

完全解は次の Lagrange の定理によって構成される：

定理1　函数 $\varphi(x,y,z,p,q)$ を与えて，$\varphi=F=0$ を p,q に関して

$$p=P(x,y,z),\qquad q=Q(x,y,z)$$

と解くとき

$$dz-Pdx-Qdy=0 \tag{4}$$

が完全積分可能になるための必要十分条件は

$$[\varphi,F]\equiv 0\quad \mathrm{mod}(\varphi,F).$$

ここで $[\varphi,F]$ は Lagrange 括弧

$$[\varphi,F]=\varphi_p(F_x+pF_z)+\varphi_q(F_y+qF_z)$$
$$-F_p(\varphi_x+p\varphi_z)-F_q(\varphi_y+q\varphi_z)$$

を表わす．

証明　§3，定理3より，(4)が完全積分可能であるための必要十分条件は

$$dx\wedge dP+dy\wedge dQ\equiv 0\quad \mathrm{mod}(dz-Pdx-Qdy).$$

そのための必要十分条件は

$$P_y+QP_z-(Q_x+PQ_z)=0.$$

$F(x,y,z,P,Q)=0$ を x,y,z で偏微分すれば

$$F_x+P_xF_p+Q_xF_q=0,$$
$$F_y+P_yF_p+Q_yF_q=0,$$
$$F_z+P_zF_p+Q_zF_q=0.$$

$\varphi(x,y,z,P,Q)=0$ を x,y,z で偏微分すれば

$$\varphi_x+P_x\varphi_p+Q_x\varphi_q=0,$$
$$\varphi_y+P_y\varphi_p+Q_y\varphi_q=0,$$
$$\varphi_z+P_z\varphi_p+Q_z\varphi_q=0.$$

これより

$$P_y=\frac{(F_y\varphi_q-F_q\varphi_y)}{(F_q\varphi_p-F_p\varphi_q)},$$

$$P_z=\frac{(F_z\varphi_q-F_q\varphi_z)}{(F_q\varphi_p-F_p\varphi_q)}$$

および

$$Q_x=-\frac{(F_x\varphi_p-F_p\varphi_x)}{(F_q\varphi_p-F_p\varphi_q)},$$

$$Q_z = -\frac{(F_z\varphi_p - F_p\varphi_z)}{(F_q\varphi_p - F_p\varphi_q)}$$

を得る．従って定理がなりたつ(証終)．

函数 $\varphi(x, y, z, p, q)$ が

$$[\varphi, F] \equiv 0 \quad \mathrm{mod}(F) \tag{5}$$

をみたすならば，$\varphi=a, F=0$ を p, q に解して

$$p = P(x, y, z, a), \qquad q = Q(x, y, z, a)$$

と解くとき，定理1によって任意の a にたいして

$$dz - Pdx - Qdy = 0$$

は完全積分可能になる．従ってその第一積分

$$U(x, y, z, a) = b$$

が存在する．これによって完全解が与えられる．故に完全解を求めるためには，φ についての線形方程式(5)を解けばいい．それは $F=0$ によって定義される多様体 M_F において線形方程式

$$X_F(\varphi) = 0$$

を解くことである．ここで

$$X_F = F_p\frac{\partial}{\partial x} + F_q\frac{\partial}{\partial y} + (pF_p + qF_q)\frac{\partial}{\partial z}$$
$$- (F_x + pF_z)\frac{\partial}{\partial p} - (F_y + qF_z)\frac{\partial}{\partial q}.$$

M_F の各点において

$$X_F \in T(M_F).$$

独立変数 (x, y, z, p, q) についての Pfaff 方程式系

$$\frac{dx}{F_p} = \frac{dy}{F_q} = \frac{dz}{pF_p + qF_q} = \frac{-dp}{F_x + pF_z} = \frac{-dq}{F_y + qF_z}$$

は F から導かれる Lagrange-Charpit 系とよばれる．これを Ω_F によって表わせば，$A(\Omega_F)$ は X_F によって生成される．Ω_F を M_F に制限し X_F を M_F 上の無限小変換とみるときも同じことがいえる．

例 4 方程式

$$F = pq - z = 0$$

を考える．このとき Lagrange-Charpit 系は M_F 上

$$\frac{dx}{q}=\frac{dy}{p}=\frac{dz}{2z}=\frac{dp}{p}=\frac{dq}{q}.$$

その第一積分は

$$x-q=a$$

と求まる．これより

$$p=\frac{z}{x-a},\qquad q=x-a$$

が導かれ，

$$dz-pdx-qdy=(x-a)d\left(\frac{z}{x-a}-y\right).$$

従って

$$\frac{z}{x-a}-y+b=0$$

から完全解

$$(x-a)(y-b)-z=0$$

が得られる．

これより方程式(2)の右辺を任意定数 c に代えて，偏微分方程式

$$F(x,y,z,p,q)=c \tag{6}$$

を考える．独立変数 x,y,z,p,q を座標とする空間 V において，Pfaff 方程式系

$$dF=dz-pdx-qdy=0$$

を考える．これを Σ によって表わす．無限小変換 X_F によって生成される V 上の1助変数変換群 Φ_τ を考える．V 内の曲線 Γ にたいして，Γ が Ω_F の積分曲線でないならば，

$$\Phi_\tau(\Gamma)$$

は τ を動かすとき V 内の曲面 $S(\Gamma)$ を生成する．次の定理は Cauchy および Darboux による：

定理2　Γ が Σ の積分曲線であるならば，$S(\Gamma)$ は Σ の積分曲面を与える．

証明　Γ は

$$x=x_0(\sigma),\qquad y=y_0(\sigma),\qquad z=z_0(\sigma),$$
$$p=p_0(\sigma),\qquad q=q_0(\sigma)$$

によって定義されるとする．仮定より Γ は Σ の積分曲線であるから

$$F(x_0, y_0, z_0, p_0, q_0) = c,$$

$$\frac{\partial z_0}{\partial \sigma} - p_0 \frac{\partial x_0}{\partial \sigma} - q_0 \frac{\partial y_0}{\partial \sigma} = 0.$$

無限小変換 X_F は

$$X_F(F) = 0$$

をみたすから，$S(\Gamma)$ 上 $F=c$. また

$$X_F(dz - pdx - qdy) = 0$$

より，$S(\Gamma)$ 上

$$\frac{\partial z}{\partial \tau} - p \frac{\partial x}{\partial \tau} - q \frac{\partial y}{\partial \tau} = 0.$$

故に $S(\Gamma)$ が Σ の積分曲面であることを証明するためには，$S(\Gamma)$ 上

$$\frac{\partial z}{\partial \sigma} - p \frac{\partial x}{\partial \sigma} - q \frac{\partial y}{\partial \sigma} = 0$$

を示せばいい．左辺を $u(\sigma, \tau)$ とすれば

$$\frac{\partial u}{\partial \tau} = -(F_z)u$$

がなりたつ．ここで (F_z) は F_z を $S(\Gamma)$ 上に制限して得られる σ, τ の函数である．実際

$$\begin{aligned}
\frac{\partial u}{\partial \tau} &= \frac{\partial}{\partial \tau}\left(\frac{\partial z}{\partial \sigma} - p \frac{\partial x}{\partial \sigma} - q \frac{\partial y}{\partial \sigma}\right) \\
&\quad - \frac{\partial}{\partial \sigma}\left(\frac{\partial z}{\partial \tau} - p \frac{\partial x}{\partial \tau} - q \frac{\partial y}{\partial \tau}\right) \\
&= \frac{\partial p}{\partial \sigma}\frac{\partial x}{\partial \tau} + \frac{\partial q}{\partial \sigma}\frac{\partial y}{\partial \tau} - \frac{\partial p}{\partial \tau}\frac{\partial x}{\partial \sigma} - \frac{\partial q}{\partial \tau}\frac{\partial y}{\partial \sigma} \\
&= \frac{\partial p}{\partial \sigma} F_p + \frac{\partial q}{\partial \sigma} F_q + (F_x + pF_z)\frac{\partial x}{\partial \sigma} + (F_y + qF_z)\frac{\partial y}{\partial \sigma} \\
&= \frac{\partial F}{\partial \sigma} - F_z\left(\frac{\partial z}{\partial \sigma} - p \frac{\partial x}{\partial \sigma} - q \frac{\partial y}{\partial \sigma}\right) = -F_z u.
\end{aligned}$$

$\tau=0$ のとき $u=0$ であるから，つねに $u=0$(証終).

この定理において $S(\Gamma)$ が $z=f(x, y)$ によって定義されるならば，$S(\Gamma)$ は

$$dz - pdx - qdy = 0$$

の積分多様体であるから，$S(\Gamma)$ 上

$$p = f_x(x, y), \qquad q = f_y(x, y).$$

この定理を用いて完全解は次のようにして構成される：2助変数 a, b に依存する Σ の積分曲線 $\Gamma_{a,b}$ を与える．このとき $S(\Gamma_{a,b})$ が

$$z = f(x, y, a, b)$$

によって定義されるとすれば，これによって完全解が与えられる．

例5　例4の方程式の右辺を任意定数に代えて，方程式

$$pq - z = c$$

を考える．Lagrange-Charpit 系は

$$\frac{dx}{q} = \frac{dy}{p} = \frac{dz}{2pq} = \frac{dp}{p} = \frac{dq}{q}.$$

故に変換 Φ_τ は

$$x = q_0(e^\tau - 1) + x_0, \qquad y = p_0(e^\tau - 1) + y_0,$$
$$z = p_0 q_0(e^{2\tau} - 1) + z_0, \qquad p = p_0 e^\tau, \qquad q = q_0 e^\tau.$$

$\Gamma_{a,b}$ を

$$x_0 = a + \sigma, \qquad y_0 = b + \sigma, \qquad z_0 = \sigma^2 - c, \qquad p_0 = \sigma, \qquad q_0 = \sigma$$

によって与えれば，$S(\Gamma_{a,b})$ は

$$z = (x - a)(y - b) - c$$

によって定義され，これが完全解を与える．

方程式(6)の完全解

$$V(x, y, z, a, b, c) = 0$$

が与えられたとき，条件(6)のもとで

$$V = V_x + pV_z = V_y + qV_z = 0 \tag{7}$$

を，a, b に関して

$$a = A(x, y, z, p, q), \qquad b = B(x, y, z, p, q)$$

と解く．函数 $E(x, y, z, p, q)$ を

$$E = \left(\frac{V_a}{V_b}\right)$$

によって定義する．ここで右辺は V_a/V_b において，$a=A, b=B, c=F$ とおいたものである．このとき次の定理がなりたつ：

定理3　$A=a, B=b, F=c, E=e$ は Lagrange-Charpit 系 Ω_F の四つの独立な

第一積分を与える．

証明 $X_F(A)=X_F(B)=X_F(E)=0$ を示す．まず a, b, c を定数とみて X_F を作用させるとき

$$X_F(V)=0, \tag{8}$$

$$X_F(V_x+pV_z)=0, \tag{9}$$

$$X_F(V_y+qV_z)=0, \tag{10}$$

$$X_F(V_a)+V_a\left\{F_z-\frac{1}{V_z}X_F(V_z)\right\}=0, \tag{11}$$

$$X_F(V_b)+V_b\left\{F_z-\frac{1}{V_z}X_F(V_z)\right\}=0 \tag{12}$$

がなりたつことを証明する．ただしここで X_F を作用させた後に

$$V_x+pV_z=V_y+qV_z=0$$

とおく．(8)についてみれば

$$\begin{aligned}X_F(V)&=F_pV_x+F_qV_y+(pF_p+qF_q)V_z\\&=F_p(V_x+pV_z)+F_q(V_y+qV_z)=0.\end{aligned}$$

次に(7)によって z, p, q を消去して得られる x, y, a, b, c についての恒等式

$$F\left(x, y, z, -\frac{V_x}{V_z}, -\frac{V_y}{V_z}\right)=c \tag{13}$$

を考える．ここで z には $V=0$ から得られる値を代入する．これを x に関して偏微分すれば

$$\begin{aligned}&F_x+pF_z-\frac{F_p}{V_z}\{V_{xx}+pV_{xz}+p(V_{xz}+pV_{zz})\}\\&\qquad-\frac{F_q}{V_z}\{V_{yx}+pV_{yz}+q(V_{xz}+pV_{zz})\}\\&=-\frac{1}{V_z}[-(F_x+pF_z)V_z+F_pV_{xx}+F_qV_{xy}+(pF_p+qF_q)V_{xz}\\&\qquad+p\{F_pV_{xz}+F_qV_{zy}+(pF_p+qF_q)V_{zz}\}]\\&=-\frac{1}{V_z}\{-(F_x+pF_z)V_z+X_F(V_x)+pX_F(V_z)\}\\&=-\frac{1}{V_z}X_F(V_x+pV_z)=0.\end{aligned}$$

これより(9)が導かれる．さらに y, a, b に関して(13)を偏微分することにより

それぞれ(10), (11), (12)を得る．故に x, y, z, p, q についての恒等式

$$V(x, y, z, A, B, F) = 0,$$
$$V_x + pV_z = 0,$$
$$V_y + qV_z = 0$$

に X_F を作用させれば，(8), (9), (10)によって

$$V_a X_F(A) + V_b X_F(B) = 0,$$
$$(V_{xa} + pV_{za})X_F(A) + (V_{xb} + pV_{zb})X_F(B) = 0,$$
$$(V_{ya} + qV_{za})X_F(A) + (V_{yb} + qV_{zb})X_F(B) = 0$$

を得る．ここで

$$\mathrm{rank}\begin{pmatrix} V_a & V_{xa}+pV_{za} & V_{ya}+qV_{za} \\ V_b & V_{xb}+pV_{zb} & V_{yb}+qV_{zb} \end{pmatrix} = 2$$

であるから

(14)
$$X_F(A) = X_F(B) = 0$$

が導かれる．(11), (12), (14)より

$$X_F(E) = \frac{1}{V_b{}^2}(V_b X_F(V_a) - V_a X_F(V_b)) = 0.$$

A, B, F, E が独立であることは次章§5 (定理1)で証明する(証終)．

例5についてみれば，完全解

$$(x-a)(y-b)-z-c = 0$$

から Lagrange–Charpit 系の独立な四つの第一積分

$$x-q = a, \qquad y-p = b, \qquad pq-z = c, \qquad -\frac{p}{q} = e$$

が得られる．

命題1　$V(x, y, z, a, b, c)=0$ が $F=c$ の完全解を与えるとき

$$\begin{vmatrix} 0 & V_x & V_y & V_z \\ V_a & V_{ax} & V_{ay} & V_{az} \\ V_b & V_{bx} & V_{by} & V_{bz} \\ V_c & V_{cx} & V_{cy} & V_{cz} \end{vmatrix} \neq 0.$$

証明　恒等式(13)を c について偏微分すれば

$$-\frac{1}{V_z}\left[X_F(V_c) + V_c\left\{F_z - \frac{1}{V_z}X_F(V_z)\right\}\right] = 1.$$

従って，(8), (11), (12)および完全解の定義から命題が導かれる(証終)．

§5 Monge-Ampère 方程式

独立変数 x, y，未知函数 z についての2階偏微分方程式は

$$r=\frac{\partial^2 z}{\partial x^2},\qquad s=\frac{\partial^2 z}{\partial x\partial y},\qquad t=\frac{\partial^2 z}{\partial y^2}$$

および

$$rt-s^2$$

について線形であるとき，Monge-Ampère 方程式とよばれる．それは

$$\text{(1)}\qquad Hr+2Ks+Lt+M+N(rt-s^2)=0$$

によって与えられる．ここで

$$H,\quad K,\quad L,\quad M,\quad N$$

は x, y, z, p, q の函数である．$N\neq 0$ の場合には

$$\text{(2)}\qquad (Nr+L)(Nt+H)-(Ns+\lambda_1)(Ns+\lambda_2)=0$$

と変形される．ここで λ_1, λ_2 は2次方程式

$$\lambda^2+2K\lambda+HL-MN=0$$

の2根である．x, y, z, p, q を助変数とみて，方程式(1)を r, s, t を座標とする3次元 Affine 空間で考える．$N\neq 0$ ならば，それは2次曲面をなしその母線は2次錐面 $rt-s^2=0$ の母線に平行する．$N=0$ の場合には平面を与える．dx, dy, dp, dq を助変数とみて，2次錐面 $rt-s^2=0$ の母線に平行する直線

$$\text{(3)}\qquad dp-rdx-sdy=dq-sdx-tdy=0$$

を考える．この直線(3)は，(1)と1点において交わるかまたは(1)に含まれる．(1)に含まれるための必要十分条件は dx, dy, dp, dq についての次に述べる二つの1次式によって与えられる．この二式と

$$dz-pdx-qdy=0$$

よりなる Pfaff 方程式系は，(1)の Monge 系とよばれる．この Monge 系は二組の母線族に対応して二組求められる：

(i) $N\neq 0$; この場合は，(1)の両辺に $dxdy$ を掛けて，(3)を用いて r, t を消去すれば

$$\{(Ndp+Ldx)dx+(Ndq+Hdy)dy-2Kdxdy\}Ns$$
$$-(Ndp+Ldx)(Ndq+Hdy)+(HL-MN)dxdy=0$$

であるから，直線(3)が2次曲面(2)の母線の一つと一致するための必要十分条件は

$$Ndp+Ldx+\lambda_1 dy = Ndq+\lambda_2 dx+Hdy = 0$$

または

$$Ndp+Ldx+\lambda_2 dy = Ndq+\lambda_1 dx+Hdy = 0.$$

(ii) $N=0, H\neq 0$; この場合，直線(3)が平面(1)に含まれるための必要十分条件は

$$dy-\lambda_1 dx = H(dp+\lambda_2 dq)+Mdx = 0$$

または

$$dy-\lambda_2 dx = H(dp+\lambda_1 dq)+Mdx = 0.$$

ここで λ_1, λ_2 は2次方程式

$$H\lambda^2-2K\lambda+L=0$$

の2根である．

(iii) $N=0, L\neq 0$; この場合は

$$dx-\lambda_1 dy = L(dq+\lambda_2 dp)+Mdy = 0$$

または

$$dx-\lambda_2 dy = L(dq+\lambda_1 dp)+Mdy = 0.$$

ここで λ_1, λ_2 は2次方程式

$$L\lambda^2-2K\lambda+H=0$$

の2根である．

(iv) $s+f(x, y, z, p, q)=0$ の場合 $(H=L=N=0, K\neq 0, M=2Kf)$ は，

$$dx = dp+fdy = 0$$

または

$$dy = dq+fdx = 0.$$

空間 (x, y, z) 内の曲面 $z=\varphi(x, y)$ より空間 (x, y, z, p, q) 内の曲面 Φ を

$$z=\varphi(x, y), \qquad p=\varphi_x(x, y), \qquad q=\varphi_y(x, y)$$

によって定義する．このとき次の定理がなりたつ:

定理1 曲面 $z=\varphi(x, y)$ が方程式(1)の解を与えるための必要十分条件は，曲

面Φが一組のMonge系の解曲線の1助変数族によって生成されることである.

証明 Monge系の一組を

$$dz-pdx-qdy=\theta_1=\theta_2=0 \tag{4}$$

とする. このときΦが(4)の解曲線の1助変数族によって生成されるための必要十分条件は, Φ上θ_1, θ_2および

$$dp-\varphi_{xx}dx-\varphi_{xy}dy, \qquad dq-\varphi_{xy}dx-\varphi_{yy}dy \tag{5}$$

が独立でないことである. そのための必要十分条件は

$$r=\varphi_{xx}, \qquad s=\varphi_{xy}, \qquad t=\varphi_{yy}$$

として(1)がなりたつことである. 実際, $N\neq 0$として

$$\begin{cases} \theta_1=Ndp+Ldx+\lambda_1 dy \\ \theta_2=Ndq+\lambda_2 dx+Hdy \end{cases} \tag{6}$$

とすれば, θ_1, θ_2および(5)が独立でないための必要十分条件は

$$(N\varphi_{xx}+L)(N\varphi_{yy}+H)-(N\varphi_{xy}+\lambda_1)(N\varphi_{xy}+\lambda_2)=0.$$

他の場合も同様である(証終).

系1 曲面$z=\varphi(x,y)$が方程式(1)の解を与えるならば, 曲面Φは二組のMonge系の解曲線の1助変数族によって二通りに生成される.

斉次座標(dx, dy, dp, dq)をもつ3次元射影空間を考える. 点

$$d=(dx, dy, dp, dq)$$

にたいして, 平面Π_dを

$$\begin{aligned} & dx_\wedge dp+dy_\wedge dq \\ & =dx\delta p-dp\delta x+dy\delta q-dq\delta y=0 \end{aligned} \tag{7}$$

をみたす点$\delta=(\delta x, \delta y, \delta p, \delta q)$の全体として定義する. 平面$\Pi_d$上の任意の点$\delta$にたいして, 平面$\Pi_\delta$は点$d$を過る. Monge系(4)にたいして

$$\theta_1=\theta_2=0$$

によって定義される直線lを対応させる. このとき, 他の一組のMonge系に対応する直線をl'とすれば

$$l'=\bigcap \Pi_d \qquad (d\in l).$$

実際$N\neq 0$として(6)の場合についてみれば, (7)からdp, dqを消去して

$$\begin{aligned} & N(dx_\wedge dp+dy_\wedge dq) \\ & =dx(N\delta p+L\delta x+\lambda_2\delta y) \end{aligned}$$

$$+dy(N\delta q+\lambda_1\delta x+H\delta y)=0.$$

他の場合も同様である．函数

$$F(x,y,z,p,q)$$

から導かれる Lagrange-Charpit 系 Ω_F に対応する点

$$(F_p,F_q,-\partial_x F,-\partial_y F)$$

を d_F によって表わす．ここで

$$\partial_x=\frac{\partial}{\partial x}+p\frac{\partial}{\partial z},\qquad \partial_y=\frac{\partial}{\partial y}+q\frac{\partial}{\partial z}.$$

このとき d_F から(7)によって定義される平面 Π_F は

$$dF\equiv 0 \quad \mathrm{mod}(dz-pdx-qdy)$$

によって定義される．実際 $d=d_F$ にたいして

$$\begin{aligned} dx_\wedge dp+dy_\wedge dq& \\ &=F_p\delta p-(-\partial_x F)\delta x+F_q\delta q-(-\partial_y F)\delta y\\ &\equiv\delta F \quad \mathrm{mod}(\delta z-p\delta x-q\delta y).\end{aligned}$$

方程式(1)の Monge 系の二組を $\boldsymbol{M},\boldsymbol{M}'$ とする．このとき次の定理がなりたつ：

定理 2 $F=c$ が $\boldsymbol{M}$ の第一積分になるための必要十分条件は

(8) $$X_F\equiv 0 \quad \mathrm{mod}(A(\boldsymbol{M}')).$$

証明 $\boldsymbol{M},\boldsymbol{M}'$ に対応する直線をそれぞれ l,l' とする．$F=c$ が $\boldsymbol{M}$ の第一積分になるための必要十分条件は，

$$l\subset\Pi_F.$$

そのための必要十分条件は

$$l'\ni d_F.$$

これは(8)がなりたつための必要十分条件である(証終)．

定義 1 方程式(1)が Monge 可積分であるとは，$\boldsymbol{M}$ または $\boldsymbol{M}'$ が独立な二つの第一積分をもつときにいう．このときそれぞれ $\boldsymbol{M}$ または $\boldsymbol{M}'$ について Monge 可積分であるという．

Monge 系の第一積分は中間積分とよばれる．方程式(1)が $\boldsymbol{M}$ について Monge 可積分であるとし，その二つの中間積分を F および G とする．このとき方程式(1)の初期値問題は次のようにして解かれる：初期曲線 Γ が

$$dz-pdx-qdy = 0$$

の積分曲線として空間(x, y, z, p, q)内に与えられたとき，Γ上

(9) $$F+\varphi(G) = 0$$

がみたされるように函数φを定める．(9)の Lagrange–Charpit 系をΩとすれば，定理 2 より

$$\boldsymbol{M}' \equiv 0 \quad \mathrm{mod}(\Omega).$$

従って§4，定理 2 によって得られる(9)の解曲面$S(\Gamma)$は，定理 1 より(1)の解曲面を与える．故に方程式(1)が Monge 可積分であれば，それは任意函数 1 箇を含む 1 階偏微分方程式(9)に帰着される．$A(\boldsymbol{M}')$の生成元よりなる線形偏微分方程式系を$\mathfrak{M}'$とすれば，方程式(1)が$\boldsymbol{M}$について Monge 可積分であるための必要十分条件は$\mathfrak{M}'$の階数が 2 または 3 になることである．次章§4 (命題 2)に述べるように$\mathfrak{M}'$の階数が 3 ならば，方程式(1)は接触変換によって

$$rt-s^2 = 0$$

に変換される．

逆に 2 階偏微分方程式が任意函数 1 箇を含む 1 階偏微分方程式(9)に帰着されるならば，それは Monge–Ampère 型である．実際(9)より

$$D_xF+\varphi' D_xG = D_yF+\varphi' D_yG = 0.$$

これからφ'を消去すれば Monge–Ampère 方程式

$$D_xF\cdot D_yG-D_xG\cdot D_yF = 0$$

を得る．ここで

$$D_x = \frac{\partial}{\partial x}+p\frac{\partial}{\partial z}+r\frac{\partial}{\partial p}+s\frac{\partial}{\partial q},$$

$$D_y = \frac{\partial}{\partial y}+q\frac{\partial}{\partial z}+s\frac{\partial}{\partial p}+t\frac{\partial}{\partial q}.$$

これより方程式

$$s+f(x, y, z, p, q) = 0$$

がその一つの Monge 系$dy=dq+fdx=dz-pdx=0$について Monge 可積分であるための条件を求める．そのための必要十分条件は，線形偏微分方程式系

$$X = \frac{\partial}{\partial p}, \qquad Y = \frac{\partial}{\partial x}+p\frac{\partial}{\partial z}-f\frac{\partial}{\partial q}$$

の階数が 2 以上になることである．実際$F(x, y, z, p, q)$が与えられた Monge

系の第一積分になるための必要十分条件は，定理2より

$$X_F(dx) = \frac{\partial F}{\partial p} = 0,$$

$$X_F(dp+fdy) = -\left(\frac{\partial F}{\partial x}+p\frac{\partial F}{\partial z}\right)+f\frac{\partial F}{\partial q} = 0.$$

括弧積

$$[X, Y] = \frac{\partial}{\partial z}-f_p\frac{\partial}{\partial q}$$

を Z によって表わす．このとき

$$[X, Z] = -f_{pp}\frac{\partial}{\partial q}.$$

故に階数が2になるための必要条件として $f_{pp}=0$ を得る．これより

$$f = m(x, y, z, q)p+n(x, y, z, q)$$

とおく．このとき

$$Z = \frac{\partial}{\partial z}-m\frac{\partial}{\partial q}$$

であって $Y-pZ$ を Y' によって表わせば

$$Y' = \frac{\partial}{\partial x}-n\frac{\partial}{\partial q}.$$

括弧積をとれば

$$[Z, Y'] = h_0\frac{\partial}{\partial q}.$$

ここで

$$h_0 = \frac{\partial m}{\partial x}-n\frac{\partial m}{\partial q}-\frac{\partial n}{\partial z}+m\frac{\partial n}{\partial q}.$$

故に階数が2であるための必要条件として

$$h_0 = 0.$$

これは十分条件でもある．実際 $h_0=0$ ならば $\{X, Y', Z\}$ は Jacobi 系をなす．階数が3になることはない．

例1 方程式

(10) $$s-pz = 0$$

を考える．このときその一つの Monge 系

$$dy = dq - pzdx = dz - pdx$$

は，二つの中間積分

$$y = c_1, \qquad q - \frac{1}{2}z^2 = c_2$$

をもつ．故に(10)の積分は，準線形方程式

(11) $$q = \frac{1}{2}z^2 + \varphi(y)$$

を解くことに帰着される．これに§4(p. 33)の解法を適用する．Pfaff 方程式系

$$\frac{dx}{0} = \frac{dy}{1} = \frac{dz}{z^2/2 + \varphi(y)}$$

の第一積分は $x = a$ および

$$\phi + \frac{2\phi'}{z - \dfrac{\phi''}{\phi'}} = b$$

によって与えられる．ここで $\phi = \phi(y)$ は

$$\varphi(y) = \frac{d}{dy}\left(\frac{\phi''}{\phi'}\right) - \frac{1}{2}\left(\frac{\phi''}{\phi'}\right)^2$$

の解である．これより(11)の一般解は

$$\phi + \frac{2\phi'}{z - \dfrac{\phi''}{\phi'}} = \psi(x)$$

によって与えられる．故に(10)の一般解は

$$z = \frac{2\phi'(y)}{\psi(x) - \phi(y)} + \frac{\phi''(y)}{\phi'(y)}$$

と求められる．ここで ϕ, ψ は，それぞれ y, x の任意函数である．

§6 Pfaff 方程式系の種数

Pfaff 方程式系

(1) $$\omega_1 = \cdots = \omega_r = 0$$

を，$(x_1, \cdots, x_n)$ を座標とする空間 V 上で考える：

$$\omega_\lambda = \sum_{i=1}^{n} a_{\lambda i}(x_1, \cdots, x_n) dx_i, \qquad 1 \leqq \lambda \leqq r.$$

V の部分多様体 M が積分多様体であるならば，M 上

$$d\omega_1 = \cdots = d\omega_r = 0.$$

V の点 x における接空間 $T_x(V)$ の p 次元部分空間 E_p が積分要素であるとは，E_p に含まれる任意のベクトル

$$\xi = \sum_{i=1}^{n} \xi_i \frac{\partial}{\partial x_i}$$

にたいして

$$\omega_\lambda(\xi) = \sum_{i=1}^{n} a_{\lambda i}(x)\xi_i = 0 \qquad (1 \leqq \lambda \leqq r)$$

がなりたち，かつ E_p に含まれる任意の二つのベクトル

$$\xi = \sum_{i=1}^{n} \xi_i \frac{\partial}{\partial x_i}, \qquad \eta = \sum_{i=1}^{n} \eta_i \frac{\partial}{\partial x_i}$$

にたいして

$$d\omega_\lambda(\xi, \eta) = \sum_{i<j} \left(\frac{\partial a_j}{\partial x_i} - \frac{\partial a_i}{\partial x_j} \right)(\xi_i \eta_j - \xi_j \eta_i) = 0 \qquad (1 \leqq \lambda \leqq r)$$

がなりたつときにいう．

定義 1 Pfaff 方程式系(1)の種数が g であるとは，1次元の積分要素が存在して，各 $p\,(1 \leqq p < g)$ にたいしてすべての p 次元積分要素 E_p は少なくとも一つの $p+1$ 次元積分要素 E_{p+1} に含まれ，$p=g$ にたいしてはある条件をみたす g 次元積分要素に限ってそれを含む $g+1$ 次元積分要素が存在するときにいう．この条件は恒等的にみたされることはなく，ある g 次元積分要素 E_g にたいしてそれを含む $g+1$ 次元積分要素は存在しないものとする．

これより Pfaff 方程式系(1)の種数を g として，$p<g$ をみたす p を固定する．p 次元積分要素 E_p にたいして，その極要素 $H(E_p)$ を次の条件(i), (ii)をみたすベクトル $\Delta \in T_x(V)$ の全体として定義する：

(i) $$\omega_\lambda(\Delta) = 0 \qquad (1 \leqq \lambda \leqq r);$$

(ii) E_p に含まれる任意のベクトル ξ にたいして

$$d\omega_\lambda(\Delta, \xi) = 0 \qquad (1 \leqq \lambda \leqq r).$$

このとき $H(E_p)$ は $T_x(V)$ の部分空間であって E_p を含む．さらに E_p を含む積分要素は $H(E_p)$ に含まれる．積分要素 E_p が正則であるとは，任意の積分要素 E_p' にたいして

$$\dim H(E_p) \leqq \dim H(E_p')$$

がなりたつときにいう．正則積分要素 $E_p{}^0$ にたいして，$p<g$ より

$$\dim H(E_p{}^0) > p$$

であって，積分要素 E_p が $E_p{}^0$ に十分近ければ

$$\dim H(E_p) = \dim H(E_p{}^0).$$

多様体 M が Pfaff 方程式系(1)の積分多様体であるための必要十分条件は，M の各点 x においてその接空間 $T_x(M)$ が積分要素になることである．多様体 M を Pfaff 方程式系(1)の p 次元積分多様体とするとき，次の定理がなりたつ:

定理 1　M がその接空間として正則積分要素 $E_p{}^0$ を含むならば，M を含む $p+1$ 次元積分多様体 N が存在する．

証明　座標系をとり代えて $\tau, x_1, \cdots, x_p, z_1, \cdots, z_m\,(n=m+p+1)$ とし，M は

$$\tau = 0, \qquad z_\alpha = \varphi_\alpha(x_1, \cdots, x_p), \qquad 1\leqq\alpha\leqq m$$

によって定義されるとする．さらに $E_p{}^0$ を含む一つの積分要素 E^0_{p+1} の上で

$$d\tau \wedge dx_1 \wedge \cdots \wedge dx_p \neq 0$$

(§7, p. 57 参照)であると仮定する．この座標系によって ω_λ は

$$\omega_\lambda = \sum_{i=0}^{p} a_{\lambda i}dx_i + \sum_{\alpha=1}^{m} b_{\lambda\alpha}dz_\alpha \qquad (1\leqq\lambda\leqq r)$$

と表わされるとする．ここで $x_0=\tau$．$T_x(V)$ の部分空間 E_p が

$$\varDelta_i = \frac{\partial}{\partial x_i} + \sum_{\alpha=1}^{m} l_\alpha{}^i \frac{\partial}{\partial z_\alpha} \qquad (1\leqq i\leqq p)$$

によって張られるとき，E_p が積分要素であるための必要十分条件は

$$(2) \qquad \begin{cases} \varOmega_{\lambda i} = a_{\lambda i} + \sum_{\alpha=1}^{m} b_{\lambda\alpha} l_\alpha{}^i = 0 & (1\leqq\lambda\leqq r, 1\leqq i\leqq p), \\ \varOmega_{\lambda jk} = \partial^k \varOmega_{\lambda j} - \partial^j \varOmega_{\lambda k} = 0 & (1\leqq\lambda\leqq r, 1\leqq j<k\leqq p). \end{cases}$$

ここで

$$\partial^k \varOmega_{\lambda j} = \frac{\partial a_{\lambda j}}{\partial x_k} + \sum_{\beta=1}^{m} \frac{\partial a_{\lambda j}}{\partial z_\beta} l_\beta{}^k + \sum_{\alpha=1}^{m} \left(\frac{\partial b_{\lambda\alpha}}{\partial x_k} + \sum_{\beta=1}^{m} \frac{\partial b_{\lambda\alpha}}{\partial z_\beta} l_\beta{}^k \right) l_\alpha{}^j + \sum_{\alpha=1}^{m} b_{\lambda\alpha} l_\alpha{}^{jk}.$$

ただし

$$l_\alpha{}^{jk} = l_\alpha{}^{kj} \qquad (1\leqq\alpha\leqq m, 1\leqq j<k\leqq p)$$

とする．従って $\varOmega_{\lambda jk}$ は $l_\alpha{}^{jk}, l_\alpha{}^{kj}$ を含まない．上記の作用素 ∂^k は，$x_0, x_1, \cdots, x_p$

を独立変数とみたときの x_k による偏微分を意味する:

$$\frac{\partial z_\alpha}{\partial x_i} = l_\alpha{}^i, \qquad \frac{\partial^2 z_\alpha}{\partial x_i \partial x_j} = l_\alpha{}^{ij}.$$

E_p を積分要素とするとき

$$\varDelta_0 = \frac{\partial}{\partial x_0} + \sum_{\alpha=0}^{m} l_\alpha{}^0 \frac{\partial}{\partial z_\alpha}$$

が $H(E_p)$ に入るための必要十分条件は

$$(3) \qquad \begin{cases} \varOmega_{\lambda 0} = a_{\lambda 0} + \sum_{\alpha=1}^{m} b_{\lambda\alpha} l_\alpha{}^0 = 0 & (1 \leqq \lambda \leqq r), \\ \varOmega_{\lambda 0 i} = \partial^i \varOmega_{\lambda 0} - \partial^0 \varOmega_{\lambda i} = 0 & (1 \leqq \lambda \leqq r, 1 \leqq i \leqq p). \end{cases}$$

ここで ∂^0 は x_0 による偏微分作用素であって

$$l_\alpha{}^{0i} = l_\alpha{}^{i0} \qquad (1 \leqq \alpha \leqq m, 1 \leqq i \leqq p).$$

従って $\varOmega_{\lambda 0 i}$ は $l_\alpha{}^{0i}, l_\alpha{}^{i0}$ を含まない．$\varDelta_0$ が E^0_{p+1} の元ならば，それは $H(E_p{}^0)$ に入る．積分要素 E_p にたいして

$$\dim H(E_p) = p+1+s$$

とすれば，$s \geqq 0$ であって，s は E_p に依存しない．このとき $z_1, \cdots, z_m$ の順序を必要ならば代えて，次のような関係式

$$(4) \qquad l_\beta{}^0 = F_\beta(\tau, x, z, l^1, \cdots, l^p, l_{m+1-s}{}^0, \cdots, l_m{}^0), \qquad 1 \leqq \beta \leqq m-s$$

を見出すことができる: 条件(2)のもとで(3)と(4)とは同等である．ここで

$$l^i = (l_1{}^i, \cdots, l_m{}^i), \qquad 1 \leqq i \leqq p.$$

与えられた積分多様体 M にたいして，s 箇の任意函数

$$z_\gamma = f_\gamma(\tau, x_1, \cdots, x_p), \qquad m+1-s \leqq \gamma \leqq m$$

を

$$f_\gamma(0, x_1, \cdots, x_p) = \varphi_\gamma(x_1, \cdots, x_p), \qquad m+1-s \leqq \gamma \leqq m$$

がみたされるようにとる．Kowalevsky 系

$$(5) \qquad \frac{\partial z_\beta}{\partial \tau} = (F_\beta), \qquad 1 \leqq \beta \leqq m-s$$

を考える．ここで (F_β) は F_β において

$$z_\gamma = f_\gamma \qquad (m-s < \gamma \leqq m),$$

$$l_\alpha{}^i = \frac{\partial z_\alpha}{\partial x_i} \qquad (1 \leqq i \leqq p, 1 \leqq \alpha \leqq m-s),$$

$$l_\gamma{}^i=\frac{\partial f_\gamma}{\partial x_i}\qquad(0\leqq i\leqq p,\ m-s<\gamma\leqq m)$$

とおいたものである．系(5)において，独立変数は

$$\tau,\ x_1,\ \cdots,\ x_p\qquad(\tau=x_0)$$

であって，未知函数は

$$z_1,\ \cdots,\ z_{m-s}$$

である．系(5)を $\tau=0$ における初期条件

$$z_\beta=\varphi_\beta(x_1,\cdots,x_p),\qquad 1\leqq\beta\leqq m-s$$

のもとで解く．そのときの解を

$$z_\beta=f_\beta(\tau,x_1,\cdots,x_p),\qquad 1\leqq\beta\leqq m-s$$

として，多様体 N を

$$z_\alpha=f_\alpha(x_0,x_1,\cdots,x_p),\qquad 1\leqq\alpha\leqq m$$

によって定義する．定義より N は M を含む．実際 $x_0=0$ による N の切り口が M に一致する．これより N が積分多様体であることを示す．そのためには，$x_0=\tau$ による N の切り口 N_τ が p 次元積分多様体であることを示せばいい．上記の

$$\begin{cases}\Omega_{\lambda i} & (1\leqq\lambda\leqq r,\ 0\leqq i\leqq p),\\ \Omega_{\lambda jk} & (1\leqq\lambda\leqq r,\ 0\leqq j<k\leqq p)\end{cases}$$

において

$$z_\alpha=f_\alpha(x_0,x_1,\cdots,x_p),\qquad 1\leqq\alpha\leqq m,$$

$$l_\alpha{}^i=\frac{\partial f_\alpha}{\partial x_i},\qquad 1\leqq\alpha\leqq m,\ 0\leqq i\leqq p$$

とおいて得られる $x_0,x_1,\cdots,x_p$ の函数を

$$\begin{cases}\Phi_{\lambda i} & (1\leqq\lambda\leqq r,\ 0\leqq i\leqq p),\\ \Phi_{\lambda jk} & (1\leqq\lambda\leqq r,\ 0\leqq j<k\leqq p)\end{cases}$$

とする．このとき

$$(6)\qquad \Phi_{\lambda jk}=\frac{\partial\Phi_{\lambda j}}{\partial x_k}-\frac{\partial\Phi_{\lambda k}}{\partial x_j}\qquad(1\leqq\lambda\leqq r,\ 0\leqq j<k\leqq p).$$

N_τ 上の点 x において $T_x(N_\tau)$ は

$$\varDelta_i=\frac{\partial}{\partial x_i}+\sum_{\alpha=1}^m\frac{\partial f_\alpha}{\partial x_i}\frac{\partial}{\partial z_\alpha}\qquad(1\leqq i\leqq p)$$

によって張られる．$T_x(N)$ は $\Delta_1, \cdots, \Delta_p$ および

$$\Delta_0 = \frac{\partial}{\partial \tau} + \sum_{\alpha=1}^{m} \frac{\partial f_\alpha}{\partial \tau} \frac{\partial}{\partial z_\alpha}$$

によって張られる．条件(2)のもとで(3)と(4)とは同等であるから

$$\Phi_{\lambda 0} \qquad (1 \leqq \lambda \leqq r), \qquad \Phi_{\lambda 0 i} \qquad (1 \leqq \lambda \leqq r, 1 \leqq i \leqq p)$$

は

$$(7) \qquad \begin{cases} \Phi_{\mu j} & (1 \leqq \mu \leqq r, 1 \leqq j \leqq p), \\ \Phi_{\mu j k} & (1 \leqq \mu \leqq r, 1 \leqq j < k \leqq p) \end{cases}$$

の1次結合によって表わされる．係数は $x_0, x_1, \cdots, x_p$ の函数である．(6)において，とくに

$$\Phi_{\lambda 0 i} = \frac{\partial \Phi_{\lambda 0}}{\partial x_i} - \frac{\partial \Phi_{\lambda i}}{\partial x_0} \qquad (1 \leqq \lambda \leqq r, 1 \leqq i \leqq p).$$

従って

$$\frac{\partial \Phi_{\lambda i}}{\partial \tau} \qquad (1 \leqq \lambda \leqq r, 1 \leqq i \leqq p)$$

は，(7)および

$$(8) \qquad \begin{cases} \dfrac{\partial \Phi_{\mu j}}{\partial x_i} & (1 \leqq \mu \leqq r, 1 \leqq j \leqq p, 1 \leqq i \leqq p), \\ \dfrac{\partial \Phi_{\mu j k}}{\partial x_i} & (1 \leqq \mu \leqq r, 1 \leqq j < k \leqq p, 1 \leqq i \leqq p) \end{cases}$$

の1次結合によって表わされる．また(6)より

$$\begin{aligned} \frac{\partial \Phi_{\lambda i j}}{\partial x_0} &= \frac{\partial}{\partial x_0}\left(\frac{\partial \Phi_{\lambda i}}{\partial x_j} - \frac{\partial \Phi_{\lambda j}}{\partial x_i}\right) \\ &= \frac{\partial}{\partial x_j}\left(\frac{\partial \Phi_{\lambda i}}{\partial x_0} - \frac{\partial \Phi_{\lambda 0}}{\partial x_i}\right) - \frac{\partial}{\partial x_i}\left(\frac{\partial \Phi_{\lambda j}}{\partial x_0} - \frac{\partial \Phi_{\lambda 0}}{\partial x_j}\right) \\ &= \frac{\partial \Phi_{\lambda 0 j}}{\partial x_i} - \frac{\partial \Phi_{\lambda 0 i}}{\partial x_j}. \end{aligned}$$

故に

$$\frac{\partial \Phi_{\lambda i j}}{\partial \tau} \qquad (1 \leqq \lambda \leqq r, 1 \leqq i < j \leqq p)$$

は，(7)および(8)の1次結合によって表わされる．N の $x_0=0$ による切り口 M は積分多様体であるから，$\tau=0$ のとき

$$\begin{cases} \Phi_{\lambda i} = 0 & (1 \leqq \lambda \leqq r, 1 \leqq i \leqq p), \\ \Phi_{\lambda ij} = 0 & (1 \leqq \lambda \leqq r, 1 \leqq i < j \leqq p). \end{cases}$$

従って Kowalevsky 系の解の一意性から，任意の τ にたいして上式がなりたつ．これより N_τ は積分多様体である(証終)．

Pfaff 方程式系(1)の種数を g として，正則積分要素の列

$$E_1 \subset \cdots \subset E_{g-1}$$

をとる．このとき $t_p\,(1 \leqq p \leqq g)$ を

$$t_p = \dim H(E_{p-1}) - p \qquad (1 < p \leqq g),$$
$$t_1 = n - r_0 - 1$$

によって定義する．ここで r_0 は(1)に含まれる独立な方程式の箇数である．これより $s_p\,(0 \leqq p \leqq g)$ を

$$s_g = t_g,$$
$$s_p = t_p - t_{p+1} - 1 \qquad (1 \leqq p < g),$$
$$s_0 = r_0 = n - t_1 - 1$$

によって定義する．このとき $s_p \geqq 0\,(0 \leqq p \leqq g)$ であって

$$s_0 + s_1 + \cdots + s_g = n - g.$$

低次元積分多様体から定理1によって順次高次元積分多様体を構成することにより次の定理が得られる:

定理2 Pfaff 方程式系(1)の種数を g とするとき，g 次元の積分多様体が次の任意定数および任意函数に依存して存在する:

s_0 箇の定数，

s_1 箇の 1 変数函数，

s_2 箇の 2 変数函数，

……

s_g 箇の g 変数函数．

第2章§1において，定理1，定理2は外微分方程式系についての第一，第二存在定理にそれぞれ拡張される．

Pfaff 方程式系の積分多様体の最大次元を h とするとき，$h \geqq g$ であるが必ずしも等号は成立しない．その理由は次の通りである: h 次元の積分多様体 M について，$p < h$ とするとき，$T(M)$ に含まれる p 次元積分要素 E_p にたいしては，

$E_p \subset E_{p+1} \subset T(M)$ をみたす $p+1$ 次元積分要素がつねに存在する．しかしながら $T(M)$ に含まれない積分要素 E_p' については必ずしもそれを含む $p+1$ 次元積分要素は存在しない．実際に $h>g$ となる例をあげる：

例 1　x, y, u, v, w を独立変数として Pfaff 方程式系

$$du-wdy = dv+wdx = 0$$

を考える．外微分をとれば

$$dy \wedge dw = dw \wedge dx = 0.$$

ここで，ベクトル ξ, η, ζ を

$$\xi = w\frac{\partial}{\partial u}+\frac{\partial}{\partial y}, \qquad \eta = w\frac{\partial}{\partial v}-\frac{\partial}{\partial x}, \qquad \zeta = \frac{\partial}{\partial w}$$

によって定義する．このときベクトル $\varDelta$ によって張られる E_1 が積分要素であるための必要十分条件は

$$\varDelta \equiv 0 \qquad \mathrm{mod}\,(\xi, \eta, \zeta).$$

E_2 が積分要素であるための必要十分条件は，それが ξ と η によって張られることである．故に E_1 が $a\xi+b\eta+c\zeta$ によって張られるとき，E_1 が 2 次元積分要素 E_2 に含まれるための必要十分条件は，$c=0$．従って $g=1$．しかしながら 2 次元積分多様体は存在して，

$$u = \alpha y+\beta, \qquad v = -\alpha x+\gamma, \qquad w = \alpha$$

によって与えられる．ここで α, β, γ は任意定数である．故に $h \geqq 2$．この例については第 2 章 § 5 (p. 194) において再び論じる．

正則でない積分要素は特異積分要素とよばれる．その例を偏微分方程式から導かれる Pfaff 方程式系の場合についてみる．1 階偏微分方程式

$$F(x, y, z, p, q) = 0 \tag{9}$$

を考える．これは Pfaff 方程式系

$$dF = dz-pdx-qdy = 0$$

を条件 (9) のもとで考えることである．このとき，E_1 を積分要素とすれば

$$\dim H(E_1) = 2 \text{ or } 3.$$

後者がなりたつための必要十分条件は，E_1 が Lagrange–Charpit 系の積分要素になることである．従って，特異積分要素は Lagrange–Charpit 系によって定義される．次に 2 階偏微分方程式

$$F(x,y,z,p,q,r,s,t)=0 \tag{10}$$

を考える．これは Pfaff 方程式系

$$\begin{cases} dF=dz-pdx-qdy=0, \\ dp-rdx-sdy=dq-sdx-tdy=0 \end{cases} \tag{11}$$

を条件(10)のもとで考えることである．ベクトル

$$\varDelta=\frac{\partial}{\partial x}+\lambda\frac{\partial}{\partial y}+\varDelta_z\frac{\partial}{\partial z}+\varDelta_p\frac{\partial}{\partial p}+\varDelta_q\frac{\partial}{\partial q}$$
$$+\varDelta_r\frac{\partial}{\partial r}+\varDelta_s\frac{\partial}{\partial s}+\varDelta_t\frac{\partial}{\partial t}$$

が積分要素を張るための必要十分条件は，

$$\varDelta_z=p+\lambda q,\qquad \varDelta_p=r+\lambda s,\qquad \varDelta_q=s+\lambda t$$

であって

$$D_xF+\lambda D_yF+\varDelta_rF_r+\varDelta_sF_s+\varDelta_tF_t=0$$

がなりたつことである．このとき $\varDelta$ によって張られる積分要素が特異積分要素であるための必要十分条件は

$$\lambda^2F_r-\lambda F_s+F_t=0. \tag{12}$$

故に特異積分要素は，(11)および

$$dy-\lambda_1dx=0$$

よりなる Pfaff 方程式系または(11)および

$$dy-\lambda_2dx=0$$

よりなる Pfaff 方程式系によって定義される．ここで λ_1,λ_2 は2次方程式(12)の2根である．とくに Monge-Ampère 方程式

$$F=Hr+2Ks+Lt+M+N(rt-s^2)=0\qquad (N\neq 0)$$

の場合，(12)は

$$\lambda^2(H+Nt)-2(K-Ns)\lambda+L+Nr=0$$

となる．これは

$$\{\lambda(Ns+\mu_1)+L+Nr\}\{\lambda(Ns+\mu_2)+L+Nr\}=0$$

と変形される．ここで μ_1,μ_2 は2次方程式

$$\mu^2+2K\mu+HL-MN=0$$

の2根である．λ_1,λ_2 を

$$\lambda_i(Ns+\mu_i)+L+Nr=0 \qquad (i=1,2)$$

によって定義する．このとき

$$Ns+\mu_i+\lambda_j(H+Nt)=0 \qquad (i\neq j)$$

がなりたつ．故に $dy-\lambda_i dx=0$ より

$$N(dp-rdx-sdy)=Ndp-N(r+\lambda_i s)dx$$
$$=Ndp+(\lambda_i\mu_i+L)dx=Ndp+Ldx+\mu_i dy$$

および

$$N(dq-sdx-tdy)=Ndq-N(s+\lambda_i t)dx$$
$$=Ndq+(\mu_j+H\lambda_i)dx=Nq+\mu_j dx+Hdy$$

が得られる．ここで $i\neq j$. これより Monge 系が導かれる．

本節の定理 1 および 2 は Cartan[2] による．

§7　外微分形式

空間 V の点 P の p 箇の無限小変位 $P', P'', \cdots, P^{(p)}$ を考える．点 P の座標を $(x_1, \cdots, x_n)$ とし，$P^{(q)}$ $(1\leqq q\leqq p)$ の座標を

$$(x_1+d_q x_1, \cdots, x_n+d_q x_n)$$

とする．Pfaff 形式 $\omega_1, \cdots, \omega_p$ にたいして，外積

$$\theta=\omega_1\wedge\cdots\wedge\omega_p$$

を

$$\theta=\begin{vmatrix} \omega_1(x,d_1x), & \omega_2(x,d_1x), & \cdots, & \omega_p(x,d_1x) \\ \omega_1(x,d_2x), & \omega_2(x,d_2x), & \cdots, & \omega_p(x,d_2x) \\ \cdots\cdots & & & \\ \omega_1(x,d_px), & \omega_2(x,d_px), & \cdots, & \omega_p(x,d_px) \end{vmatrix}$$

によって定義する．座標 $x_1, \cdots, x_n$ の微分の外積

$$dx_{i_1}\wedge\cdots\wedge dx_{i_p} \qquad (1\leqq i_1<\cdots<i_p\leqq n)$$

の 1 次結合

$$\omega=\sum a(i_1, \cdots, i_p; x)dx_{i_1}\wedge\cdots\wedge dx_{i_p} \qquad (1\leqq i_1<\cdots<i_p\leqq n)$$

を p 次外微分形式とよぶ．ここで $a(i_1, \cdots, i_p; x)$ は $x_1, \cdots, x_n$ の函数である．定義から，$j_1, \cdots, j_p$ を $i_1, \cdots, i_p$ の置換とするとき

$$dx_{j_1}\wedge\cdots\wedge dx_{j_p}=\varepsilon\, dx_{i_1}\wedge\cdots\wedge dx_{i_p}.$$

ここでεは偶置換にたいして $+1$をとり，奇置換にたいして -1をとる．従って，$i_\alpha=i_\beta(\alpha\neq\beta)$をみたす$\alpha,\beta$があれば

$$dx_{i_1}\wedge\cdots\wedge dx_{i_p}=0.$$

故に$p>n$ならば$\omega=0$. 他にq次外微分形式πをとるとき，ωとπの外積$\omega\wedge\pi$は，それぞれをPfaff形式の外積の1次結合とみて定義される．このとき$\omega\wedge\pi$は$p+q$次外微分形式になる．定義より

(1) $$\pi\wedge\omega=(-1)^{pq}\omega\wedge\pi.$$

外微分$d\omega$を

$$d\omega=\sum da(i_1,\cdots,i_p;x)\wedge dx_{i_1}\wedge\cdots\wedge dx_{i_p}\qquad(1\leqq i_1<\cdots<i_p\leqq n)$$

によって定義する．これは$p+1$次外微分形式である．定義から

$$d(\omega\wedge\pi)=d\omega\wedge\pi+(-1)^p\omega\wedge d\pi.$$

独立な助変数$u_1,\cdots,u_m$にたいして

$$x_i=f_i(u_1,\cdots,u_m),\qquad 1\leqq i\leqq n$$

によって定義される多様体Mを考える．M上にωを制限すれば，$u_1,\cdots,u_m$についてのp次外微分形式

$$\bar\omega=\sum a(i_1,\cdots,i_p;f(u))df_{i_1}\wedge\cdots\wedge df_{i_p}\qquad(1\leqq i_1<\cdots<i_p\leqq n)$$

を得る．このとき，恒等式

(2) $$\overline{\omega\wedge\pi}=\bar\omega\wedge\bar\pi,$$

(3) $$\overline{d\omega}=d\bar\omega$$

がなりたつ．(3)は次のようにして検証される：ωとして

$$\omega=a\theta,\qquad \theta=dx_{i_1}\wedge\cdots\wedge dx_{i_p}$$

をとって検証すれば十分である．このとき

$$d\bar\theta=0,\qquad d\bar a=\overline{da}$$

であるから

$$d\bar\omega=d(\bar a\bar\theta)=d\bar a\wedge\bar\theta+\bar a d\bar\theta=\overline{da}\wedge\bar\theta$$
$$=\overline{da\wedge\theta}=\overline{d\omega}.$$

多様体Mがp次外微分方程式$\omega=0$の積分多様体であるとは，M上の各点Pにおいて，M上の任意の無限小変位$P',P'',\cdots,P^{(p)}$にたいして$\omega=0$がなりた

つときにいう．M が $\omega=0$ の積分多様体であれば，(2)より任意の π にたいして，M は $\omega\wedge\pi=0$ の積分多様体である．また(3)より，$d\omega=0$ の積分多様体である．実際，M が $\omega=0$ の積分多様体であるための必要十分条件は，M 上 $\bar{\omega}=0$ がつねになりたつことである．

恒等式(2), (3)について，とくに $m=n$ の場合を考えれば，外積および外微分の定義が座標のとり方によらないことがわかる．

斉次外微分形式の和

$$\Omega=\omega^{(0)}+\omega^{(1)}+\cdots+\omega^{(n)}$$

を考える．ここで $\omega^{(p)}$ は p 次外微分形式であり，$\omega^{(0)}$ は $x_1,\cdots,x_n$ の函数である．外微分 $d\Omega$ は

$$d\Omega=d\omega^{(0)}+d\omega^{(1)}+\cdots+d\omega^{(n)}$$

によって定義する．他に

$$\Theta=\theta^{(0)}+\theta^{(1)}+\cdots+\theta^{(n)}$$

を考える．このとき外積 $\Omega\wedge\Theta$ は

$$\Omega\wedge\Theta=\sum_{i=0}^{n}\sum_{j=0}^{n}\omega^{(i)}\wedge\theta^{(j)}$$

によって定義される．外微分形式 Ω の全体 Λ は，外積によって(非可換)環をなす．斉次外微分形式より生成される Λ の左イデアル Σ を考えれば，それは(1)より右イデアルになる．Λ のイデアル Σ が微分イデアルであるとは，Σ の任意の元 Ω にたいして

$$d\Omega\in\Sigma$$

がなりたつときにいう．多様体 M が Σ の積分多様体であるとは，Σ に含まれるすべての斉次外微分形式 ω にたいして M が $\omega=0$ の積分多様体になるときにいう．斉次外微分形式 $\omega_1,\cdots,\omega_r$ にたいして，M が

$$\omega_1=\cdots=\omega_r=0$$

の積分多様体であるならば，M は $\omega_1,\cdots,\omega_r$ より生成される微分イデアル Σ の積分多様体になる．

空間 V の点 P における V の接空間 E を考える．E の p 次元部分空間 E_p は P を始点とする p 次元接要素とよばれる．E に基底$(e_1,\cdots,e_n)$をとる．E_p に基底$(\varDelta_1,\cdots,\varDelta_p)$をとるとき

$$z(i_1, \cdots, i_p), \qquad 1 \leqq i_1, \cdots, i_p \leqq n$$

を

$$z(i_1, \cdots, i_p) = \begin{vmatrix} \varDelta_{1,i_1} & \varDelta_{1,i_2} & \cdots & \varDelta_{1,i_p} \\ \cdots\cdots & & & \\ \varDelta_{p,i_1} & \varDelta_{p,i_2} & \cdots & \varDelta_{p,i_p} \end{vmatrix}$$

によって定義する．ここで

$$\varDelta_q = \varDelta_{q,1}e_1 + \varDelta_{q,2}e_2 + \cdots + \varDelta_{q,n}e_n \qquad (1 \leqq q \leqq p).$$

E_p に他の基底 $(\varDelta_1', \cdots, \varDelta_p')$ をとれば

$$z'(i_1, \cdots, i_p) = cz(i_1, \cdots, i_p), \qquad 1 \leqq i_1 < \cdots < i_p \leqq n. \tag{4}$$

ここで

$$c = \det(c_{\alpha\beta})_{1 \leq \alpha, \beta \leq p}, \qquad \varDelta_\alpha' = \sum_{\beta=1}^{p} c_{\alpha\beta}\varDelta_\beta \qquad (1 \leqq \alpha \leqq p).$$

定義より，$j_1, \cdots, j_p$ を $i_1, \cdots, i_p$ の置換とすれば

$$z(j_1, \cdots, j_p) = \varepsilon z(i_1, \cdots, i_p). \tag{5}$$

ε は前記(p. 58)の通りである．二つの p 次元接要素 E_p, E_p' にたいして

$$z(i_1, \cdots, i_p\,; E_p) = z(i_1, \cdots, i_p\,; E_p'), \qquad 1 \leqq i_1 < \cdots < i_p \leqq n$$

ならば $E_p = E_p'$．この $z(i_1, \cdots, i_p)$ は E_p の Grassmann 座標とよばれる．その間には関係式

$$\sum_{\alpha=1}^{p+1} (-1)^\alpha z(i_1, \cdots, i_{p-1}, j_\alpha) z(j_1, \cdots \overset{j_\alpha}{\wedge} \cdots, j_{p+1}) = 0 \tag{6}$$

$$(1 \leqq i_1, \cdots, i_{p-1}, j_1, \cdots, j_{p+1} \leqq n)$$

がなりたつ．逆に(5), (6)をみたす $z(i_1, \cdots, i_p), 1 \leqq i_1, \cdots, i_p \leqq n$, はすべて 0 にならない限りある E_p の Grassmann 座標になる．とくに $n=4, p=2$ の場合には，(6)はただ一つの関係式

$$p_{12}p_{34} - p_{13}p_{24} + p_{14}p_{23} = 0$$

によって表わされる．ここで

$$p_{ij} = z(i, j), \qquad 1 \leqq i, j \leqq 4.$$

このとき E_2 は 3 次元射影空間の直線とみなされる．そして

$$p_{12}, \quad p_{13}, \quad p_{14}, \quad p_{23}, \quad p_{24}, \quad p_{34}$$

は E_2 の Plücker 座標とよばれる．

点 P を始点とするベクトル

$$\varDelta=\sum_{i=1}^{n}\xi_i e_i$$

が E_p に含まれるための必要十分条件は

$$\sum_{\alpha=1}^{p+1}(-1)^{\alpha}z(i_1,\cdots\overset{i_\alpha}{\wedge}\cdots,i_{p+1})\xi_{i_\alpha}=0\qquad(1\leqq i_1<\cdots<i_{p+1}\leqq n)$$

によって与えられる．ここで $z(i_1,\cdots,i_p)$ は E_p の Grassmann 座標である．

Grassmann 座標の一つ $z(j_1,\cdots,j_p)$ は

$$z(j_1,\cdots,j_p)\neq 0$$

をみたす．このとき $u(i_1,\cdots,i_p)$ を

$$u(i_1,\cdots,i_p)=\frac{z(i_1,\cdots,i_p)}{z(j_1,\cdots,j_p)}$$

によって定義すれば

$$u(i_1,\cdots,i_p),\qquad 1\leqq i_1,\cdots,i_p\leqq n \tag{7}$$

は(4)より E_p の基底のとり方によらないでその値が決定される．ここでは，(7)を非斉次 Grassmann 座標とよぶ．このとき

$$u(i_1,\cdots,i_p)=\begin{vmatrix} u(i_1,j_2,\cdots,j_r) & \cdots & u(i_r,j_2,\cdots,j_r)\\ u(j_1,i_1,\cdots,j_r) & \cdots & u(j_1,i_r,\cdots,j_r)\\ \cdots & & \\ u(j_1,j_2,\cdots,i_1) & \cdots & u(j_1,j_2,\cdots,i_r)\end{vmatrix}$$

がなりたつ．故に Grassmann 座標

$$z(i_1,\cdots,i_p),\qquad 1\leqq i_1<\cdots<i_p\leqq n$$

によって，p 次元接要素全体を $\boldsymbol{P}^{N-1}, N={}_nC_p$, にうめ込めば，その像は(6)によって定義される特異点をもたない代数多様体である．従って $G_p(P)$ によって P を始点とする p 次元接要素全体を表わせば，それは $p(n-p)$ 次元の特異点をもたない代数多様体とみなされる．

p 次元接要素 E_p が p 次外微分形式

$$\omega=\sum a(i_1,\cdots,i_p;x)dx_{i_1}\wedge\cdots\wedge dx_{i_p}\qquad(1\leqq i_1<\cdots<i_p\leqq n)$$

にたいして，$\omega=0$ の積分要素であるとは

$$\sum a(i_1,\cdots,i_p;x)z(i_1,\cdots,i_p)=0\qquad(1\leqq i_1<\cdots<i_p\leqq n)$$

がなりたつときにいう．ここで x は始点 P の座標 $(x_1,\cdots,x_n)$ であり，

$z(i_1, \cdots, i_p)$ は E_p の Grassmann 座標である．ただし E の基底として

$$e_i = \frac{\partial}{\partial x_i} \qquad (1 \leqq i \leqq n)$$

をとる．この定義は座標 $x_1, \cdots, x_n$ のとり方によらない．斉次外微分形式より生成される Λ のイデアル Σ を考える．E_p が Σ の積分要素であるとは，E_p に含まれるすべての q 次元接要素 E_q $(0 \leqq q \leqq p)$ が Σ に属する任意の q 次外微分形式 θ にたいして $\theta=0$ の積分要素になるときにいう．多様体 M が Σ の積分多様体であるための必要十分条件は，M 上の任意の点 P にたいしてその点における M の接空間が Σ の積分要素になることである．次の命題は Kähler[14] による:

命題 1 E_p が Σ の積分要素であるための必要十分条件は，Σ に含まれるすべての p 次外微分形式 ω にたいして E_p が $\omega=0$ の積分要素になることである．

証明 E_p に含まれる q 次元接要素 E_q および Σ に含まれる q 次外微分形式 θ を任意にとる．E_q は，$\Delta_1, \cdots, \Delta_q$ によって張られ，E_p は E_q および $\Delta_{q+1}, \cdots, \Delta_p$ によって張られるとする．このとき Pfaff 形式 $\pi_1, \cdots, \pi_{p-q}$ を次の条件をみたすようにとる: すべての α $(1 \leqq \alpha \leqq p-q)$ にたいして

$$\pi_\alpha(\Delta_i) = 0 \qquad (1 \leqq i \leqq q),$$
$$\pi_\alpha(\Delta_{q+\beta}) = \delta_{\alpha\beta} \qquad (1 \leqq \beta \leqq p-q).$$

このとき

$$\pi = \pi_1 \wedge \cdots \wedge \pi_{p-q}$$

とすれば，Σ がイデアルであることから

$$\theta \wedge \pi \in \Sigma.$$

E_p がこの p 次外微分形式にたいして $\theta \wedge \pi=0$ の積分要素であれば，π のとり方から E_q が $\theta=0$ の積分要素であることが導かれる(証終)．

最後に偏微分方程式系との関連について述べる．座標 $x_1, \cdots, x_n$ にたいして

$$(8) \qquad dx_1 \wedge \cdots \wedge dx_p \neq 0$$

をみたす E_p は

$$\Delta_i = \frac{\partial}{\partial x_i} + \sum_{\alpha>p}^{n} l_\alpha{}^i \frac{\partial}{\partial x_\alpha} \qquad (1 \leqq i \leqq p)$$

によって張られる．このとき

$$z(1,2,\cdots,p)=1,$$

$$z(1,2,\cdots,\overset{i}{\check{\alpha}},\cdots,p)=l_\alpha{}^i \qquad (1\leqq i\leqq p<\alpha\leqq n).$$

始点 x において，(8)をみたす $G_p(x)$ の元全体を $G_p{}^0(x)$ によって表わす．このとき $G_p{}^0(x)$ の座標系として

$$l_\alpha{}^i \qquad (1\leqq i\leqq p<\alpha\leqq n)$$

をとることができる．他のGrassmann座標は $l_\alpha{}^i$ の多項式として表わされる．$G_p{}^0(x)$ の元 E_p が $\omega=0$ の積分要素であるための $l_\alpha{}^i$ がみたすべき必要十分条件は次のようにして得られる：ω から

$$\omega\equiv\phi dx_1\wedge\cdots\wedge dx_p \quad \mathrm{mod}\left(dx_\alpha-\sum_{i=1}^{p}l_\alpha{}^i dx_i;\, p<\alpha\leqq n\right)$$

によって ϕ を定義すれば，ϕ は

$$x,\ l^1,\ \cdots,\ l^p$$

の函数である．ここで

$$l^i=(l_{p+1}{}^i,\cdots,l_n{}^i), \qquad 1\leqq i\leqq p.$$

この ϕ によって，E_p が $\omega=0$ の積分要素であるための必要十分条件は

$$\phi(x,l^1,\cdots,l^p)=0 \tag{9}$$

として与えられる．ϕ は各 $\alpha\,(p<\alpha\leqq n)$ について

$$l_\alpha{}^1,\ \cdots,\ l_\alpha{}^p$$

に関する1次式である．微分イデアル Σ が与えられたとき，(8)をみたす p 次元の積分多様体を求めることに問題を限定すれば，それは $x_1,\cdots,x_p$ を独立変数，$x_{p+1},\cdots,x_n$ を未知函数として次の1階偏微分方程式系 Φ の解を求める問題になる：Φ は Σ に含まれる p 次外微分形式 ω から導かれる(9)において

$$l_\alpha{}^i=\frac{\partial x_\alpha}{\partial x_i} \qquad (1\leqq i\leqq p<\alpha\leqq n)$$

とおいて得られる1階偏微分方程式

$$\phi_\omega=0, \qquad \omega\in\Sigma$$

によって生成される．

偏微分方程式系が独立変数の間の関係式を含むとき，その系を非可解系とよぶ．非可解系には明らかに解が存在しない．しかし解をもたない偏微分方程式系が非可解系であるとは限らない．例えば§3，例1の準線形偏微分方程式系

$$\frac{\partial u}{\partial x_i} = a_i(x_1, \cdots, x_n), \qquad 1 \leqq i \leqq n$$

は非可解系ではない．しかし積分可能条件

$$\frac{\partial a_\beta}{\partial x_\alpha} = \frac{\partial a_\alpha}{\partial x_\beta} = 0 \qquad (1 \leqq \alpha < \beta \leqq n)$$

がみたされないならば，解は存在しない．与えられた偏微分方程式系に解が存在するか否かを判定する問題は第2章において論じる．正整数rを固定するとき，外微分形式系にr次元積分要素が存在しないならば，その系を非可解系とよぶ.

多様体X上の各点xにおいて$G_p(x)$を考え

$$G_p(X) = \bigcup_{x \in X} G_p(x)$$

とすれば，$G_p(X)$には自然に多様体の構造が入り，それは多様体X上のp次 Grassmann 多様体とよばれる.

第1章　特性系の理論

§0　緒　　論

本章では偏微分方程式の古典的求積論を特性系の概念の下に統一することを試みる．古典理論の根幹をなすのは，Pfaff 形式の標準形についての Frobenius–Darboux の定理，接触変換についての Lie の定理，1階偏微分方程式についての Hamilton–Jacobi の解法および Jacobi–Mayer の解法である．これらは独立変数の箇数に制限をつけないで論じ得る．

高階偏微分方程式の中で古典理論において最もよく論じられたのは Monge–Ampère 方程式である．その理由は，序章§5で述べたように，Monge–Ampère 方程式は2階の方程式でありながら1階の偏導函数の空間で定義される Monge 系をもち，それによって解が決定されるからである．1階の偏導函数の空間には接触変換が自由に働き，Monge–Ampère 方程式族は接触変換のもとで不変である．ここでは Monge–Ampère 方程式の求積に可積分系による解法と Bäcklund 変換による解法とを適用する．この二つの求積法は，Monge の解法および Laplace の解法をそれぞれ一般化して，筆者[23]が試みたものである．可積分系は Lagrange–Charpit 系と異なる特性系の例を与える．これらの議論においては独立変数の箇数を2に限定する．

序章§§1, 3, 4, 5 を基礎として本章の議論を展開する．概念の把握，証明の論理は古典に従う．

可積分系による解法が Cartan の特性系の範疇に入ることは青本和彦氏によって示唆された．

本章の一部は現存する函数の範疇で議論することが可能である（“あとがき”参照）．

§1　特性系

Pfaff 方程式系

$$\Omega = \{\omega_1, \cdots, \omega_r\}$$

を考える:

$$\omega_\alpha = \sum_{i=1}^{n} a_{\alpha i}(x_1, \cdots, x_n) dx_i, \qquad 1 \leqq \alpha \leqq r.$$

これにたいして，$\mathrm{Ch}(\Omega)$ を

$$\{X \in \mathrm{A}(\Omega); d\omega_i(X, Y) = 0, 1 \leqq i \leqq r, Y \in \mathrm{A}(\Omega)\}$$

として定義する．Pfaff 方程式系

$$\theta_1 = \cdots = \theta_s = 0$$

が Ω の特性系であるとは，これによって

$$\Xi = \sum_{i=1}^{n} dx_i \frac{\partial}{\partial x_i}$$

が $\mathrm{Ch}(\Omega)$ に属するための必要十分条件が与えられるときにいう．Ω の各元 ω_α $(1 \leqq \alpha \leqq r)$ の外微分をとれば

$$d\omega_\alpha = \frac{1}{2} \sum_{i=1}^{n} \sum_{j=1}^{n} a_{\alpha ij} dx_i \wedge dx_j \qquad (1 \leqq \alpha \leqq r),$$

$$a_{\alpha ij} = -a_{\alpha ji} = \frac{\partial a_{\alpha j}}{\partial x_i} - \frac{\partial a_{\alpha i}}{\partial x_j}.$$

このとき，$\Xi \in \mathrm{A}(\Omega)$ にたいして

$$\Xi \in \mathrm{Ch}(\Omega)$$

であるための必要十分条件は，

$$\sum_{i=1}^{n} a_{\alpha i} \delta x_i = 0 \qquad (1 \leqq \alpha \leqq r)$$

をみたす任意の δx_i $(1 \leqq i \leqq n)$ にたいして

$$\sum_{i=1}^{n} \sum_{j=1}^{n} a_{\alpha ij} dx_i \delta x_j = 0 \qquad (1 \leqq \alpha \leqq r)$$

がなりたつことである．故に Ω の特性系は

$$\sum_{i=1}^{n} a_{\alpha i} dx_i = 0 \qquad (1 \leqq \alpha \leqq r),$$

$$\sum_{i=1}^{n} a_{\alpha ij} dx_i + \sum_{\beta=1}^{r} a_{\beta j} \pi_{\alpha\beta} = 0 \qquad (1 \leqq \alpha \leqq r, 1 \leqq j \leqq n)$$

から $\pi_{\alpha\beta}\,(1\leqq\alpha,\beta\leqq r)$ を消去して得られる．とくに Ω が

$$(1)\qquad \omega_\alpha = dx_\alpha+\sum_{\lambda>r}^{n} a_{\alpha\lambda}dx_\lambda \qquad (1\leqq\alpha\leqq r)$$

よりなれば，Ω の特性系は

$$\omega_\alpha = \theta_{\beta\lambda} = 0 \qquad (1\leqq\alpha,\beta\leqq r,\ \ r<\lambda\leqq n)$$

よりなる．ここで

$$(2)\qquad \theta_{\beta\lambda} = \sum_{\mu>r}^{n} b_{\beta\lambda\mu}dx_\mu, \qquad 1\leqq\beta\leqq r<\lambda\leqq n,$$

$$b_{\beta\lambda\mu} = X_\lambda(a_{\beta\mu})-X_\mu(a_{\beta\lambda}), \qquad r<\mu\leqq n,$$

$$X_\lambda = \frac{\partial}{\partial x_\lambda}-\sum_{\alpha=1}^{r} a_{\alpha\lambda}\frac{\partial}{\partial x_\alpha}, \qquad r<\lambda\leqq n.$$

Frobenius の定理(序章 § 3，定理 3) より，Ω が完全積分可能であるための必要十分条件は，Ω とその特性系が同値になることである．

Pfaff 形式

$$\pi = \sum_{i=1}^{m} b_i(y_1,\cdots,y_m)dy_i$$

を考える．外微分をとれば

$$d\pi = \frac{1}{2}\sum_{i=1}^{m}\sum_{j=1}^{m} b_{ij}dy_i\wedge dy_j,$$

$$b_{ij} = -b_{ji} = \frac{\partial b_j}{\partial y_i}-\frac{\partial b_i}{\partial y_j}.$$

このとき $\pi_i\,(1\leqq i\leqq m)$ を

$$\pi_i = \sum_{i=1}^{m} b_{ij}dy_j \qquad (1\leqq i\leqq m)$$

によって定義すれば，次の定理がなりたつ:

定理 1 Pfaff 方程式系

$$\pi_1 = \cdots = \pi_m = 0$$

は完全積分可能である．

証明 行列 $(b_{ij})_{1\leqq i,j\leqq m}$ の階数を r とする．必要ならば $y_1,\cdots,y_m$ の順序を代えて

$$\det(b_{ij})_{1\leqq i,j\leqq r} \neq 0$$

とする．行列 (b_{ij}) は交代行列であるから，それは可能である(次節 p. 74 参照)．

このとき，任意のb_{jk}は

$$b_{jk}=\sum_{p=1}^{r}c_{jp}b_{pk}\qquad(1\leqq j,k\leqq m)$$

と表わされる．ただし

$$c_{qp}=\delta_{qp}\qquad(1\leqq q,p\leqq r).$$

ここで

$$\sum_{k=1}^{r}b_{ik}b_{kj}{}^{*}=\delta_{ij}\qquad(1\leqq i,j\leqq r)$$

とすれば

$$c_{jp}=\sum_{q=1}^{r}b_{jq}b_{qp}{}^{*}\qquad(1\leqq j\leqq m,1\leqq p\leqq r).$$

各$\pi_i\,(1\leqq i\leqq m)$の外微分をとれば

$$d\pi_i=\frac{1}{2}\sum_{j=1}^{m}\sum_{k=1}^{m}\left(\frac{\partial b_{ik}}{\partial y_j}-\frac{\partial b_{ij}}{\partial y_k}\right)dy_j\wedge dy_k$$
$$=\frac{1}{2}\sum_{j=1}^{m}\sum_{k=1}^{m}\frac{\partial b_{jk}}{\partial y_i}dy_j\wedge dy_k.$$

実際

$$\frac{\partial b_{ij}}{\partial y_k}+\frac{\partial b_{jk}}{\partial y_i}+\frac{\partial b_{ki}}{\partial y_j}=0\qquad(1\leqq i,j,k\leqq m).$$

ここで

$$\frac{\partial b_{jk}}{\partial y_i}=\sum_{p=1}^{r}\left(\frac{\partial c_{jp}}{\partial y_i}b_{pk}+c_{jp}\frac{\partial b_{pk}}{\partial y_i}\right)$$
$$=\sum_{p=1}^{r}\sum_{q=1}^{r}\left(\frac{\partial c_{jp}}{\partial y_i}c_{pq}b_{qk}+b_{jq}b_{qp}{}^{*}\frac{\partial b_{pk}}{\partial y_i}\right)$$

であるから，各$i\,(1\leqq i\leqq m)$について

$$d\pi_i=\frac{1}{2}\sum_{p=1}^{r}\sum_{q=1}^{r}\sum_{j=1}^{m}\left(\frac{\partial c_{jp}}{\partial y_i}c_{pq}+b_{qp}{}^{*}\frac{\partial b_{pk}}{\partial y_i}\right)dy_j\wedge\pi_q.$$

従ってFrobeniusの定理から，定理が導かれる(証終).

この定理を用いて次の定理を証明する：

定理2　Pfaff形式系Ωの特性系はつねに完全積分可能である．

証明　Ωが(1)よりなるとして一般性を失わない．このとき，Ωの特性系は

(3)
$$\omega_\alpha=\theta_{\beta\lambda}=0\qquad(1\leqq\alpha,\beta\leqq r<\lambda\leqq n)$$

よりなる．ここで$\theta_{\beta\lambda}$は(2)によって定義されるPfaff形式である．この系

が Frobenius の条件(序章§3，定義3)をみたすことを示す．新しく独立変数 $x_{n+1}, \cdots, x_{n+r}$ を付け加えて，Pfaff 形式

$$\pi = \sum_{\alpha=1}^{r} x_{n+\alpha}\omega_\alpha$$

を考える．このとき，$1 \leqq \alpha \leqq r$ にたいして

$$\pi_\alpha = \sum_{\beta=1}^{r}\sum_{\mu>r}^{n} x_{n+\beta}\frac{\partial a_{\beta\mu}}{\partial x_\alpha}dx_\mu - dx_{n+\alpha} \qquad (1 \leqq \alpha \leqq r).$$

また，$r < \lambda \leqq n$ にたいして

$$\pi_\lambda = \sum_{\beta=1}^{r}\sum_{\mu>r}^{n} x_{n+\beta}\left(\frac{\partial a_{\beta\mu}}{\partial x_\lambda} - X_\mu(a_{\beta\lambda})\right)dx_\mu$$

$$-\sum_{\beta=1}^{r}\sum_{\gamma=1}^{r} x_{n+\beta}\frac{\partial a_{\beta\lambda}}{\partial x_\gamma}\omega_\gamma - \sum_{\beta=1}^{r} a_{\beta\lambda}dx_{n+\beta} \qquad (r < \lambda \leqq n).$$

さらに，$n < \mu \leqq n+r$ にたいして

$$\pi_\mu = \omega_{\mu-n}$$

すなわち

$$\pi_{n+\gamma} = \omega_\gamma \qquad (1 \leqq \gamma \leqq r).$$

ここで $\theta_\lambda (r < \lambda \leqq n)$ を

$$\theta_\lambda = \pi_\lambda - \sum_{\alpha=1}^{r} a_{\alpha\lambda}\pi_\alpha + \sum_{\beta=1}^{r}\sum_{\gamma=1}^{r} x_{n+\beta}\frac{\partial a_{\beta\lambda}}{\partial x_\gamma}\pi_{n+\gamma}$$

によって定義する．このとき

$$\theta_\lambda = \sum_{\beta=1}^{r} x_{n+\beta}\theta_{\beta\lambda} \qquad (r < \lambda \leqq n).$$

定理1より

(4) $$\pi_\alpha = \theta_\lambda = \omega_\gamma = 0 \qquad (1 \leqq \alpha, \gamma \leqq r < \lambda \leqq n)$$

は完全積分可能である．従って

(5) $$d\theta_\lambda \equiv 0 \quad \mathrm{mod}((4)), \qquad r < \lambda \leqq n,$$

(6) $$d\omega_\gamma \equiv 0 \quad \mathrm{mod}((4)), \qquad 1 \leqq \gamma \leqq r.$$

ここで

$$d\theta_\lambda = \sum_{\beta=1}^{r} x_{n+\beta}d\theta_{\beta\lambda} - \sum_{\beta=1}^{r} \pi_\beta \wedge \theta_{\beta\lambda}$$

$$+ \sum_{\beta=1}^{r}\sum_{\gamma=1}^{r}\sum_{\mu>r}^{n} x_{n+\gamma}\frac{\partial a_{\gamma\mu}}{\partial x_\beta}dx_\mu \wedge \theta_{\beta\lambda}$$

であるから，(5)より

$$\sum_{\beta=1}^{r} x_{n+\beta} d\theta_{\beta\lambda} \equiv 0 \quad \mathrm{mod}((3)).$$

従って

$$d\theta_{\beta\lambda} \equiv 0 \quad \mathrm{mod}((3)), \qquad 1 \leqq \beta \leqq r < \lambda \leqq n$$

が導かれる．(6)より

$$d\omega_\gamma \equiv 0 \quad \mathrm{mod}((3)), \qquad 1 \leqq \gamma \leqq n$$

が得られる(証終)．

無限小変換

$$X = \sum_{i=1}^{n} \xi_i(x_1, \cdots, x_n) \frac{\partial}{\partial x_i}$$

を考える．これより生成される1助変数変換群 Φ_t によって，点 $(x_1, \cdots, x_n)$ は点

$$(\varphi_1(x_1, \cdots, x_n, t), \cdots, \varphi_n(x_1, \cdots, x_n, t))$$

に移されるとする．このとき

$$\frac{\partial \varphi_i}{\partial t} = \xi_i(x), \qquad 1 \leqq i \leqq n.$$

定理3　$X \in \mathrm{Ch}(\Omega)$ ならば

$$\omega_\alpha(\varphi, d\varphi) \equiv 0 \quad \mathrm{mod}(\Omega).$$

証明　仮定 $X \in \mathrm{Ch}(\Omega)$ より各 $\alpha\ (1 \leqq \alpha \leqq r)$ について

$$\sum_{i=1}^{n} \sum_{k=1}^{n} \left(\frac{\partial a_{\alpha i}}{\partial x_k} - \frac{\partial a_{\alpha k}}{\partial x_i} \right) \xi_k dx_i \equiv 0 \quad \mathrm{mod}(\Omega).$$

従って，函数 $c_{\alpha\beta}(x_1, \cdots, x_n)$, $1 \leqq \alpha, \beta \leqq r$ が存在して

$$\sum_{k=1}^{n} \left(\frac{\partial a_{\alpha i}}{\partial x_k} - \frac{\partial a_{\alpha k}}{\partial x_i} \right) \xi_k = \sum_{\beta=1}^{r} c_{\alpha\beta} a_{\beta i} \qquad (1 \leqq \alpha \leqq r, 1 \leqq i \leqq n). \tag{7}$$

$X \in \mathrm{A}(\Omega)$ より

$$\sum_{i=1}^{n} a_{\alpha i} \frac{\partial \varphi_i}{\partial t} = 0 \qquad (1 \leqq \alpha \leqq r). \tag{8}$$

故に

$$\omega_\alpha(\varphi, d\varphi) = \sum_{i=1}^{n} \sum_{j=1}^{n} a_{\alpha i}(\varphi) \frac{\partial \varphi_i}{\partial x_j} dx_j, \qquad 1 \leqq \alpha \leqq r.$$

$\mathrm{A}(\Omega)$ に属する任意の元

$$Y=\sum_{i=1}^{n}\eta_i(x)\frac{\partial}{\partial x_i}$$

をとる．これにたいして，$u_\alpha(x,t), 1\leqq\alpha\leqq r$ を

$$u_\alpha(x,t)=\sum_{i=1}^{n}\sum_{j=1}^{n}a_{\alpha i}(\varphi)\frac{\partial\varphi_i}{\partial x_j}\eta_j(x),\qquad 1\leqq\alpha\leqq r$$

によって定義する．このとき，(8)より

$$\begin{aligned}\frac{\partial u_\alpha}{\partial t}&=\frac{\partial}{\partial t}\left\{\sum_{i=1}^{n}\sum_{j=1}^{n}a_{\alpha i}(\varphi)\frac{\partial\varphi_i}{\partial x_j}\eta_j(x)\right\}\\&\quad-\sum_{j=1}^{n}\eta_j(x)\frac{\partial}{\partial x_j}\left\{\sum_{i=1}^{n}a_{\alpha i}(\varphi)\frac{\partial\varphi_i}{\partial t}\right\}\\&=\sum_{i=1}^{n}\sum_{j=1}^{n}\frac{\partial\varphi_i}{\partial x_j}\eta_j(x)\sum_{k=1}^{n}\left(\frac{\partial a_{\alpha i}}{\partial x_k}-\frac{\partial a_{\alpha k}}{\partial x_i}\right)\xi_k(x).\end{aligned}$$

故に(7)から

$$\begin{aligned}\frac{\partial u_\alpha}{\partial t}&=\sum_{i=1}^{n}\sum_{j=1}^{n}\frac{\partial\varphi_i}{\partial x_j}\eta_j(x)\sum_{\beta=1}^{r}c_{\alpha\beta}(x)a_{\beta i}(x)\\&=\sum_{\beta=1}^{r}c_{\alpha\beta}(x)u_\beta(x,t),\qquad 1\leqq\alpha\leqq r.\end{aligned}$$

$t=0$ のとき

$$u_\alpha(x,0)=\sum_{i=1}^{n}a_{\alpha i}(x)\eta_i(x)=0\qquad(1\leqq\alpha\leqq r)$$

であるから，Kowalevsky 系の解の一意性より

$$u_\alpha(x,t)=0\qquad(1\leqq\alpha\leqq r)$$

がつねになりたつ(証終)．

座標系 $(x_1,\cdots,x_n)$ をもつ空間 V の p 次元多様体部分 M から

$$\Phi_t M$$

において t を動かして $p+1$ 次元多様体 $S(M)$ をつくる．ただし $X\notin \mathrm{T}(M)$．

系 1　$X\in \mathrm{Ch}(\Omega)$ ならば，M が Ω の積分多様体であるとき $S(M)$ は Ω の積分多様体を与える．

定義 1　Ω の類数が s であるとは，Ω の特性系が s 箇の独立な方程式によって生成されるときにいう．

定理 4　Ω の類数が s ならば，Ω は s 箇の独立変数についての Pfaff 方程式系に同値である．

証明　Ω の特性系は，定理2によって完全積分可能であるから

(9)
$$dz_1 = \cdots = dz_s = 0$$

と同値である．ここで $z_1, \cdots, z_s$ は独立である．これを延長して，座標系

$$z_1,\ \cdots,\ z_s,\ z_{s+1},\ \cdots,\ z_n$$

をとる．Ω が

$$\omega_\alpha = dz_\alpha + \sum_{\lambda>r}^{n} b_{\alpha\lambda} dz_\lambda \qquad (1 \leqq \alpha \leqq r)$$

と同値であるとすれば，

$$\Omega \equiv 0 \quad \mathrm{mod}((9))$$

であるから

(10)
$$b_{\alpha\mu} = 0 \qquad (1 \leqq \alpha \leqq r,\ s < \mu \leqq n).$$

このとき Ω の特性系は

(11)
$$\omega_\alpha = \theta_{\beta\lambda} = 0 \qquad (1 \leqq \alpha, \beta \leqq r < \lambda \leqq n)$$

よりなる．ここで

$$\theta_{\beta\lambda} = \sum_{\mu>r}^{n} b_{\beta\lambda\mu} dz_\mu,$$

$$b_{\beta\lambda\mu} = Y_\lambda(b_{\beta\mu}) - Y_\mu(b_{\beta\lambda}),$$

$$Y_\lambda = \frac{\partial}{\partial z_\lambda} - \sum_{\alpha=1}^{r} b_{\alpha\lambda} \frac{\partial}{\partial z_\alpha}.$$

(10) より

$$Y_\mu = \frac{\partial}{\partial z_\mu} \qquad (s < \mu \leqq n).$$

(11) は (9) と同値であるから

$$b_{\alpha\lambda\sigma} = 0 \qquad (1 \leqq \alpha \leqq r < \lambda \leqq s < \sigma \leqq n).$$

故に

$$Y_\sigma(b_{\alpha\lambda}) = \frac{\partial b_{\alpha\lambda}}{\partial z_\sigma} = 0 \qquad (1 \leqq \alpha \leqq r < \lambda \leqq s < \sigma \leqq n)$$

（証終）．

例1　Pfaff 方程式系

(12)
$$dz - p dx - q dy = dF = 0$$

を考える．ここで

$$F = F(x, y, z, p, q).$$

このとき，(12)の特性系は Lagrange–Charpit 系によって与えられる．これより定理 3 は序章 §4，定理 2(Cauchy–Darboux の定理)の拡張であることがわかる．

V の部分多様体 M が

$$F_i(x_1, \cdots, x_n) = 0, \qquad 1 \leqq i \leqq m$$

によって定義されるとする．Ω を M 上に制限して得られる Pfaff 方程式系を $(\Omega)_M$ によって表わす．このとき

$$dF_i \equiv 0 \quad \mathrm{mod}(\Omega), \qquad 1 \leqq i \leqq m$$

ならば，M における $(\Omega)_M$ の特性系は Ω の特性系を M 上に制限して得られる Pfaff 方程式系に同値である．故に例 1 において，$F=0$ によって定義される多様体を M_F とすれば，M_F に(12)を制限して得られる Pfaff 方程式系の M_F における特性系は Lagrange–Charpit 系を M_F に制限したものに同値である．

本節の定理 2, 3, 4 は Cartan による([3], [4] 参照)．

§2 Pfaff 形式の標準型

Pfaff 形式

$$\omega = \sum_{i=1}^{n} a_i(x_1, \cdots, x_n) dx_i \neq 0$$

を考える．外微分をとれば

$$d\omega = \frac{1}{2} \sum_{i=1}^{n} \sum_{j=1}^{n} a_{ij} dx_i \wedge dx_j,$$

$$a_{ij} = -a_{ji} = \frac{\partial a_j}{\partial x_i} - \frac{\partial a_i}{\partial x_j}.$$

このとき

$$\Omega = \{\omega\}$$

とすれば，その特性系は

$$\sum_{i=1}^{n} a_{ij} dx_i + a_j \pi = 0 \qquad (1 \leqq j \leqq n),$$

$$-\sum_{i=1}^{n} a_i dx_i = 0$$

から π を消去して得られる．従って Ω の類数を t とすれば

$$t = \mathrm{rank}\, \Gamma - 1.$$

ここで Γ は次の $n+1$ 次交代行列である：

$$\Gamma = \begin{bmatrix} a_{11} & a_{12} & \cdots & a_{1n} & a_1 \\ \cdots & & & & \\ a_{n1} & a_{n2} & \cdots & a_{nn} & a_n \\ -a_1 & -a_2 & \cdots & -a_n & 0 \end{bmatrix}.$$

これより Frobenius と Darboux による Pfaff 形式の標準化について述べる. そのために必要な交代行列の諸性質をあげる([32, Chap. 9])：

交代行列

$$A = (a_{ij})_{1 \leqq i, j \leqq m}, \qquad a_{ij} = -a_{ji}$$

を考える；

(i) 次数 m が奇数ならば

$$\det A = 0;$$

(ii) 次数 m が偶数ならば

$$\det A = P(A)^2.$$

ここで $P(A)$ は A の成分の整多項式である；

(iii) A の階数を l とすれば，その値が消えない l 次主小行列式が存在する. 従って A の階数はつねに偶数である；

(iv) その値が消えない l 次主小行列式が存在して，それを含むすべての $l+2$ 次主小行列式が消えるならば，A の階数は l に等しい；

上の諸性質から次の性質が導かれる：

(v) A を拡張して交代行列

$$B = \left[\begin{array}{ccc|c} & & & b_1 \\ & A & & \vdots \\ & & & b_m \\ \hline -b_1 & \cdots & -b_m & 0 \end{array}\right]$$

をつくる. このとき

$$\mathrm{rank}\, A = \mathrm{rank}\, B$$

であるための必要十分条件は

$$\mathrm{rank}\, A = \mathrm{rank}\, C.$$

ここで C は次の m 行 $m+1$ 列の行列である:

$$C=\left[\begin{array}{c|c} & b_1 \\ A & \vdots \\ & b_m \end{array}\right].$$

実際，A の階数を l として，必要ならば番号を打ち代えて(iii)より

$$\det(a_{ij})_{1\leqq i,j\leqq l}\neq 0$$

とし得る．各 $\alpha\,(l<\alpha\leqq m)$ にたいして行列式

$$\varDelta_\alpha=\begin{vmatrix} a_{11} & \cdots & a_{1l} & a_{1\alpha} & b_1 \\ \cdots & & & & \\ a_{l1} & \cdots & a_{ll} & a_{l\alpha} & b_l \\ a_{\alpha 1} & \cdots & a_{\alpha l} & a_{\alpha\alpha} & b_\alpha \\ -b_1 & \cdots & -b_l & -b_\alpha & 0 \end{vmatrix}$$

を考える．A と B の階数が等しいための必要十分条件は(iv)より

$$\varDelta_\alpha=0 \qquad (l<\alpha\leqq m).$$

ここで

$$a_{i\alpha}=\sum_{j=1}^{l}\lambda_j a_{ij} \qquad (1\leqq i\leqq l)$$

とすれば，A の階数は l であるから

$$a_{\alpha\alpha}=\sum_{j=1}^{l}\lambda_j a_{\alpha j}.$$

A は交代行列であるから

$$a_{\alpha i}=\sum_{j=1}^{l}\lambda_j a_{ji} \qquad (1\leqq i\leqq l).$$

故に

$$\varDelta_\alpha=\begin{vmatrix} a_{11} & \cdots & a_{1l} & 0 & b_1 \\ \cdots & & & & \\ a_{l1} & \cdots & a_{ll} & 0 & b_l \\ 0 & \cdots & 0 & 0 & c_\alpha \\ -b_1 & \cdots & -b_l & -c_\alpha & 0 \end{vmatrix}.$$

ここで

$$c_\alpha=b_\alpha-\sum_{j=1}^{l}\lambda_j b_j.$$

従って $\varDelta_\alpha=0$ であるための必要十分条件は $c_\alpha=0$．これより性質(v)が導かれ

る．

性質(ii)についての例を二つあげる：

例1

$$\begin{vmatrix} 0 & a & b & c \\ -a & 0 & d & e \\ -b & -d & 0 & f \\ -c & -e & -f & 0 \end{vmatrix} = (af-be+cd)^2.$$

例2

$$\left|\begin{array}{ccc|ccc|cc} & & & -1 & & & a_1 & b_1 \\ & 0 & & & \ddots & & \vdots & \vdots \\ & & & & & -1 & a_s & b_s \\ \hline 1 & & & & & & c_1 & d_1 \\ & \ddots & & & 0 & & \vdots & \vdots \\ & & 1 & & & & c_s & d_s \\ \hline -a_1 & \cdots & -a_s & -c_1 & \cdots & -c_s & 0 & e \\ -b_1 & \cdots & -b_s & -d_1 & \cdots & -d_s & -e & 0 \end{array}\right| = \left\{e+\sum_{i=1}^{s}(a_i d_i - b_i c_i)\right\}^2.$$

性質(iii)より $\Omega=\{\omega\}$ の類数はつねに奇数である．これは Pfaff 方程式 $\omega=0$ の類数または ω の類数とよばれる．

函数 $f_1, \cdots, f_p$ にたいして Pfaff 方程式系

$$\Omega(f_1, \cdots, f_p) = \{\omega, df_1, \cdots, df_p\}$$

を考える．このとき無限小変換

$$X = \sum_{i=1}^{n} \xi_i \frac{\partial}{\partial x_i}$$

が $\mathrm{Ch}\{\Omega(f_1, \cdots, f_p)\}$ に入るための必要十分条件は，函数 $A_0, A_1, \cdots, A_p$ が存在して

$$(1)\quad \begin{cases} \displaystyle\sum_{i=1}^{n} a_{ji}\xi_i + a_j A_0 + \sum_{\alpha=1}^{p} \frac{\partial f_\alpha}{\partial x_j} A_\alpha = 0 \qquad (1 \leqq j \leqq n), \\ \displaystyle -\sum_{i=1}^{n} a_i \xi_i = 0, \\ \displaystyle -\sum_{i=1}^{n} \frac{\partial f_\alpha}{\partial x_i} \xi_i = 0 \qquad (1 \leqq \alpha \leqq p) \end{cases}$$

がなりたつことである．$\Omega(f_1, \cdots, f_p)$ の特性系を

$$\Pi(f_1, \cdots, f_p)$$

によって表わせば，それは

$$\omega = df_1 = \cdots = df_p = 0,$$

$$\sum_{i=1}^{n} a_{ji} dx_i + a_j \theta_0 + \sum_{\alpha=1}^{p} \frac{\partial f_\alpha}{\partial x_j} \theta_\alpha = 0 \qquad (1 \leqq j \leqq n)$$

から $\theta_0, \theta_1, \cdots, \theta_p$ を消去して得られる．$\Gamma(f_1, \cdots, f_p)$ を $n+p+1$ 次の交代行列

$$\begin{bmatrix} a_{11} & \cdots & a_{1n} & a_1 & \dfrac{\partial f_1}{\partial x_1} & \cdots & \dfrac{\partial f_p}{\partial x_1} \\ \cdots & & & \vdots & \cdots & & \\ a_{n1} & \cdots & a_{nn} & a_n & \dfrac{\partial f_1}{\partial x_n} & \cdots & \dfrac{\partial f_p}{\partial x_n} \\ -a_1 & \cdots & -a_n & 0 & 0 & \cdots & 0 \\ -\dfrac{\partial f_1}{\partial x_1} & \cdots & -\dfrac{\partial f_1}{\partial x_n} & 0 & 0 & \cdots & 0 \\ \cdots & & & \vdots & \cdots & & \\ -\dfrac{\partial f_p}{\partial x_1} & \cdots & -\dfrac{\partial f_p}{\partial x_n} & 0 & 0 & \cdots & 0 \end{bmatrix}$$

として定義する．

補題 1　$f_{s+1}=c$ が $\Pi(f_1, \cdots, f_s)$ の第一積分を与えるための必要十分条件は

$$\operatorname{rank} \Gamma(f_1, \cdots, f_s) = \operatorname{rank} \Gamma(f_1, \cdots, f_s, f_{s+1}).$$

証明　$f_{s+1}=c$ が $\Pi(f_1, \cdots, f_s)$ の第一積分を与えるための必要十分条件は，任意の

$$X = \sum_{i=1}^{n} \xi_i \frac{\partial}{\partial x_i} \in \mathrm{Ch}\{\Omega(f_1, \cdots, f_s)\}$$

にたいして

$$(2) \qquad \sum_{i=1}^{n} \xi_i \frac{\partial f_{s+1}}{\partial x_i} = 0$$

がなりたつことである．そのための必要十分条件は(1)より(2)が導かれることである．故に交代行列の性質(v)より補題がなりたつ(証終)．

$\Omega(f_1, \cdots, f_p)$ の類数は，恒等式

$$(3) \qquad \operatorname{rank} \Pi(f_1, \cdots, f_p) = \operatorname{rank} \Gamma(f_1, \cdots, f_p) - \operatorname{rank} \Omega(f_1, \cdots, f_p)$$

によって与えられる．ただし Pfaff 方程式系の階数(rank)とは，それに含まれ

る独立な方程式の箇数を意味する．

交代行列 $\varDelta$ を

$$\varDelta=(a_{ij})_{1\leqq i,j\leqq n}$$

によって定義する．他の座標系 $y_1,\cdots,y_n$ によって，ω を

$$\omega=\sum_{i=1}^{n}a_i'(y_1,\cdots,y_n)dy_i$$

と表わせば，$\varGamma'$ と $\varDelta'$ の階数はそれぞれ $\varGamma$ と $\varDelta$ の階数に等しい．実際

$$a_i'=\sum_{\alpha=1}^{n}a_\alpha\frac{\partial x_\alpha}{\partial y_i}\qquad(1\leqq i\leqq n),$$

$$a_{ij}'=\frac{\partial a_j'}{\partial y_i}-\frac{\partial a_i'}{\partial y_j}=\sum_{\alpha=1}^{n}\sum_{\beta=1}^{n}a_{\alpha\beta}\frac{\partial x_\alpha}{\partial y_i}\frac{\partial x_\beta}{\partial y_j}\qquad(1\leqq i,j\leqq n)$$

であるから

$$D=\begin{bmatrix}\dfrac{\partial x_1}{\partial y_1} & \cdots & \dfrac{\partial x_1}{\partial y_n}\\ \cdots & & \\ \dfrac{\partial x_n}{\partial y_1} & \cdots & \dfrac{\partial x_n}{\partial y_n}\end{bmatrix},\qquad E=\left[\begin{array}{ccc|c} & & & 0\\ & D & & \vdots\\ & & & 0\\ \hline 0 & \cdots & 0 & 1\end{array}\right]$$

とすれば

$$\varDelta'={}^tD\varDelta D,$$
$$\varGamma'={}^tE\varGamma E.$$

$\varGamma$ の階数は

$$\begin{cases}\operatorname{rank}\varDelta,\\ (\operatorname{rank}\varDelta)+2\end{cases}$$

のいずれかである：

定理1　$\varGamma$ と $\varDelta$ の階数がともに $2r$ に等しいならば，独立な函数 $z_1,\cdots,z_{2r}$ が存在して，ω は

$$\omega=\sum_{i=1}^{r}z_{r+i}dz_i$$

と表わされる．

証明　$\varOmega=\{\omega\}$ の特性系を $\varPi$ とすれば

$$\operatorname{rank}\varPi=2r-1\geqq 1.$$

$\varPi$ は完全積分可能であるから，第一積分 $z_1=c$ が存在する．このとき補題1よ

り

$$\operatorname{rank} \Gamma(z_1) = \operatorname{rank} \Gamma = 2r.$$

故に(3)から

$$\operatorname{rank} \Pi(z_1) = \operatorname{rank} \Gamma(z_1) - \operatorname{rank} \Omega(z_1)$$
$$= 2r - \operatorname{rank} \Omega(z_1).$$

ここで

$$dz_1 \equiv 0 \quad \operatorname{mod}(\Omega(z_1))$$

であるから $z_1=c$ は $\Pi(z_1)$ の第一積分である．$\Pi(z_1)$ は完全積分可能であるから

$$\operatorname{rank} \Pi(z_1) \geqq 2$$

ならば，z_1 と独立な z_2 が存在して $z_2=c$ は $\Pi(z_1)$ の第一積分を与える．このとき補題1より

$$\operatorname{rank} \Gamma(z_1, z_2) = \operatorname{rank} \Gamma(z_1) = 2r$$

であるから

$$\operatorname{rank} \Pi(z_1, z_2) = 2r - \operatorname{rank} \Omega(z_1, z_2).$$

帰納的に $z_1, \cdots, z_p$ を次のようにして定義する：$z_1, \cdots, z_p$ は独立であって，$z_p=c$ は

$$\Pi(z_1, \cdots, z_{p-1})$$

の第一積分を与える．ただしここで

(4) $$\operatorname{rank} \Pi(z_1, \cdots, z_{p-1}) \geqq p$$

を仮定する．$\Pi(z_1, \cdots, z_{p-1})$ は $\Omega(z_1, \cdots, z_{p-1})$ の特性系であるから，$z_1=c_1, \cdots, z_{p-1}=c_{p-1}$ は $\Pi(z_1, \cdots, z_{p-1})$ の $p-1$ 箇の独立な第一積分を与える．このとき，$\Pi(z_1, \cdots, z_{p-1})$ は完全積分可能であるから，仮定(4)より $z_1, \cdots, z_{p-1}$ と独立な z_p が存在して $z_p=c$ は $\Pi(z_1, \cdots, z_{p-1})$ の第一積分を与える．各 $s\,(1<s\leqq p)$ について補題1より

$$\operatorname{rank} \Gamma(z_1, \cdots, z_s) = \operatorname{rank} \Gamma(z_1, \cdots, z_{s-1})$$

であるから

$$\operatorname{rank} \Gamma(z_1, \cdots, z_p) = 2r.$$

故に

$$\operatorname{rank} \Pi(z_1, \cdots, z_p) = 2r - \operatorname{rank} \Omega(z_1, \cdots, z_p)$$
$$\geqq 2r - p - 1.$$

従って $p=r$ まで仮定(4)はみたされる．このようにして $z_1, \cdots, z_r$ を定義すれば

$$\operatorname{rank} \Pi(z_1, \cdots, z_r) = 2r - \operatorname{rank} \Omega(z_1, \cdots, z_r).$$

ここで

$$\operatorname{rank} \Pi(z_1, \cdots, z_r) \geqq \operatorname{rank} \Omega(z_1, \cdots, z_r) \geqq r$$

であるから

$$\operatorname{rank} \Pi(z_1, \cdots, z_r) = \operatorname{rank} \Omega(z_1, \cdots, z_r) = r.$$

故に $\Omega(z_1, \cdots, z_r)$ は

$$dz_1 = \cdots = dz_r = 0$$

に同値になり，ω は

$$\omega = \sum_{i=1}^{r} z_{r+i} dz_i$$

と表わせる．$\varDelta$ の階数は座標系のとり方によらないから，

$$\operatorname{rank} \varDelta = 2r$$

より $z_1, \cdots, z_{2r}$ が独立であることが導かれる(証終)．

定理2　$\varDelta$ の階数が $2r$ であって Γ の階数が $2r+2$ であるならば，独立な函数 $z_1, \cdots, z_{2r+1}$ が存在して，ω は

$$\omega = \sum_{i=1}^{r} z_{r+i} dz_i + dz_{2r+1}$$

と表わせる．

証明　Γ の階数は $2r+2$ であるから，定理1の証明に従って，ω は

$$\omega = \sum_{i=1}^{r} x_{r+i} dx_i + a dx_{2r+1}$$

と表わせる．ここで $\varDelta$ の階数は $2r$ であるから，$x_1, \cdots, x_{2r+1}$ は独立であって

$$a = a(x_1, \cdots, x_{2r+1})$$

と仮定していい．函数 z にたいして，Pfaff 形式 π を

$$\pi = \omega - dz$$

によって定義する．このとき $d\pi = d\omega$ であるから

$$\operatorname{rank} \varDelta_\pi = \operatorname{rank} \varDelta_\omega = 2r.$$

函数 z が存在して

$$\operatorname{rank} \Gamma_\pi = 2r \tag{5}$$

をみたすならば，定理1より独立な函数 $z_1, \cdots, z_{2r}$ が存在して，π は

$$\pi = \sum_{i=1}^{r} z_{r+i} dz_i$$

と表わされる．従って

$$\omega = dz + \sum_{i=1}^{r} z_{r+i} dz_i.$$

ここで ω の類数は $2r+1$ であるから，$z_1, \cdots, z_{2r}, z$ は独立である．これより函数 $z(x_1, \cdots, x_{2r+1})$ が存在して(5)をみたすことを示す．Γ_π は座標系 $x_1, \cdots, x_{2r+1}$ によって

$$\left[\begin{array}{ccc|ccc|c|c}
 & & & -1 & & & \dfrac{\partial a}{\partial x_1} & x_{r+1}-\dfrac{\partial z}{\partial x_1} \\
 & 0 & & & \ddots & & \vdots & \vdots \\
 & & & & & -1 & \dfrac{\partial a}{\partial x_r} & x_{2r}-\dfrac{\partial z}{\partial x_r} \\
\hline
1 & & & & & & \dfrac{\partial a}{\partial x_{r+1}} & -\dfrac{\partial z}{\partial x_{r+1}} \\
 & \ddots & & & 0 & & \vdots & \vdots \\
 & & 1 & & & & \dfrac{\partial a}{\partial x_{2r}} & -\dfrac{\partial z}{\partial x_{2r}} \\
\hline
-\dfrac{\partial a}{\partial x_1} & \cdots & -\dfrac{\partial a}{\partial x_r} & -\dfrac{\partial a}{\partial x_{r+1}} & \cdots & -\dfrac{\partial a}{\partial x_{2r}} & 0 & a-\dfrac{\partial z}{\partial x_{2r+1}} \\
\hline
\dfrac{\partial z}{\partial x_1}-x_{r+1} & \cdots & & \dfrac{\partial z}{\partial x_{r+1}} & \cdots & \dfrac{\partial z}{\partial x_{2r}} & \dfrac{\partial z}{\partial x_{2r+1}}-a & 0
\end{array}\right]$$

と表わされるから，例2によって

$$\det \Gamma_\pi = P(z)^2.$$

ここで

$$P(z) = \frac{\partial z}{\partial x_{2r+1}} - \sum_{i=1}^{r} \frac{\partial a}{\partial x_{r+i}} \frac{\partial z}{\partial x_i} + \sum_{i=1}^{r} \frac{\partial a}{\partial x_i} \frac{\partial z}{\partial x_{r+i}}$$
$$+ \sum_{i=1}^{r} \frac{\partial a}{\partial x_{r+i}} x_{r+i} - a.$$

故に $P(z)=0$ の解 z をとれば

$$\operatorname{rank} \Gamma_\pi = 2r \qquad \text{(証終)}.$$

独立変数 $(z_1, \cdots, z_{2n}, z_{2n+1})$ についての Pfaff 形式

$$\sum_{i=1}^{n} z_{n+i} dz_i$$

および

$$\sum_{i=1}^{n} z_{n+i} dz_i + dz_{2n+1}$$

は Pfaff 形式の標準型とよばれる.

命題 1 $(z_1, \cdots, z_{2n+1})$ を座標とする空間において，Pfaff 方程式

$$dz_{2n+1} + \sum_{i=1}^{n} z_{n+i} dz_i = 0 \tag{6}$$

の積分多様体の最大次元は n である.

証明 外微分をとれば

$$\sum_{i=1}^{n} dz_{n+i} \wedge dz_i = 0.$$

故に $2n+1$ 箇の微分

$$dz_1, \ \cdots, \ dz_{2n+1}$$

から任意の $n+1$ 箇 $\theta_1, \cdots, \theta_{n+1}$ をとれば,

$$\theta_1 \wedge \cdots \wedge \theta_{n+1} = 0.$$

故に $n+1$ 次元の積分多様体は存在しない. 各 $r\ (0 \leqq r \leqq n)$ にたいして

$$z_\lambda = \Phi_\lambda(z_1, \cdots, z_r), \qquad r < \lambda \leqq n,$$

$$z_{2n+1} = \Phi(z_1, \cdots, z_r),$$

$$z_{n+\alpha} = -\frac{\partial \Phi}{\partial z_\alpha} - \sum_{\lambda > r}^{n} \frac{\partial \Phi_\lambda}{\partial z_\alpha} z_{n+\lambda}, \qquad 1 \leqq \alpha \leqq r$$

によって定義される n 次元多様体は (6) の積分多様体を与える. ここで Φ および $\Phi_\lambda\ (r < \lambda \leqq n)$ は任意函数である (証終).

Pfaff 方程式 (6) の n 次元積分多様体は，$z_1, \cdots, z_n$ の番号を打ち代えることによって，上のようにしてすべて得られる.

§3 接触変換

3 次元空間の点とその点を過る平面の組は面要素とよばれる. 点の座標を (x, y, z) とし，平面の方程式を，(ξ, η, ζ) を流通座標として

$$\zeta - z = p(\xi - x) + q(\eta - y)$$

とすれば，面要素は

$$(x, y, z, p, q)$$

によって決定される．面要素(x, y, z, p, q)を面要素(x', y', z', p', q')に移す変換は，

$$dz' - p'dx' - q'dy' = \rho(dz - pdx - qdy), \qquad \rho \neq 0$$

をみたすときに接触変換とよばれる．ここでρはx, y, z, p, qの函数である．

例1 点Pとその点を過る平面Sにたいして，原点OからSへの垂線の足をP', OPを直径とする球面のP'における接平面をS'とする．このとき面要素(P, S)を面要素(P', S')に移す変換は接触変換である．

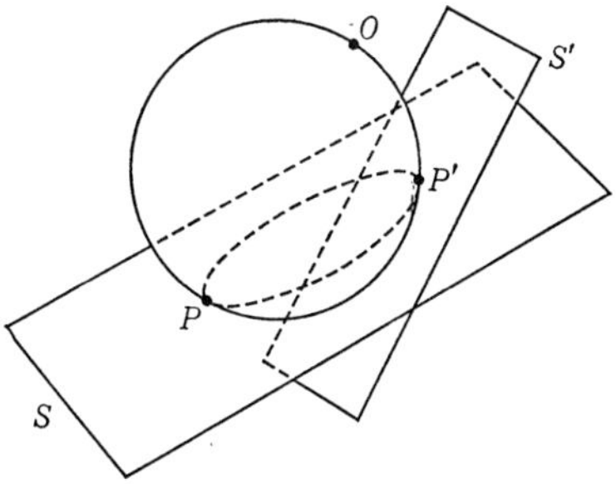

面要素の空間における曲面Φが

$$z = \varphi(x, y), \qquad p = \varphi_x(x, y), \qquad q = \varphi_y(x, y)$$

によって定義されるならば，Φ上

$$dz - pdx - qdy = 0.$$

故にΦが接触変換によって面要素の空間内の曲面Φ'に移されるとき，Φ'上

$$dz' - p'dx' - q'dy' = 0.$$

従ってΦ'上

$$dx' \wedge dy' \neq 0$$

ならば，函数φ'が存在して，Φ'は

$$z' = \varphi'(x', y'), \qquad p' = \frac{\partial \varphi'}{\partial x'}, \qquad q' = \frac{\partial \varphi'}{\partial y'}$$

によって定義される．このとき，3次元空間において，曲面$z = \varphi$が接触変換によって曲面$z' = \varphi'$に変換されたという．3次元空間において二つの曲面Φ, Ψがそれぞれ$z = \varphi(x, y)$, $z = \psi(x, y)$によって定義され，点(x_0, y_0, z_0)において

接するならば，それらを接触変換 T によって $T\Phi, T\Psi$ に変換するとき，$T\Phi$ と $T\Psi$ は点 (x_0', y_0', z_0') において接する．ここで $(x_0, y_0, z_0, p_0, q_0)$ は T によって $(x_0', y_0', z_0', p_0', q_0')$ に移されるとする．ただし

$$p_0 = \varphi_x(x_0, y_0) = \psi_x(x_0, y_0),$$
$$q_0 = \varphi_y(x_0, y_0) = \psi_y(x_0, y_0).$$

このとき $T\Phi$ および $T\Psi$ は点 (x_0', y_0', z_0') において接平面

$$\zeta' - z_0' = p_0'(\xi' - x_0') + q_0'(\eta' - y_0')$$

を共有する．接触変換の名はこの事実に由来する．

一般の $n+1$ 次元空間の点とその点を過る超平面の組は超平面要素または単に面要素とよばれる．点の座標を $(x_1, \cdots, x_n, z)$ とし，超平面の方程式を，$(\xi_1, \cdots, \xi_n, \zeta)$ を流通座標として

$$\zeta - z = p_1(\xi_1 - x_1) + \cdots + p_n(\xi_n - x_n)$$

とすれば，面要素は

$$(x_1, \cdots, x_n, z, p_1, \cdots, p_n)$$

によって決定される．面要素 $(x_1, \cdots, x_n, z, p_1, \cdots, p_n)$ を面要素 $(x_1', \cdots, x_n', z', p_1', \cdots, p_n')$ に移す変換は，

$$(1) \qquad dz' - \sum_{i=1}^{n} p_i' dx_i' = \rho\left(dz - \sum_{i=1}^{n} p_i dx_i\right), \qquad \rho \neq 0$$

をみたすときに接触変換とよばれる．ここで ρ は $x_1, \cdots, x_n, z, p_1, \cdots, p_n$ の函数である．接触変換は群をなす．

例 2 (Legendre 変換).

$$x_i' = p_i, \qquad p_i' = -x_i \qquad (1 \leqq i \leqq n),$$
$$z' = z - p_1 x_1 - \cdots - p_n x_n$$

とすれば

$$dz' - \sum_{i=1}^{n} p_i' dx_i' = dz - \sum_{i=1}^{n} p_i dx_i.$$

例 3 各 $k\,(1 \leqq k \leqq n)$ にたいして

$$x_i' = x_i \qquad (1 \leqq i \leqq n, i \neq k),$$
$$x_k' = x_k - \frac{z}{p_k}, \qquad z' = p_k,$$

$$p_i' = \frac{p_i p_k}{z} \qquad (1 \leqq i \leqq n)$$

とすれば

$$dz' - \sum_{i=1}^{n} p_i' dx_i' = \frac{p_k}{z}\left(dz - \sum_{i=1}^{n} p_i dx_i\right).$$

これより $x_1, \cdots, x_n, z, p_1, \cdots, p_n$ を独立変数とみなす．このとき Pfaff 形式

$$\omega = dz - p_1 dx_1 - \cdots - p_n dx_n$$

の類数は $2n+1$ である．実際

$$x_{n+1} = z, \qquad x_{n+2} = p_1, \qquad \cdots, \qquad x_{2n+1} = p_n$$

とするとき

$$\Gamma = \left[\begin{array}{ccc|c|ccc|c}
 & & & 0 & 1 & & & -p_1 \\
 & \mathbf{0} & & \vdots & & \ddots & & \vdots \\
 & & & 0 & & & 1 & -p_n \\
\hline
0 & \cdots & 0 & 0 & 0 & \cdots & 0 & 1 \\
\hline
-1 & & & 0 & & & & 0 \\
 & \ddots & & \vdots & & \mathbf{0} & & \vdots \\
 & & -1 & 0 & & & & 0 \\
\hline
p_1 & \cdots & p_n & -1 & 0 & \cdots & 0 & 0
\end{array}\right]$$

であるから

$$\operatorname{rank} \Gamma = 2n+2.$$

故に函数 $x_1', \cdots, x_n', z', p_1', \cdots, p_n'$ が(1)をみたすならば，それらは互いに独立である．

独立変数$(x_1, \cdots, x_n, z, p_1, \cdots, p_n)$の函数 φ, ψ にたいして Lagrange 括弧を

$$[\varphi, \psi] = \sum_{i=1}^{n}\left(\frac{\partial \varphi}{\partial p_i}\frac{d\psi}{dx_i} - \frac{\partial \psi}{\partial p_i}\frac{d\varphi}{dx_i}\right)$$

によって定義する．ここで

$$\frac{d}{dx_i} = \frac{\partial}{\partial x_i} + p_i \frac{\partial}{\partial z} \qquad (1 \leqq i \leqq n).$$

次の定理は Lie による：

定理 1 函数 $x_1', \cdots, x_n', z', p_1', \cdots, p_n'$ が(1)をみたし接触変換を与えるならば

(2) $$[x_i', x_j'] = 0 \qquad (1 \leqq i, j \leqq n),$$

(3) $$[x_i', z'] = 0 \qquad (1 \leqq i \leqq n),$$

(4) $$[x_i', p_j'] = -\rho\delta_{ij} \qquad (1 \leqq i, j \leqq n),$$

(5) $$[z', p_i'] = -\rho p_i' \qquad (1 \leqq i \leqq n),$$

(6) $$[p_i', p_j'] = 0 \qquad (1 \leqq i, j \leqq n).$$

証明 まず(2), (3)を示す．(1)より Pfaff 方程式系

$$\Omega(x_1', \cdots, x_n', z')$$

は

$$dx_1' = \cdots = dx_n' = dz' = 0$$

に同値であって完全積分可能である．従ってその特性系

$$\Pi(x_1', \cdots, x_n', z')$$

と同値である．故に前節の恒等式(3)より

(7) $$\operatorname{rank} \Gamma(x_1', \cdots, x_n', z') = 2n+2.$$

次の恒等式がなりたつ: Lagrange 括弧の平方 $[\varphi, \psi]^2$ は次の行列式に等しい;

$$
\left|\begin{array}{ccc|c|ccc|c|c|c}
 & & & 0 & 1 & & & -p_1 & \dfrac{\partial\varphi}{\partial x_1} & \dfrac{\partial\psi}{\partial x_1}\\
 & \mathbf{0} & & \vdots & & \ddots & & \vdots & \vdots & \vdots\\
 & & & 0 & & & 1 & -p_n & \dfrac{\partial\varphi}{\partial x_n} & \dfrac{\partial\psi}{\partial x_n}\\
\hline
0 & \cdots & 0 & 0 & 0 & \cdots & 0 & 1 & \dfrac{\partial\varphi}{\partial z} & \dfrac{\partial\psi}{\partial z}\\
\hline
-1 & & & 0 & & & & 0 & \dfrac{\partial\varphi}{\partial p_1} & \dfrac{\partial\psi}{\partial p_1}\\
 & \ddots & & \vdots & & \mathbf{0} & & \vdots & \vdots & \vdots\\
 & & -1 & 0 & & & & 0 & \dfrac{\partial\varphi}{\partial p_n} & \dfrac{\partial\psi}{\partial p_n}\\
\hline
p_1 & \cdots & p_n & -1 & 0 & \cdots & 0 & 0 & 0 & 0\\
\hline
-\dfrac{\partial\varphi}{\partial x_1} & \cdots & -\dfrac{\partial\varphi}{\partial x_n} & -\dfrac{\partial\varphi}{\partial z} & -\dfrac{\partial\varphi}{\partial p_1} & \cdots & -\dfrac{\partial\varphi}{\partial p_n} & 0 & 0 & 0\\
\hline
-\dfrac{\partial\psi}{\partial x_1} & \cdots & -\dfrac{\partial\psi}{\partial x_n} & -\dfrac{\partial\psi}{\partial z} & -\dfrac{\partial\psi}{\partial p_1} & \cdots & -\dfrac{\partial\psi}{\partial p_n} & 0 & 0 & 0
\end{array}\right|
$$

従って(7)より(2), (3)を得る．Legendre変換をほどこすことによって(6)が導かれる．(1)から

$$\text{(8)}\qquad \frac{dz'}{dx_i}-\sum_{j=1}^{n}p_j'\frac{dx_j'}{dx_i}=0 \qquad (1\leqq i\leqq n),$$

$$\text{(9)}\qquad \frac{\partial z'}{\partial p_i}-\sum_{j=1}^{n}p_j'\frac{\partial x_j'}{\partial p_i}=0 \qquad (1\leqq i\leqq n),$$

$$\text{(10)}\qquad \frac{\partial z'}{\partial z}-\sum_{j=1}^{n}p_j'\frac{\partial x_j'}{\partial z}=\rho.$$

(8)に$\partial/\partial p_i$を作用させ，(9)に$-d/dx_i$を作用させてiについて加えれば，(10)より

$$\text{(11)}\qquad n\rho=\sum_{j=1}^{n}[p_j', x_j'].$$

また(8)に$\partial p_k'/\partial p_i$を掛け，(9)に$-dp_k'/dx_i$を掛けて$i$について加えれば

$$\text{(12)}\qquad [p_k', z']=\sum_{j=1}^{n}p_j'[p_k', x_j'], \qquad 1\leqq k\leqq n.$$

Legendre変換

$$x_i''=x_i' \quad (i\neq k), \qquad x_k''=p_k',$$
$$z''=z'-x_k'p_k',$$
$$p_i''=p_i' \quad (i\neq k), \qquad p_k''=-x_k'$$

をほどこすことにより

$$[x_k'', x_i'']=[p_k', x_i']=0 \qquad (i\neq k).$$

従って(12)より

$$\text{(13)}\qquad [p_k', z']=p_k'[p_k', x_k'], \qquad 1\leqq k\leqq n.$$

例3の接触変換をほどこせば

$$0=[p_j'', p_k'']=\left[\frac{1}{z'}p_j'p_k', \frac{1}{z'}(p_k')^2\right]$$
$$=\frac{p_j'p_k'}{(z')^3}(p_j'[p_k', z']-p_k'[p_j', z']).$$

故に

$$p_j'[p_k', z']=p_k'[p_j', z'] \qquad (1\leqq j, k\leqq n).$$

従って(13)より

$$[p_k', x_k']=[p_j', x_j'] \qquad (1\leqq j, k\leqq n).$$

(11)から

$$[p_i', x_i'] = \rho \qquad (1 \leqq i \leqq n).$$

再び(13)より

$$[p_k', z'] = \rho p_k' \qquad (1 \leqq k \leqq n) \qquad\qquad (証終).$$

系1　定理1の条件のもとで，二つの函数 φ, ψ について座標系 $x_1', \cdots, x_n', z', p_1', \cdots, p_n'$ にたいして Lagrange 括弧 $[\varphi, \psi]'$ をつくれば

$$[\varphi, \psi] = \rho[\varphi, \psi]'.$$

これより定理1の逆として定理2および3 (Lie の定理)を証明する：

定理2　互いに独立な函数 $\varphi_1, \cdots, \varphi_{n+1}$ が

$$[\varphi_i, \varphi_j] = 0 \qquad (1 \leqq i, j \leqq n+1)$$

をみたすならば，函数 $\psi_1, \cdots, \psi_n$ が存在して

$$x_i' = \varphi_i \qquad (1 \leqq i \leqq n), \qquad z' = \varphi_{n+1},$$
$$p_i' = \psi_i \qquad (1 \leqq i \leqq n)$$

は接触変換を与える.

証明　Lagrange 括弧の平方についての恒等式から

$$\mathrm{rank}\, \Gamma(\varphi_1, \cdots, \varphi_{n+1}) = 2n+2.$$

従って

$$\mathrm{rank}\, \Pi(\varphi_1, \cdots, \varphi_{n+1}) = 2n+2-\mathrm{rank}\, \Omega(\varphi_1, \cdots, \varphi_{n+1}).$$

ここで

$$\mathrm{rank}\, \Pi(\varphi_1, \cdots, \varphi_{n+1}) \geqq \mathrm{rank}\, \Omega(\varphi_1, \cdots, \varphi_{n+1}) \geqq n+1$$

であるから

$$\mathrm{rank}\, \Pi(\varphi_1, \cdots, \varphi_{n+1}) = \mathrm{rank}\, \Omega(\varphi_1, \cdots, \varphi_{n+1}) = n+1.$$

故に $\Omega(\varphi_1, \cdots, \varphi_{n+1})$ は

$$d\varphi_1 = \cdots = d\varphi_{n+1} = 0$$

と同値である．従って函数 $\phi_1, \cdots, \phi_{n+1}$ が存在して，

$$\omega = dz - \sum_{i=1}^{n} p_i dx_i$$

は

$$\omega = \sum_{i=1}^{n+1} \phi_i d\varphi_i$$

と表わされる．ω の類数は $2n+1$ であるから

$$\phi_{n+1} \neq 0$$

であって，ψ_i を

$$\psi_i = -\frac{\phi_i}{\phi_{n+1}} \qquad (1 \leqq i \leqq n)$$

によって定義すれば

$$\omega = \phi_{n+1}\left(d\varphi_{n+1} - \sum_{i=1}^{n} \psi_i d\varphi_i\right) \qquad (\text{証終}).$$

定理 3 互いに独立な函数 $\varphi_1, \cdots, \varphi_r$ が

(14) $$[\varphi_i, \varphi_j] = 0 \qquad (1 \leqq i, j \leqq r)$$

をみたすならば，函数 $\varphi_{r+1}, \cdots, \varphi_{n+1}, \psi_1, \cdots, \psi_n$ が存在して

$$x_i' = \varphi_i \qquad (1 \leqq i \leqq n), \qquad z' = \varphi_{n+1},$$
$$p_i' = \psi_i \qquad (1 \leqq i \leqq n)$$

は接触変換を与える．

証明 まず $r \leqq n+1$ を示す．実際 $r > n+1$ であると仮定すれば

$$\operatorname{rank} \Gamma(\varphi_1, \cdots, \varphi_r) = 2n+2,$$
$$\operatorname{rank} \Pi(\varphi_1, \cdots, \varphi_r) = 2n+2-\operatorname{rank} \Omega(\varphi_1, \cdots, \varphi_r),$$
$$\operatorname{rank} \Pi(\varphi_1, \cdots, \varphi_r) \geqq \operatorname{rank} \Omega(\varphi_1, \cdots, \varphi_r) \geqq r > n+1$$

より矛盾が生じる．従って $r \leqq n+1$．定理を $n+1-r$ についての帰納法によって証明する．$n+1-r=0$ の場合は定理 2 より正しい．$r \leqq n$ として $n-r$ の場合に正しいと仮定する．(14) より

$$\operatorname{rank} \Pi(\varphi_1, \cdots, \varphi_r) = 2n+2-\operatorname{rank} \Omega(\varphi_1, \cdots, \varphi_r)$$
$$\geqq 2n+2-(r+1) \geqq r+1.$$

$\Pi(\varphi_1, \cdots, \varphi_r)$ は完全積分可能であるから，$\varphi_1, \cdots, \varphi_r$ と独立な函数 φ_{r+1} が存在して，$\varphi_{r+1}=c$ は $\Pi(\varphi_1, \cdots, \varphi_r)$ の第一積分を与える．このとき前節の補題 1 より

$$\operatorname{rank} \Gamma(\varphi_1, \cdots, \varphi_r, \varphi_{r+1}) = \operatorname{rank} \Gamma(\varphi_1, \cdots, \varphi_r)$$
$$= 2n+2.$$

故に Lagrange 括弧の平方についての恒等式から

$$[\varphi_i, \varphi_{r+1}] = 0 \qquad (1 \leqq i \leqq r).$$

従って帰納法の仮定より定理がなりたつ(証終)．

これより，定理 2 において接触変換を与える函数 $\psi_1, \cdots, \psi_n$ は一意に存在す

ることを示す:

命題1　函数 $\varphi_1, \cdots, \varphi_r$ が互いに独立であるための必要十分条件は

$$\operatorname{rank}\begin{pmatrix} \dfrac{d\varphi_1}{dx_1} & \cdots & \dfrac{d\varphi_1}{dx_n} & \dfrac{\partial\varphi_1}{\partial p_1} & \cdots & \dfrac{\partial\varphi_1}{\partial p_n} \\ \cdots\cdots & & & & & \\ \dfrac{d\varphi_r}{dx_1} & \cdots & \dfrac{d\varphi_r}{dx_n} & \dfrac{\partial\varphi_r}{\partial p_1} & \cdots & \dfrac{\partial\varphi_r}{\partial p_n} \end{pmatrix} = r.$$

ただしここで $r \leqq n$ と仮定する.

証明　十分性は明らかである. 必要性を示すために, 上の行列の階数が r より小であると仮定する. このとき函数 $\psi_1, \cdots, \psi_{r+1}$ が存在して

$$\psi_1 d\varphi_1 + \cdots + \psi_r d\varphi_r + \psi_{r+1}\left(dz - \sum_{i=1}^{n} p_i dx_i\right) = 0$$

をみたす. ここで $\psi_{r+1} \neq 0$ ならば

$$dz - \sum_{i=1}^{n} p_i dx_i = -(\psi_{r+1})^{-1}(\psi_1 d\varphi_1 + \cdots + \psi_r d\varphi_r).$$

仮定 $r \leqq n$ より右辺の類数は $2n-1$ 以下である. 左辺の類数は $2n+1$ であるから矛盾が生じる. 故に $\psi_{r+1}=0$ であって, $\varphi_1, \cdots, \varphi_r$ は独立でない(証終).

命題1において仮定 $r \leqq n$ は必要である. 実際 $r=n+1$ として

$$\varphi_1 = x_1, \ \cdots, \ \varphi_n = x_n, \ \varphi_{n+1} = z$$

とすれば, 命題1の行列は

$$\begin{bmatrix} 1 & & & 0 & \cdots & 0 \\ & \ddots & & & & \\ & & 1 & 0 & \cdots & 0 \\ p_1 & \cdots & p_n & 0 & \cdots & 0 \end{bmatrix}$$

となってその階数は n に等しい. しかし, $\varphi_1, \cdots, \varphi_{n+1}$ は互いに独立である.

系2　定理2において接触変換を与える函数 $\psi_1, \cdots, \psi_n$ は一意に存在する.

証明　函数

$$p_1' = \psi_1, \quad \cdots, \quad p_n' = \psi_n$$

は(8), (9)をみたす. 故に命題1より, 1次方程式系(8), (9)の解は一意に存在する(証終).

接触変換

$$x_i' = \varphi_i \qquad (1 \leqq i \leqq n), \qquad z' = \varphi,$$
$$p_i' = \psi_i \qquad (1 \leqq i \leqq n)$$

が与えられたとき

$$\varphi_1,\ \cdots,\ \varphi_n,\ \varphi,\ x_1,\ \cdots,\ x_n,\ z$$

の間には少なくとも一つ函数関係が存在する．それがただ一つの関係式

$$V(x_1, \cdots, x_n, z, x_1', \cdots, x_n', z') = 0$$

によって表わされるならば，V は接触変換の母函数とよばれる．このとき(1)は母函数 V から $dV=0$ によって導かれる．故に

$$p_i = -\frac{V_{x_i}}{V_z} \qquad (1 \leqq i \leqq n),$$

$$p_i' = -\frac{V_{x_i'}}{V_{z'}} \qquad (1 \leqq i \leqq n),$$

$$\rho = -\frac{V_z}{V_{z'}}.$$

従って

(15) $$V = V_{x_1} + p_1 V_z = \cdots = V_{x_n} + p_n V_z = 0$$

は，$x_1', \cdots, x_n', z'$ に関して解けて，$x_i' = \varphi_i, z' = \varphi$ がその解を与える．これより母函数 V は次の不等式をみたす：

$$\begin{vmatrix} 0 & V_{x_1} & \cdots & V_{x_n} & V_z \\ V_{x_1'} & V_{x_1 x_1'} & \cdots & V_{x_n x_1'} & V_{z x_1'} \\ \vdots & & & & \\ V_{x_n'} & V_{x_1 x_n'} & \cdots & V_{x_n x_n'} & V_{z x_n'} \\ V_{z'} & V_{x_1 z'} & \cdots & V_{x_n z'} & V_{z z'} \end{vmatrix} \neq 0.$$

逆に函数

$$V(x_1, \cdots, x_n, z, x_1', \cdots, x_n', z')$$

が上の不等式をみたすならば，(15) は $x_1', \cdots, x_n', z'$ に関して解ける．このとき p_i' を

$$p_i' = -\frac{V_{x_i'}}{V_{z'}} \qquad (1 \leqq i \leqq n)$$

によって定義すれば，

$$dV = 0$$

より

$$dz'-\sum_{i=1}^{n}p_i'dx_i' = -\frac{V_z}{V_{z'}}\Big(dz-\sum_{i=1}^{n}p_idx_i\Big).$$

故に $x_1',\cdots,x_n',z',p_1',\cdots,p_n'$ は接触変換を与え，V はその母函数になる．

例1の接触変換は，母函数

$$V = (x')^2+(y')^2+(z')^2-xx'-yy'-zz'$$

より導かれる．

例2の Legendre 変換は，母函数

$$V = z'-z+x_1x_1'+\cdots+x_nx_n'$$

から導かれる．

例3の接触変換については，$x_1',\cdots,x_n',z',x_1,\cdots,x_n,z$ の間に n 箇の関係式

$$x_i' = x_i \qquad (i\neq k),$$

$$x_k' = x_k-\frac{z}{z'}$$

が存在する．

通常の $n+1$ 次元空間の点変換

$$x_i' = \varphi_i(x_1,\cdots,x_n,z), \qquad 1\leqq i\leqq n,$$

$$z' = \varphi(x_1,\cdots,x_n,z)$$

は，$p_i'(1\leqq i\leqq n)$ を1次方程式系

$$\frac{d\varphi}{dx_i}-\sum_{j=1}^{n}p_j'\frac{d\varphi_j}{dx_i} = 0 \qquad (1\leqq i\leqq n)$$

の解として定義することにより接触変換に延長される．このようにして得られる接触変換は，

$$x_1,\ \cdots,\ x_n,\ z,\ x_1',\ \cdots,\ x_n',\ z'$$

の間に $n+1$ 箇の独立な関係式が存在する接触変換として特徴づけられる．

§4　解の概念

Lie は未知函数 z についての1階偏微分方程式

$$F(x_1,\cdots,x_n,z,p_1,\cdots,p_n) = 0,$$

$$p_i = \frac{\partial z}{\partial x_i} \qquad (1\leqq i\leqq n)$$

の解の概念を次のように把握した：

方程式 $F=0$ の解とは，超平面要素の空間における n 次元多様体であって，その上で

$$F = dz - p_1 dx_1 - \cdots - p_n dx_n = 0$$

がなりたつときにいう．

Lie の意味で方程式の解をとらえれば，F が $x_1, \cdots, x_n, z$ の函数であっても方程式 $F=0$ は意味をもつ．例えば $n=1$ として

$$F = x_1 = 0$$

を考えれば，Lie の意味の解は p_1 を助変数として

$$x_1 = 0, \qquad z = c$$

によって与えられる．ここで c は任意定数である．上の解は点 $(0, c)$ を過る直線全体を意味する．

接触変換

$$x_i' = \varphi_i \qquad (1 \leqq i \leqq n), \qquad z' = \varphi, \ \ p_i' = \psi_i \qquad (1 \leqq i \leqq n)$$

のもとで $F=0$ の解は，$(\varphi_1', \cdots, \varphi_n', \varphi', \psi_1', \cdots, \psi_n')$ を逆変換として，

$$F(\varphi_1', \cdots, \varphi_n', \varphi', \psi_1', \cdots, \psi_n') = 0$$

の解に移る．

例 1　φ, ψ を p の任意函数とするとき，Lagrange 型の常微分方程式

$$z = \varphi(p)x + \psi(p), \qquad p = \frac{dz}{dx}$$

は Legendre 変換

$$x' = p, \qquad z' = z - xp, \qquad p' = -x$$

によって準線形方程式

$$z' = \{x' - \varphi(x')\}p' + \psi(x')$$

に変換される．とくに Clairaut 型方程式

$$z = xp + \psi(p)$$

は $z' = \psi(x')$ に変換される．

次の定理は Lie による：

定理 1　方程式 $F=0$ は接触変換によって $p_1'=0$ に変換される．

証明　前節の定理 3 によって $F=0$ は接触変換によって $x_1'=0$ に変換される．

これに Legendre 変換を作用させれば $p_1''=0$ を得る(証終).

方程式 $F=0$ の独立変数の箇数を2とするとき，面要素の空間における

$$dz-pdx-qdy=0$$

の2次元積分多様体は次の三種類に分けられる:

(i) 通常の空間における曲面とその接平面;

$$z=\varphi(x,y),\qquad p=\varphi_x,\qquad q=\varphi_y:$$

(ii) 通常の空間における曲線とその接線を含む平面全体;

$$x=x_0(\sigma),\qquad y=y_0(\sigma),\qquad z=z_0(\sigma),$$

$$\frac{dz_0}{d\sigma}-p\frac{dx_0}{d\sigma}-q\frac{dy_0}{d\sigma}=0:$$

(iii) 通常の空間の点とそれを含む平面全体;

$$x=x_0,\qquad y=y_0,\qquad z=z_0.$$

この分類は積分多様体上 x,y,z の間に存在する関係式の箇数によって行われる．その箇数が 1, 2, 3 であるに従って，(i), (ii), (iii) に分類される．

1階偏微分方程式

$$F(x,y,z,p,q)=c$$

の完全解が

$$V(x,y,z,a,b,c)=0$$

によって与えられたとする．このとき $V(x,y,z,x',y',z')$ は，序章§4，命題1より，接触変換の母函数を与える(§3, pp. 91–92):

$$V=V_x+pV_z=V_y+qV_z=0$$

を x',y',z' に関して

$$x'=A(x,y,z,p,q),\qquad y'=B(x,y,z,p,q),$$
$$z'=F(x,y,z,p,q)$$

と解き，p',q' を

$$p'=-\frac{V_{x'}}{V_{z'}},\qquad q'=-\frac{V_{y'}}{V_{z'}}$$

によって定義すれば，x',y',z',p',q' は接触変換を与える．このとき，方程式 $z'=c$ の解は上の分類に従って次の三種類に分けられる:

(i) $z'=c,\ p'=q'=0$:

(ii) $\Phi(x', y')=0,\ z'=c,\ \Phi_{x'}q'-\Phi_{y'}p'=0$:

(iii) $x'=a,\ y'=b,\ z'=c.$

この解を逆変換すれば，(i), (ii), (iii)はそれぞれ$F=c$の

特異解，　一般解，　完全解

を与える．

次にMonge–Ampère方程式

(1) $$Hr+2Ks+Lt+M+N(rt-s^2)=0$$

を考える．序章§5，定理1より，曲面$z=\varphi(x, y)$が(1)の解を与えるための必要十分条件は面要素の空間における曲面$z=\varphi$，$p=\varphi_x$，$q=\varphi_y$が一組のMonge系の解曲線の1助変数族によって生成されることである．解の概念は次のように拡張される：Monge–Ampère方程式(1)の解とは，面要素の空間における

(2) $$dz-pdx-qdy=0$$

の2次元積分多様体であってその一組のMonge系の解曲線の1助変数族によって生成されるものをいう．

序章§5に述べたように，(dx, dy, dp, dq)を斉次座標とする3次元射影空間$\boldsymbol{P}$を考える．面要素の空間における(2)の2次元積分多様体$\mathfrak{M}$にたいして射影空間$\boldsymbol{P}$の直線$\mathcal{L}$を次のようにして対応させる：$\mathcal{L}$は

$$dx\frac{\partial}{\partial x}+dy\frac{\partial}{\partial y}+(pdx+qdy)\frac{\partial}{\partial z}$$
$$+dp\frac{\partial}{\partial p}+dq\frac{\partial}{\partial q}\in T(\mathfrak{M})$$

をみたす点(dx, dy, dp, dq)の全体である．ここで$T(\mathfrak{M})$は$\mathfrak{M}$の接空間である．$\mathfrak{M}$上

(3) $$dx\wedge dp+dy\wedge dq=0$$

であるから，$\mathcal{L}$は次の性質をもつ：

(4) $$d\in\mathcal{L}\quad\text{ならば}\quad\mathcal{L}\subset\Pi_d.$$

ここでΠ_dは(3)によってdから定義される平面である(序章§5，p. 44)．定義より，$\mathfrak{M}$が(1)の拡張された解を与えるための必要十分条件は，

$$\mathcal{L}\cap l\neq\emptyset\text{(空集合)}.$$

ここでlは(1)のMonge系の一組に対応する射影空間$\boldsymbol{P}$の直線である．

拡張された解にたいして，次の定理がなりたつ(序章§5，系1参照)：

定理 2　Monge–Ampère 方程式の解は二組の Monge 系の解曲線の1助変数族によって二通りに生成される．

証明　二組の Monge 系に対応する射影空間 $\boldsymbol{P}$ の直線を l, l' とする．ここで

$$\mathscr{L} \cap l \ni d$$

と仮定すれば，$\mathscr{L}$ の性質(4)より

$$\mathscr{L} \subset \Pi_d.$$

一方，序章§5 (p. 44) より

$$l' = \bigcap \Pi_\delta \qquad (\delta \in l)$$

であるから，$d \in l$ にたいして

$$l' \subset \Pi_d.$$

故に Π_d において $\mathscr{L}$ と l' は交わる(証終)．

函数 x', y', z', p', q' が接触変換を与えるとき，これより次のようにして射影空間 $\boldsymbol{P}$ に作用する射影変換が得られる：$\boldsymbol{P}$ の点 $d = (dx, dy, dp, dq)$ にたいして

$$dx' = \frac{dx'}{dx}dx + \frac{dx'}{dy}dy + \frac{\partial x'}{\partial p}dp + \frac{\partial x'}{\partial q}dq,$$

$$dy' = \frac{dy'}{dx}dx + \frac{dy'}{dy}dy + \frac{\partial y'}{\partial p}dp + \frac{\partial y'}{\partial q}dq,$$

$$dp' = \frac{dp'}{dx}dx + \frac{dp'}{dy}dy + \frac{\partial p'}{\partial p}dp + \frac{\partial p'}{\partial q}dq,$$

$$dq' = \frac{dq'}{dx}dx + \frac{dq'}{dy}dy + \frac{\partial q'}{\partial p}dp + \frac{\partial q'}{\partial q}dq$$

によって定義される点

$$d' = (dx', dy', dp', dq')$$

を対応させる．このとき

$$dx' \wedge dp' + dy' \wedge dq' = \rho(dx \wedge dp + dy \wedge dq)$$

であるから，平面 Π_d には $\Pi_{d'}$ が対応する．従って二組の Monge 系に対応する直線 l, l' が，それぞれ l_1 および l_1' に変換されるとすれば

$$l_1' = \bigcap \Pi_{d'} \qquad (d' \in l_1).$$

この直線の組 l_1, l_1' はある Monge–Ampère 方程式の二組の Monge 系に対応す

る．実際

$$dp'-r'dx'-s'dy' = 0,$$
$$dq'-s'dx'-t'dy' = 0$$

によって定義される直線を $\mathscr{L}'$ とするとき，l_1 と $\mathscr{L}'$ が交わるための必要十分条件として求める Monge-Ampère 方程式が得られる．$\mathscr{L}'$ は性質(4)をもつから，それは l_1' と $\mathscr{L}$ が交わるための必要十分条件でもある．このようにして接触変換は Monge-Ampère 方程式の間に変換をひきおこす．原の方程式の解 $\mathfrak{M}$ が $\mathfrak{M}'$ に変換されるとき，$T(\mathfrak{M})$ に対応する直線 $\mathscr{L}$ は $T(\mathfrak{M}')$ に対応する直線 $\mathscr{L}'$ に変換される．故に $\mathfrak{M}'$ は変換された方程式の解を与える．

二組の Monge 系を $\boldsymbol{M}, \boldsymbol{M}'$ とすれば，序章§5，定理2より，$F=c$ が $\boldsymbol{M}$ の第一積分を与えるための必要十分条件は

$$X_F \equiv 0 \quad \mathrm{mod}(A(\boldsymbol{M}')).$$

ここで

$$X_F = F_p\frac{d}{dx}+F_q\frac{d}{dy}-\partial_x F\frac{\partial}{\partial p}-\partial_y F\frac{\partial}{\partial q}.$$

命題 1 $F=c$，$F'=c'$ がそれぞれ $\boldsymbol{M}, \boldsymbol{M}'$ の第一積分を与えるならば

$$[F, F'] = 0.$$

証明 $F=c$ が $\boldsymbol{M}$ の第一積分を与えるから

$$d_F \in l'.$$

ここで

$$d_F = (F_p, F_q, -\partial_x F, -\partial_y F).$$

$F'=c'$ が $\boldsymbol{M}'$ の第一積分を与えるから

$$l' \subset \Pi_{F'}.$$

ここで $\Pi_{F'}$ は

$$dF' \equiv 0 \quad \mathrm{mod}(dz-pdx-qdy)$$

によって定義される平面である．故に

$$d_F \in \Pi_{F'}.$$

従って $[F, F']=0$(証終)．

命題 2 一組の Monge 系 $\boldsymbol{M}$ が独立な三つの第一積分をもつならば，その方程式は接触変換によって

$$rt-s^2=0$$

に変換される．

証明　独立な三つの第一積分を

$$F_1=c_1,\quad F_2=c_2,\quad F_3=c_3$$

とすれば

$$dz-pdx-qdy\equiv 0 \quad \mathrm{mod}(\boldsymbol{M})$$

であるから

$$dz-pdx-qdy=G_1dF_1+G_2dF_2+G_3dF_3.$$

故に

$$x'=F_1,\quad y'=F_2,\quad z'=F_3,$$
$$p'=-\frac{G_1}{G_3},\quad q'=-\frac{G_2}{G_3}$$

とすれば

$$dz'-p'dx'-q'dy'=\frac{1}{G_3}(dz-pdx-qdy).$$

この接触変換によって Monge 系 $\boldsymbol{M}$ は

$$dx'=dy'=dz'=0$$

に変換される(証終)．

次の定理は Lie による：

定理3　二組の Monge 系がそれぞれ二つの独立な第一積分をもつならば，方程式(1)は接触変換によって

$$s=0$$

に変換される．ただしここで二組の Monge 系は相異ると仮定する．

証明　一組の Monge 系 $\boldsymbol{M}$ の独立な第一積分を

$$u=a,\quad v=b$$

とする．このとき

(5)
$$[u,v]\neq 0.$$

実際 $[u,v]=0$ ならば，前節定理3より

$$x'=u,\quad y'=v$$

を接触変換に延長することができる．このとき

$$dz'-p'dx'-q'dy' = \rho(dz-pdx-qdy)$$

であるから，$\boldsymbol{M}$ は

$$dx' = dy' = dz' = 0$$

に変換される．変換された方程式

$$r't'-(s')^2 = 0$$

において二組の Monge 系は一致するから，逆変換することにより $\boldsymbol{M}$ と $\boldsymbol{M}'$ は一致する．これは仮定に反する．他の一組の Monge 系 $\boldsymbol{M}'$ の第一積分

$$w = c$$

をとる．このとき u, w は互いに独立である．実際，命題2より

$$[v, w] = 0$$

であるから，w が u に従属すれば $[v, u]=0$ が導かれて(5)と矛盾する．故に前節，定理3より

$$u = x, \quad w = y \tag{6}$$

と仮定して一般性を失わない．未知函数 F についての1階線形偏微分方程式系

$$[F, u] = [F, v] = 0 \tag{7}$$

を考える．仮定(6)より

$$[v, w] = [v, y] = \frac{\partial v}{\partial q} = 0.$$

故に(7)は

$$\frac{\partial F}{\partial p} = \frac{dF}{dx} - \frac{1}{\mu}\frac{dv}{dy}\frac{\partial F}{\partial q} = 0 \tag{8}$$

と同値である．ここで

$$\mu = [v, u] = \frac{\partial v}{\partial p} \neq 0.$$

積分可能条件として(8)の二式の括弧積をとれば

$$\frac{\partial F}{\partial z} - \frac{\partial}{\partial p}\left(\frac{1}{\mu}\frac{dv}{dy}\right)\frac{\partial F}{\partial q} = 0. \tag{9}$$

この式と(8)の第一式との間の積分可能条件として

$$\frac{\partial^2}{\partial p^2}\left(\frac{1}{\mu}\frac{dv}{dy}\right)\cdot\frac{\partial F}{\partial q} = 0.$$

$\boldsymbol{M}'$ は独立な二つの第一積分をもつから，(8)の階数は2である．故に

$$\frac{\partial^2}{\partial p^2}\left(\frac{1}{\mu}\frac{dv}{dy}\right) = 0.$$

従って，$\partial\mu/\partial q=0$ より

$$(10)\qquad \frac{1}{\mu}\frac{\partial v}{\partial y} = \beta p+\delta, \qquad \frac{1}{\mu}\frac{\partial v}{\partial z} = \alpha p+\gamma.$$

ここで $\alpha, \beta, \gamma, \delta$ は x, y, z の函数である．(8)の第二式と(9)より

$$\frac{\partial F}{\partial x}-(\gamma q+\delta)\frac{\partial F}{\partial q} = 0,$$

$$\frac{\partial F}{\partial z}-(\alpha q+\beta)\frac{\partial F}{\partial q} = 0.$$

これらの間の積分可能条件として

$$(11)\qquad \frac{\partial\alpha}{\partial x} = \frac{\partial\gamma}{\partial z}, \qquad \frac{\partial\beta}{\partial x}+\beta\gamma = \frac{\partial\delta}{\partial z}+\alpha\delta.$$

(10)より

$$(12)\qquad \frac{\partial v}{\partial y}-(\beta p+\delta)\frac{\partial v}{\partial p} = \frac{\partial v}{\partial z}-(\alpha p+\gamma)\frac{\partial v}{\partial p} = 0.$$

括弧積をとれば，$\partial v/\partial p \fallingdotseq 0$ より

$$(13)\qquad \frac{\partial\alpha}{\partial y} = \frac{\partial\beta}{\partial z}, \qquad \frac{\partial\gamma}{\partial y}+\beta\gamma = \frac{\partial\delta}{\partial z}+\alpha\delta.$$

(11), (13)より

$$\frac{\partial\beta}{\partial x} = \frac{\partial\gamma}{\partial y}.$$

故に

$$(14)\qquad \frac{\partial\Phi}{\partial x} = \gamma, \qquad \frac{\partial\Phi}{\partial y} = \beta, \qquad \frac{\partial\Phi}{\partial z} = \alpha$$

をみたす函数 $\Phi(x, y, z)$ が存在する．(13)の第二式および(14)より，Ψ についての方程式系

$$(15)\qquad \frac{\partial\Psi}{\partial y} = \delta e^{\Phi}, \qquad \frac{\partial\Psi}{\partial z} = \gamma e^{\Phi}$$

は解 $\Psi(x, y, z)$ をもつ．ここで

$$v_0 = pe^{\Phi}+\Psi$$

とおけば，v_0 は v についての方程式系(12)をみたす．従って $\partial v_0/\partial q=0$ より，v_0 は

(16) $$v_0 = f(x, v)$$

と表わされる．未知函数 z' についての方程式系

$$\frac{\partial z'}{\partial x} = \Psi, \qquad \frac{\partial z'}{\partial z} = e^{\Phi}, \qquad \frac{\partial z'}{\partial p} = \frac{\partial z'}{\partial q} = 0$$

を考えれば，(14)，(15) よりその積分可能条件はみたされる．解 $z'(x, y, z)$ を用いて q' を

$$q' = \frac{\partial z'}{\partial y} + qe^{\Phi}$$

によって定義すれば

$$x' = x, \qquad y' = y, \qquad z', \qquad p' = v_0, \qquad q'$$

は接触変換を与える．実際

$$dz' - p'dx' - q'dy' = e^{\Phi}(dz - pdx - qdy).$$

この変換を作用させれば，(16) より $\boldsymbol{M}$ は

$$dx' = dp' = dz' - q'dy' = 0$$

に変換される(証終)．

§5 Hamilton-Jacobi の解法

未知函数 z についての1階偏微分方程式

(1) $$F(x_1, \cdots, x_n, z, p_1, \cdots, p_n) = 0$$

を考える．助変数 $a_1, \cdots, a_n$ に依存する解 z が

$$V(x_1, \cdots, x_n, z, a_1, \cdots, a_n) = 0$$

によって与えられたとする．このとき $V=0$ が完全解であるとは次の等式がなりたつときにいう：

$$\operatorname{rank}\begin{pmatrix} 0 & V_{x_1} & \cdots & V_{x_n} & V_z \\ V_{a_1} & V_{a_1x_1} & \cdots & V_{a_1x_n} & V_{a_1z} \\ \vdots & \vdots & & \vdots & \vdots \\ V_{a_n} & V_{a_nx_1} & \cdots & V_{a_nx_n} & V_{a_nz} \end{pmatrix} = n+1.$$

完全解 $V=0$ から次のようにして一般解が導かれる：助変数 $a_1, \cdots, a_n$ の間に独立な r 箇の関係式

$$\Phi_\alpha(a_1, \cdots, a_n) = 0, \qquad 1 \leqq \alpha \leqq r$$

を与える．このとき

$$\sum_{i=1}^{n} V_{a_i} da_i \equiv 0 \quad \mathrm{mod}(d\Phi_1, \cdots, d\Phi_r)$$

であるための必要十分条件は，$n-r$ 箇の独立な関係式

$$\Psi_\lambda(x_1, \cdots, x_n, z, a_1, \cdots, a_n) = 0 \qquad (r<\lambda\leqq n)$$

によって与えられる．これを用いて

$$V = \Phi_\alpha = \Psi_\lambda = 0 \qquad (1\leqq\alpha\leqq r<\lambda\leqq n)$$

から $a_1, \cdots, a_n$ を消去して一般解を得る．また

$$V = V_{a_1} = \cdots = V_{a_n} = 0$$

から $a_1, \cdots, a_n$ を消去して

$$G(x_1, \cdots, x_n, z) = 0$$

を得るならば，それより特異解が導かれる．

方程式(1)の右辺を任意定数 c に代えて

$$F(x_1, \cdots, x_n, z, p_1, \cdots, p_n) = c \tag{2}$$

を考える．

命題1 方程式(2)の完全解が

$$V(x_1, \cdots, x_n, z, a_1, \cdots, a_n, c) = 0 \tag{3}$$

によって与えられるならば，次の行列式は消えない：

$$\begin{vmatrix} 0 & V_{x_1} & \cdots & V_{x_n} & V_z \\ V_{a_1} & V_{a_1x_1} & \cdots & V_{a_1x_n} & V_{a_1z} \\ \vdots & \vdots & & \vdots & \vdots \\ V_{a_n} & V_{a_nx_1} & \cdots & V_{a_nx_n} & V_{a_nz} \\ V_c & V_{cx_1} & \cdots & V_{cx_n} & V_{cz} \end{vmatrix}.$$

証明 $x_1, \cdots, x_n, a_1, \cdots, a_n, c$ についての恒等式

$$F\left(x_1, \cdots, x_n, z, -\frac{V_{x_1}}{V_z}, \cdots, -\frac{V_{x_n}}{V_z}\right) = c \tag{4}$$

を考える．ただしここで z には(3)から得られる値を代入する．(4)を a_i で偏微分すれば

$$X_F(V_{a_i}) + V_{a_i}\left(F_z - \frac{1}{V_z} X_F(V_z)\right) = 0 \qquad (1\leqq i\leqq n). \tag{5}$$

(4)を c で偏微分すれば

$$(6) \qquad X_F(V_c)+V_c\left(F_z-\frac{1}{V_z}X_F(V_z)\right)=1.$$

ここで

$$X_F=\sum_{j=1}^{n}\frac{\partial F}{\partial p_j}\frac{d}{dx_j}-\sum_{j=1}^{n}\frac{dF}{dx_j}\frac{\partial}{\partial p_j},$$

$$\frac{d}{dx_i}=\frac{\partial}{\partial x_i}+p_i\frac{\partial}{\partial z}.$$

完全解の定義と(5), (6)から命題が導かれる(証終).

Pfaff 方程式系

$$dF=dz-\sum_{i=1}^{n}p_i dx_i=0$$

を Ω_F によって表わす．このとき $\mathrm{Ch}(\Omega_F)$ は X_F によって生成される．故に Ω_F の特性系 Π_F は次式によって与えられる:

$$\frac{dx_1}{\dfrac{\partial F}{\partial p_1}}=\cdots=\frac{dx_n}{\dfrac{\partial F}{\partial p_n}}=\frac{dz}{\sum_{i=1}^{n}p_i\dfrac{\partial F}{\partial p_i}}$$

$$=\frac{-dp_1}{\dfrac{dF}{dx_1}}=\cdots=\frac{-dp_n}{\dfrac{dF}{dx_n}}.$$

これは F から導かれる Lagrange-Charpit 系とよばれる．

$V=0$ が $F=c$ の完全解を与えるとする．このとき命題1より

$$V=V_{x_1}+p_1V_z=\cdots=V_{x_n}+p_nV_z=0$$

は $a_1,\cdots,a_n,c$ に関して

$$a_i=A_i(x_1,\cdots,x_n,z,p_1,\cdots,p_n), \qquad 1\leqq i\leqq n,$$

$$c=F(x_1,\cdots,x_n,z,p_1,\cdots,p_n)$$

と解ける．函数 $E_j(x_1,\cdots,x_n,z,p_1,\cdots,p_n)$, $1\leqq j<n$, を

$$E_j=\frac{V_{a_j}}{V_{a_n}} \qquad (1\leqq j<n)$$

によって定義する．ここで a_i,c にはそれぞれ A_i,F を代入する．

定理1 Π_F の独立な $2n$ 箇の第一積分は

$$A_i=a_i \qquad (1\leqq i\leqq n),$$

$$F=c, \qquad E_j=e_j \qquad (1\leqq j<n)$$

によって与えられる．

証明　函数 $x_1', \cdots, x_n', z', p_1', \cdots, p_n'$ を

$$x_i' = A_i \qquad (1 \leqq i \leqq n), \qquad z' = F,$$

$$p_i' = -\frac{V_{a_i}}{V_c} \qquad (1 \leqq i \leqq n)$$

によって定義する．ここで a_j, c にはそれぞれ A_j, F を代入する．これは V を母函数とする接触変換を与える．このとき

$$E_j = \frac{p_j'}{p_n'} \qquad (1 \leqq j < n)$$

であるから

$$A_1, \ \cdots, \ A_n, \ F, \ E_1, \ \cdots, \ E_{n-1}$$

は互いに独立である．§3，定理1より

$$[z', x_i'] = 0 \qquad (1 \leqq i \leqq n),$$

$$\left[z', \frac{p_j'}{p_n'}\right] = (p_n')^{-2}(p_n'[z', p_j'] - p_j'[z', p_n'])$$

$$= (p_n')^{-2}(-\rho p_n' p_j' + \rho p_j' p_n') = 0 \qquad (1 \leqq j < n).$$

故に

$$[F, A_i] = 0 \qquad (1 \leqq i \leqq n),$$

$$[F, E_j] = 0 \qquad (1 \leqq j < n) \qquad\qquad (証終).$$

これより $F=0$ の完全解を得るための Hamilton-Jacobi の方法を与える．そのためにまず正準変換について述べる．独立変数として

$$x_1, \ \cdots, \ x_n, \ p_1, \ \cdots, \ p_n$$

をとる．

定義1　変換

$$(7) \qquad \begin{cases} x_i' = W_i(x_1, \cdots, x_n, p_1, \cdots, p_n), & 1 \leqq i \leqq n, \\ p_i' = U_i(x_1, \cdots, x_n, p_1, \cdots, p_n), & 1 \leqq i \leqq n \end{cases}$$

が正準変換であるとは，函数

$$W(x_1, \cdots, x_n, p_1, \cdots, p_n)$$

が存在して

$$(8) \qquad \sum_{i=1}^{n} p_i dx_i = -dW + \sum_{i=1}^{n} U_i dW_i$$

がみたされるときにいう.

正準変換は群をなす. 定義より変換(7)が正準変換を与えるための必要十分条件は

$$\sum_{i=1}^{n} dx_i' \wedge dp_i' = \sum_{i=1}^{n} dx_i \wedge dp_i.$$

変換(7)が正準変換を与えるとき, 独立変換に z をつけ加えて

$$(9)\qquad \begin{cases} x_i' = W_i & (1 \leqq i \leqq n), \\ z' = W + z, \\ p_i' = U_i & (1 \leqq i \leqq n) \end{cases}$$

とすれば, (8)より

$$dz' - \sum_{i=1}^{n} p_i' dx_i' = dz - \sum_{i=1}^{n} p_i dx_i.$$

故に(9)は接触変換を与える. 従って

$$W_1, \cdots, W_n, U_1, \cdots, U_n$$

は互いに独立である.

独立変数$(x_1, \cdots, x_n, p_1, \cdots, p_n)$の函数 φ, ψ にたいして, Poisson 括弧を

$$(\varphi, \psi) = \sum_{i=1}^{n} \left(\frac{\partial \varphi}{\partial p_i} \frac{\partial \psi}{\partial x_i} - \frac{\partial \psi}{\partial p_i} \frac{\partial \varphi}{\partial x_i} \right)$$

によって定義する.

正準変換(7)は接触変換(9)を導くから, §3, 定理1より, $\rho=1$ に注意して, 次の定理を得る:

定理2 変換(7)が正準変換を与えるならば

$$(W_i, W_j) = (U_i, U_j) = 0 \qquad (1 \leqq i, j \leqq n),$$
$$(U_i, W_j) = \delta_{ij} \qquad (1 \leqq i, j \leqq n).$$

この定理の逆がなりたつ:

定理3 函数 $W_1, \cdots, W_n$ が互いに独立であって

$$(10)\qquad (W_i, W_j) = 0 \qquad (1 \leqq i, j \leqq n)$$

をみたすならば, 函数 $U_1, \cdots, U_n$ が存在して

$$x_i' = W_i, \quad p_i' = U_i \qquad (1 \leqq i \leqq n)$$

は正準変換を与える.

証明 函数 $W(x_1, \cdots, x_n, p_1, \cdots, p_n)$ が

$$(11)\qquad [z+W, W_i]=0$$

をみたすための必要十分条件は

$$\sum_{j=1}^{n}\frac{\partial W_i}{\partial p_j}\frac{\partial W}{\partial x_j}-\sum_{j=1}^{n}\frac{\partial W_i}{\partial x_j}\frac{\partial W}{\partial p_j}=\sum_{j=1}^{n}p_j\frac{\partial W_i}{\partial p_j}.$$

ここで i を1から n まで動かせば，W についての準線形偏微分方程式系を得る．仮定(10)よりこの系は完全系をなす．故に(11)をすべての $i(1\leqq i\leqq n)$ についてみたす函数 $W(x_1,\cdots,x_n,p_1,\cdots,p_n)$ が存在する．従って§3，定理2より函数

$$U_i(x_1,\cdots,x_n,z,p_1,\cdots,p_n),\qquad 1\leqq i\leqq n$$

が存在して，

$$x_i'=W_i,\qquad p_i'=U_i\qquad (1\leqq i\leqq n),$$
$$z'=z+W$$

とするとき

$$dz'-\sum_{i=1}^{n}p_i'dx_i'=\rho\left(dz-\sum_{i=1}^{n}p_idx_i\right)$$

がなりたつ．ここで

$$\frac{\partial W_i}{\partial z}=0\qquad (1\leqq i\leqq n),$$
$$\frac{\partial W}{\partial z}=0$$

であるから

$$\rho=1.$$

また

$$\sum_{i=1}^{n}dx_i\wedge dp_i=\sum_{i=1}^{n}dW_i\wedge dU_i$$

から

$$\sum_{i=1}^{n}\frac{\partial W_i}{\partial x_j}\frac{\partial U_i}{\partial z}=\sum_{i=1}^{n}\frac{\partial W_i}{\partial p_j}\frac{\partial U_i}{\partial z}=0\qquad (1\leqq j\leqq n)$$

が導かれる．これより

$$\frac{\partial U_i}{\partial z}=0\qquad (1\leqq i\leqq n)\qquad\qquad (証終).$$

助変数 t を含む正準変換

$$x_i'=W_i(x_1,\cdots,x_n,p_1,\cdots,p_n,t),\qquad 1\leqq i\leqq n,$$

$$p_i' = U_i(x_1, \cdots, x_n, p_1, \cdots, p_n, t), \qquad 1 \leqq i \leqq n$$

を考える．このとき函数

$$W(x_1, \cdots, x_n, p_1, \cdots, p_n, t)$$

が存在して

$$\sum_{i=1}^{n} p_i dx_i \equiv -dW + \sum_{i=1}^{n} U_i dW_i \quad \mathrm{mod}(dt). \tag{12}$$

ここで

$$\frac{\partial(W_1, \cdots, W_n)}{\partial(p_1, \cdots, p_n)} \neq 0$$

を仮定する．この仮定より

$$x_i' = W_i \qquad (1 \leqq i \leqq n)$$

は，$p_1, \cdots, p_n$ に関して

$$p_i = P_i(x_1, \cdots, x_n, x_1', \cdots, x_n', t), \qquad 1 \leqq i \leqq n$$

と解ける．函数

$$U(x_1, \cdots, x_n, x_1', \cdots, x_n', t)$$

を

$$U = W(x_1, \cdots, x_n, P_1, \cdots, P_n, t)$$

によって定義する．このとき次の命題がなりたつ:

命題 2 独立変数 $(x_1, \cdots, x_n, p_1, \cdots, p_n, t)$ に z をつけ加えて

$$x_i' = W_i, \qquad p_i' = U_i \qquad (1 \leqq i \leqq n),$$

$$z' = z + W, \qquad p_{n+1}' = p_{n+1} + \frac{\partial U}{\partial t}, \qquad t' = t$$

とすれば

$$dz' - \sum_{i=1}^{n} p_i' dx_i' - p_{n+1}' dt'$$

$$= dz - \sum_{i=1}^{n} p_i dx_i - p_{n+1} dt.$$

証明 (12) より

$$0 = -\frac{\partial W}{\partial p_j} + \sum_{i=1}^{n} U_i \frac{\partial W_i}{\partial p_j} \qquad (1 \leqq j \leqq n). \tag{13}$$

$x_1, \cdots, x_n, x_1', \cdots, x_n', t$ についての恒等式

$$x_j' = W_j(x_1, \cdots, x_n, P_1, \cdots, P_n, t)$$

を t に関して偏微分して

$$(14)\qquad 0=\sum_{i=1}^{n}\frac{\partial W_j}{\partial p_i}\frac{\partial P_i}{\partial t}+\frac{\partial W_j}{\partial t}\qquad (1\leqq j\leqq n).$$

(13), (14) より

$$\begin{aligned}\frac{\partial U}{\partial t}&=\frac{\partial W}{\partial t}+\sum_{j=1}^{n}\frac{\partial W}{\partial p_j}\frac{\partial P_j}{\partial t}\\&=\frac{\partial W}{\partial t}+\sum_{i=1}^{n}\sum_{j=1}^{n}U_i\frac{\partial W_i}{\partial p_j}\frac{\partial P_j}{\partial t}\\&=\frac{\partial W}{\partial t}-\sum_{i=1}^{n}U_i\frac{\partial W_i}{\partial t}.\end{aligned}$$

これより命題が導かれる(証終).

函数 U から

$$p_i=-\frac{\partial U}{\partial x_i},\qquad p_i'=\frac{\partial U}{\partial x_i'}\qquad (1\leqq i\leqq n)$$

が得られる. 実際(12)より

$$dU\equiv -\sum_{i=1}^{n}p_i dx_i+\sum_{i=1}^{n}p_i' dx_i'\quad \mathrm{mod}(dt).$$

Hamilton–Jacobi の解法を述べるまえに

$$(15)\qquad F(x,y,z,p,q)=0$$

の完全解を求める方法を次のように与える: 無限小変換 X_F から生成される1助変数変換群を Φ_τ によって表わす. この変換 Φ_τ によって点

$$(x_0,y_0,z_0,p_0,q_0)$$

が点 (x,y,z,p,q) に変換されるとする. 初期条件

$$(16)\qquad F(x_0,y_0,z_0,p_0,q_0)=0$$

がみたされるならば, (15)がつねになりたつ. このとき, §1, 定理3より

$$(17)\qquad dz-pdx-qdy=\rho(dz_0-p_0dx_0-q_0dy_0).$$

初期条件(16)のもとで, 変数

$$x_0,\ y_0,\ z_0,\ p_0,\ q_0,\ \tau,\ x,\ y,\ z,\ p,\ q$$

のうち独立なものは5箇である. 独立変数として

$$x,\ y,\ z,\ p_0,\ q_0$$

を選ぶ. 函数 $V(x,y,z,p_0,q_0)$ を次式によって定義する:

$$V=z_0-p_0x_0-q_0y_0.$$

ここで x_0, y_0, z_0 は x, y, z, p_0, q_0 の函数とみる．(17) より

$$(18) \qquad dz - pdx - qdy = \rho dV + \rho(x_0 dp_0 + y_0 dq_0).$$

a, b を定数として

$$p_0 = a, \qquad q_0 = b$$

とおけば，(18) より

$$dz - pdx - qdy = \rho dV.$$

故に

$$V(x, y, z, a, b) = 0$$

は $F=0$ の完全解を与える．

例 1 方程式

$$pq - z = 0$$

を考える．このとき

$$x = q_0(e^\tau - 1) + x_0, \qquad y = p_0(e^\tau - 1) + y_0,$$

$$z = p_0 q_0 (e^{2\tau} - 1) + z_0,$$

$$p = p_0 e^\tau, \qquad q = q_0 e^\tau.$$

故に，$p_0 = a$，$q_0 = b$ とすれば

$$e^{2\tau} = \frac{z}{ab}.$$

従って

$$V = 2\sqrt{abz} - ax - by - ab.$$

この完全解は

$$V_x + pV_z = V_y + qV_z = 0$$

が a, b に関して解けない例を与える．実際これらはただ一つの式 $\sqrt{az} = p\sqrt{b}$ を与える．これに $V=0$ を加えれば

$$a = p\left(2 - \frac{x}{q} - \frac{y}{p}\right), \qquad b = q\left(2 - \frac{x}{q} - \frac{y}{p}\right)$$

と解ける．

これより Hamilton–Jacobi の方法を述べる．陰函数

$$v(x_1, \cdots, x_n, z) = c$$

によって定義される z が c のすべての値にたいして方程式(1)の解を与えるた

めの必要十分条件は

$$F\left(x_1, \cdots, x_n, z, -\frac{v_{x_1}}{v_z}, \cdots, -\frac{v_{x_n}}{v_z}\right) = 0.$$

これを独立変数 $x_1, \cdots, x_n, z$，未知函数 v についての方程式とみれば，左辺は $v_{x_1}, \cdots, v_{x_n}, v_z$ を含むが v を含まない．z を t, v を z にそれぞれおき代えれば，上式は

$$\frac{\partial z}{\partial t} + H(x_1, \cdots, x_n, t, p_1, \cdots, p_n) = 0 \tag{19}$$

と表わされる．これを解くために Pfaff 方程式

$$dz - \sum_{i=1}^{n} p_i dx_i + H dt = 0 \tag{20}$$

を考える．その特性系は(20)および

$$dx_i = \frac{\partial H}{\partial p_i} dt, \qquad dp_i = -\frac{\partial H}{\partial x_i} dt \qquad (1 \leqq i \leqq n)$$

によって生成される．無限小変換

$$\sum_{i=1}^{n} \frac{\partial H}{\partial p_i} \frac{\partial}{\partial x_i} + \left(\sum_{i=1}^{n} p_i \frac{\partial H}{\partial p_i} - H\right) \frac{\partial}{\partial z} - \sum_{i=1}^{n} \frac{\partial H}{\partial x_i} \frac{\partial}{\partial p_i}$$

によって生成される1助変数変換群を Φ_t によって表わし，Φ_t によって点

$$(x_1, \cdots, x_n, z, p_1, \cdots, p_n)$$

は点

$$(\varphi_1, \cdots, \varphi_n, \varphi, \psi_1, \cdots, \psi_n)$$

に変換されるとする．このとき $\varphi_1, \cdots, \varphi_n, \psi_1, \cdots, \psi_n$ は常微分方程式系

$$\frac{d\varphi_i}{dt} = \frac{\partial H}{\partial p_i}, \qquad \frac{d\psi_i}{dt} = -\frac{\partial H}{\partial x_i} \qquad (1 \leqq i \leqq n)$$

の解であるから，

$$\frac{\partial H}{\partial z} = 0$$

より $\varphi_1, \cdots, \varphi_n, \psi_1, \cdots, \psi_n$ は

$$x_1, \ \cdots, \ x_n, \ p_1, \ \cdots, \ p_n, \ t$$

の函数であって，z に依存しない．函数

$$L(x_1, \cdots, x_n, p_1, \cdots, p_n, t)$$

を

$$L=\sum_{i=1}^{n}p_i\frac{\partial H}{\partial p_i}-H$$

によって定義するとき，φ は

$$\varphi=z+\int_0^t(L)dt \tag{21}$$

によって与えられる．ここで

$$(L)=L(\varphi_1,\cdots,\varphi_n,\psi_1,\cdots,\psi_n,t)$$

であって，積分は $x_1,\cdots,x_n,p_1,\cdots,p_n$ を定数とみて行なう．

定理 4 変換

$$x_i'=\varphi_i,\qquad p_i'=\psi_i\qquad(1\leqq i\leqq n)$$

は t を助変数とする正準変換を与える．

証明 §1，定理 3 より，$z'=\varphi$ とすれば，

$$\begin{aligned}dz'-\sum_{i=1}^{n}p_i'dx_i'+H'dt \\ =\rho\left(dz-\sum_{i=1}^{n}p_idx_i\right).\end{aligned} \tag{22}$$

ここで

$$H'=H(x_1',\cdots,x_n',t,p_1',\cdots,p_n').$$

(21) より $\rho=1$ および

$$\sum_{i=1}^{n}p_idx_i\equiv -dW+\sum_{i=1}^{n}\psi_id\varphi_i\quad \mathrm{mod}(dt)$$

が導かれる．ここで

$$W=\int_0^t(L)dt$$ （証終）．

関係式

$$x_i=\varphi_i(x_1^0,\cdots,x_n^0,p_1^0,\cdots,p_n^0,t),\qquad 1\leqq i\leqq n$$

を $x_1^0,\cdots,x_n^0$ に関して

$$x_i^0=\varphi_i^0(x_1,\cdots,x_n,p_1^0,\cdots,p_n^0,t),\qquad 1\leqq i\leqq n$$

と解く．函数 $V^0(x_1^0,\cdots,x_n^0,t,p_1^0,\cdots,p_n^0)$ を

$$V^0=\sum_{i=1}^{n}p_i^0x_i^0+\int_0^t(L)^0dt$$

によって定義する．ここで $(L)^0$ は (L) において，$x_1,\cdots,x_n,p_1,\cdots,p_n$ をそれぞ

れ $x_1{}^0, \cdots, x_n{}^0, p_1{}^0, \cdots, p_n{}^0$ におき代えたものである．これを用いて函数

$$V(x_1, \cdots, x_n, t, a_1, \cdots, a_n)$$

を

$$V = V^0(\varphi_1{}^0, \cdots, \varphi_n{}^0, t, a_1, \cdots, a_n)$$

によって定義する．ここで $\varphi_i{}^0\,(1 \leqq i \leqq n)$ における $p_1{}^0, \cdots, p_n{}^0$ にはそれぞれ $a_1, \cdots, a_n$ を代入する．このとき次の定理がなりたつ：

定理5　函数

$$z = V + c$$

は方程式(19)の完全解を与える．

証明　(22)において

$$x_1', \ \cdots, \ x_n', \ z', \ p_1', \ \cdots, \ p_n'$$

には

$$x_1, \ \cdots, \ x_n, \ z, \ p_1, \ \cdots, \ p_n$$

を，また

$$x_1, \ \cdots, \ x_n, \ z, \ p_1, \ \cdots, \ p_n$$

には

$$x_1{}^0, \ \cdots, \ x_n{}^0, \ z^0, \ p_1{}^0, \ \cdots, \ p_n{}^0$$

をそれぞれ代入すれば，$\rho=1$ であるから

$$dz - \sum_{i=1}^{n} p_i dx_i + H dt = dz^0 - \sum_{i=1}^{n} p_i{}^0 dx_i{}^0.$$

右辺は

$$d\left(z^0 - \sum_{i=1}^{n} p_i{}^0 x_i{}^0\right) + \sum_{i=1}^{n} x_i{}^0 dp_i{}^0$$

に等しい．ここで

$$\begin{aligned} z^0 - \sum_{i=1}^{n} p_i{}^0 x_i{}^0 &= z - \int_0^t (L)^0 dt - \sum_{i=1}^{n} p_i{}^0 x_i{}^0 \\ &= z - V^0 \end{aligned}$$

であるから，$p_i{}^0 = a_i\,(1 \leqq i \leqq n)$ とすれば

$$dz - \sum_{i=1}^{n} p_i dx_i + H dt = d(z - V) \qquad \text{(証終)}.$$

V において t を z におき代えれば，$V=0$ が $F=0$ の完全解を与える．

最後に正準変換(canonical transformation)の名がそれに由来するところの定理を与える：常微分方程式系

$$\frac{dx_i}{dt}=\frac{\partial H}{\partial p_i},\qquad \frac{dp_i}{dt}=-\frac{\partial H}{\partial x_i}\qquad (1\leqq i\leqq n) \tag{23}$$

を考える．変換

$$x_i'=W_i,\qquad p_i'=U_i\qquad (1\leqq i\leqq n)$$

が t を助変数とする正準変換を与え，(12)をみたすとする．このとき次の定理がなりたつ：

定理 6 函数 $K(x_1',\cdots,x_n',p_1',\cdots,p_n',t)$ が存在して，座標系 $x_1',\cdots,x_n',p_1',\cdots,p_n'$ にたいして系(23)は

$$\frac{dx_i'}{dt}=\frac{\partial K}{\partial p_i'},\qquad \frac{dp_i'}{dt}=-\frac{\partial K}{\partial x_i'}\qquad (1\leqq i\leqq n)$$

と表わされる．

証明 函数 K を

$$K=H-\frac{\partial W}{\partial t}+\sum_{i=1}^{n}U_i\frac{\partial W_i}{\partial t}$$

によって定義すれば，

$$\sum_{i=1}^{n}p_idx_i=-dW+\sum_{i=1}^{n}p_i'dx_i'+\left(\frac{\partial W}{\partial t}-\sum_{i=1}^{n}U_i\frac{\partial W_i}{\partial t}\right)dt.$$

ここで $z'=z+W$ とおけば，

$$dz'-\sum_{i=1}^{n}p_i'dx_i'+Kdt=dz-\sum_{i=1}^{n}p_idx_i+Hdt. \tag{24}$$

Pfaff 方程式(20)の特性系は(20)および(23)によって与えられる．故に(24)より定理がなりたつ(証終)．

§6 Jacobi–Mayer の解法

未知函数 z についての 1 階偏微分方程式系

$$F_\alpha(x_1,\cdots,x_n,z,p_1,\cdots,p_n)=0\qquad (1\leqq\alpha\leqq r) \tag{1}$$

を考える．ここで

$$F_1=\cdots=F_r=0$$

は互いに独立であって，$r \leqq n$ とする．函数 z が(1)の解を与えるならば，それは

$$[F_\alpha, F_\beta] = 0 \qquad (1 \leqq \alpha < \beta \leqq r)$$

をみたす．実際

$$z = z(x_1, \cdots, x_n), \qquad p_i = \frac{\partial z}{\partial x_i} \qquad (1 \leqq i \leqq n)$$

を代入して得られる $x_1, \cdots, x_n$ についての恒等式 $F_\alpha = 0$ を x_i に関して偏微分すれば

$$\frac{dF_\alpha}{dx_i} + \sum_{j=1}^{n} \frac{\partial F_\alpha}{\partial p_j} \frac{\partial^2 z}{\partial x_i \partial x_j} = 0.$$

故に，$\partial^2 z/\partial x_i \partial x_j = \partial^2 z/\partial x_j \partial x_i$ より

$$\begin{aligned}[F_\alpha, F_\beta] &= \sum_{i=1}^{n} \left(\frac{\partial F_\alpha}{\partial p_i} \frac{dF_\beta}{dx_i} - \frac{\partial F_\beta}{\partial p_i} \frac{dF_\alpha}{dx_i} \right) \\ &= \sum_{i=1}^{n} \sum_{j=1}^{n} \left(-\frac{\partial F_\alpha}{\partial p_i} \frac{\partial F_\beta}{\partial p_j} + \frac{\partial F_\beta}{\partial p_i} \frac{\partial F_\alpha}{\partial p_j} \right) \frac{\partial^2 z}{\partial x_i \partial x_j} = 0.\end{aligned}$$

定義1 系(1)が包合系であるとは，すべての $\alpha, \beta (1 \leqq \alpha < \beta \leqq r)$ にたいして

(2) $$[F_\alpha, F_\beta] \equiv 0 \mod (F_1, \cdots, F_r)$$

がなりたつときにいう．

任意の系は Lagrange 括弧をつけ加えることをくり返すことによって包合系かまたは $x_1, \cdots, x_n, z$ の間の関係式を含む系に延長することができる．実際 $n+1$ 箇以上の独立な方程式からはそのような関係式が導かれる．

系(1)は包合系であると仮定して，超平面要素の空間において

$$F_1 = \cdots = F_r = 0$$

によって定義される多様体を $M(F_1, \cdots, F_r)$ によって表わす．このとき

$$\dim M(F_1, \cdots, F_r) = 2n+1-r \geqq n+1.$$

超平面要素の空間において，作用素 $X_\alpha (1 \leqq \alpha \leqq r)$ を

$$X_\alpha = X_{F_\alpha} = \sum_{i=1}^{n} \frac{\partial F_\alpha}{\partial p_i} \frac{d}{dx_i} - \sum_{i=1}^{n} \frac{dF_\alpha}{dx_i} \frac{\partial}{\partial p_i}$$

によって定義する．このとき恒等式

(3) $$[X_\alpha, X_\beta] = X_{\alpha,\beta} + [F_\alpha, F_\beta] \frac{\partial}{\partial z} + \frac{\partial F_\alpha}{\partial z} X_\beta - \frac{\partial F_\beta}{\partial z} X_\alpha$$

がなりたつ．ここで

$$X_{\alpha,\beta}=X_{[F_\alpha,F_\beta]}.$$

(2) より

$$X_\alpha(F_\beta)=[F_\alpha,F_\beta]\equiv 0 \quad \mathrm{mod}(F_1,\cdots,F_r), \qquad 1\leqq\alpha,\beta\leqq r.$$

故に

$$X_\alpha\in T(M(F_1,\cdots,F_r)), \qquad 1\leqq\alpha\leqq r.$$

従って各 $X_\alpha(1\leqq\alpha\leqq r)$ は $M(F_1,\cdots,F_r)$ 上の無限小変換とみることができる．このとき

$$X_1,\cdots,X_r$$

は $M(F_1,\cdots,F_r)$ 上独立であって，(2) および恒等式 (3) より完全系をなす．

Pfaff 形式

$$dz-\sum_{i=1}^{n}p_idx_i$$

を $M(F_1,\cdots,F_r)$ 上に制限したものを θ_M によって表わす．このとき $\mathrm{Ch}(\theta_M)$ は $M(F_1,\cdots,F_r)$ 上 $X_1,\cdots,X_r$ によって生成される．故に $M(F_1,\cdots,F_r)$ の任意の点 P にたいして，その点を過る $\mathrm{Ch}(\theta_M)$ の r 次元積分多様体 $N(P)$ が存在する．それは点 P から次のようにして得られる: 無限小変換

$$X_1,\ \cdots,\ X_r$$

の 1 次結合

$$X=c_1X_1+\cdots+c_rX_r$$

から生成される 1 助変数変換群を Φ_t によって表わす．このとき，$c_1,\cdots,c_r,t$ を動かせば，$\Phi_t(P)$ が $N(P)$ を構成する．

$M(F_1,\cdots,F_r)$ において Pfaff 方程式

$$\theta_M=0 \tag{4}$$

の類数は $2(n-r)+1$ である．故に (4) の積分多様体の最大次元は n であり，これが系 (1) の拡張された意味での解を与える．

N_0 を (4) の $n-r$ 次元の積分多様体とするとき，§1，系 1 より次の定理を得る: ただし $T(N_0)$ は $X_1,\cdots,X_r$ の 1 次結合 $X\neq0$ を含まないものとする:

定理 1 N_0 を含む (4) の n 次元積分多様体は

$$N=\bigcup N(P) \qquad (P\in N_0)$$

によって与えられる.

この定理を用いて，系(1)の拡張された解がすべて得られる.

これより方程式系(1)の完全解を求めるための Jacobi–Mayer の方法を述べる. (1)の解 z が

$$V(x_1, \cdots, x_n, z, a_{r+1}, \cdots, a_{n+1}) = 0$$

によって与えられたとき，$V=0$ が(1)の完全解であるとは次の行列の階数が $n-r+2$ に等しいときにいう:

$$\begin{bmatrix} 0 & V_{x_1} & \cdots & V_{x_n} & V_z \\ V_{a_{r+1}} & V_{a_{r+1}x_1} & \cdots & V_{a_{r+1}x_n} & V_{a_{r+1}z} \\ \vdots & \vdots & & \vdots & \vdots \\ V_{a_{n+1}} & V_{a_{n+1}x_1} & \cdots & V_{a_{n+1}x_n} & V_{a_{n+1}z} \end{bmatrix}.$$

$V=0$ が完全解を与えるとき，一般解は次のようにして得られる:

$$a_{r+1}, \ \cdots, \ a_{n+1}$$

の間に p 箇の独立な関係式

$$\Phi_\alpha(a_{r+1}, \cdots, a_{n+1}) = 0 \qquad (1 \leqq \alpha \leqq p)$$

を与える. このとき

$$\sum_{i=r+1}^{n+1} V_{a_i} da_i \equiv 0 \mod (d\Phi_1, \cdots, d\Phi_p)$$

であるための必要十分条件は，$n-r-p+1$ 箇の関係式

$$\Psi_\lambda(x_1, \cdots, x_n, z, a_{r+1}, \cdots, a_{n+1}) = 0 \qquad (p < \lambda \leqq n-r+1)$$

によって与えられる. これを用いて

$$V = \Phi_\alpha = \Psi_\lambda = 0 \qquad (1 \leqq \alpha \leqq p < \lambda \leqq n-r+1)$$

から $a_{r+1}, \cdots, a_{n+1}$ を消去して一般解を得る. また

$$V = V_{a_{r+1}} = \cdots = V_{a_{n+1}}$$

より $a_{r+1}, \cdots, a_{n+1}$ を消去して

$$G(x_1, \cdots, x_n, z) = 0$$

を得るならば，それより特異解が導かれる.

まず各 F_α $(1 \leqq \alpha \leqq r)$ が z を含まない場合を考える:

(5) $$F_\alpha(x_1, \cdots, x_n, p_1, \cdots, p_n) = 0 \qquad (1 \leqq \alpha \leqq r).$$

このとき，系(1)が包合系であるための必要十分条件は，

(6) $$(F_\alpha, F_\beta) \equiv 0 \mod (F_1, \cdots, F_r).$$

故に任意の系は Poisson 括弧をつけ加えることをくり返して包合系かまたは非可解系かに延長される.

作用素 $Y_\alpha\,(1\leqq\alpha\leqq r)$ を

$$Y_\alpha = Y_{F_\alpha} = \sum_{i=1}^{n}\frac{\partial F_\alpha}{\partial p_i}\frac{\partial}{\partial x_i} - \sum_{i=1}^{n}\frac{\partial F_\alpha}{\partial x_i}\frac{\partial}{\partial p_i} \qquad (1\leqq\alpha\leqq r)$$

によって定義すれば, 恒等式

(7) $$[Y_\alpha, Y_\beta] = Y_{(F_\alpha, F_\beta)}, \qquad 1\leqq\alpha, \beta\leqq r$$

がなりたつ.

これより系(5)は包合系であると仮定する. このとき, 線形偏微分方程式系

(8) $$Y_1(F) \equiv \cdots \equiv Y_r(F) \equiv 0 \qquad \mathrm{mod}(F_1, \cdots, F_r)$$

は, (6), (7) より完全系をなし, $F_1, \cdots, F_r$ は(8)の独立な解を与える.

定理 2 次の条件をみたす(8)の解 $F_{r+1}, \cdots, F_n$ が存在する: $F_1, \cdots, F_r, F_{r+1}, \cdots, F_n$ は独立であって,

$$(F_\lambda, F_\mu) \equiv 0 \quad \mathrm{mod}(F_1, \cdots, F_r), \qquad r<\lambda<\mu\leqq n$$

がなりたつ.

証明 正数 $p\,(r<p<n)$ にたいして, 系(8)の独立な解

$$F_1,\ \cdots,\ F_r,\ F_{r+1},\ \cdots,\ F_p$$

が存在して

$$(F_\lambda, F_\mu) \equiv 0 \quad \mathrm{mod}(F_1, \cdots, F_r), \qquad r<\lambda<\mu\leqq p$$

をみたすと仮定する. このとき $Y_\lambda\,(r<\lambda\leqq p)$ を

$$Y_\lambda = Y_{F_\lambda} \qquad (r<\lambda\leqq p)$$

によって定義すれば, 恒等式(7)より

(9) $$Y_1(F) \equiv \cdots \equiv Y_p(F) \equiv 0 \quad \mathrm{mod}(F_1, \cdots, F_r)$$

は完全系をなす. 故に(9)は $2n-p$ 箇の独立な解をもつ. 従って, $p<n$ より, (9)の解 F_{p+1} であって

$$F_1,\ \cdots,\ F_p$$

と独立なものをとることができる. これより定理が導かれる(証終).

定理 2 の条件をみたす函数

$$F_{r+1},\ \cdots,\ F_n$$

をとる. このとき前節定理 3 より, 函数

$$V(x_1, \cdots, x_n, p_1, \cdots, p_n)$$

および $G_{r+1}, \cdots, G_n$ が存在して

$$\sum_{i=1}^{n} p_i dx_i \equiv -dV + \sum_{\lambda>r}^{n} G_\lambda dF_\lambda \quad \mathrm{mod}(F_1, \cdots, F_r)$$

をみたす．故に

$$\text{(10)} \qquad \begin{cases} F_1 = \cdots = F_r = 0, \\ F_{r+1} = a_{r+1}, \quad \cdots, \quad F_n = a_n \end{cases}$$

とおけば

$$p_1 dx_1 + \cdots + p_n dx_n = -dV.$$

故に(10)を $p_1, \cdots, p_n$ に関して

$$p_i = P_i(x_1, \cdots, x_n, a_{r+1}, \cdots, a_n), \qquad 1 \leqq i \leqq n$$

と解けば

$$z + V(x_1, \cdots, x_n, P_1, \cdots, P_n) + a_{n+1} = 0$$

が完全解を与える．

次に一般の包合系(1)を考える．このとき線形偏微分方程式系

$$\text{(11)} \qquad X_1(F) \equiv \cdots \equiv X_r(F) \equiv 0 \quad \mathrm{mod}(F_1, \cdots, F_r)$$

は完全系をなし，$F_1, \cdots, F_r$ は独立な解を与える．恒等式(3)から次の定理が導かれる：

定理3　次の条件をみたす函数 $F_{r+1}, \cdots, F_{n+1}$ が存在する：$F_1, \cdots, F_r, F_{r+1}, \cdots, F_{n+1}$ は独立であって

$$[F_\lambda, F_\mu] \equiv 0 \quad \mathrm{mod}(F_1, \cdots, F_r), \qquad 1 \leqq \lambda < \mu \leqq n+1$$

がなりたつ．

定理3の条件をみたす函数 $F_{r+1}, \cdots, F_{n+1}$ をとる．このとき，§3，定理2より，函数 $G_{r+1}, \cdots, G_{n+1}$ が存在して

$$dz - \sum_{i=1}^{n} p_i dx_i \equiv \sum_{\lambda>r}^{n+1} G_\lambda dF_\lambda \quad \mathrm{mod}(F_1, \cdots, F_r).$$

故に

$$\begin{aligned} &F_1 = \cdots = F_r = 0, \\ &F_{r+1} = a_{r+1}, \qquad \cdots, \qquad F_{n+1} = a_{n+1} \end{aligned}$$

を，$z, p_1, \cdots, p_n$ に関して

$$z = V(x_1, \cdots, x_n, a_{r+1}, \cdots, a_{n+1}),$$
$$p_i = P_i(x_1, \cdots, x_n, a_{r+1}, \cdots, a_{n+1}), \qquad 1 \leqq i \leqq n$$

と解けば，$z=V$ が完全解を与える.

§7 可 積 分 系

座標系(x, y, z, p, q)をもつ面要素の空間において Pfaff 方程式系

$$dz-pdx-qdy = \omega = 0$$

を考える．ここで $\omega=0$ は $dz-pdx-qdy=0$ と独立な(x, y, z, p, q)についての Pfaff 方程式である．この系を Ω によって表わす．$\mathrm{Ch}(\Omega)$ は $\{0\}$ であるかまたは一つの無限小変換 $X \neq 0$ によって生成される.

定義 1 $\mathrm{Ch}(\Omega) \neq \{0\}$ であるときに，Ω の特性系を可積分系とよぶ.

Lagrange–Charpit 系は可積分系の例を与える．実際 $\omega=dF$ とおけば，Ω の特性系は F から導かれる Lagrange–Charpit 系に一致する.

Pfaff 方程式 $\omega=0$ を

$$Adp+Bdq-Cdx-Ddy = 0$$

によって表わす．ここで A, B, C, D は，x, y, z, p, q の函数である．$\mathrm{Ch}(\Omega)$ の定義より次の命題を得る:

命題 1 $\mathrm{Ch}(\Omega) \neq \{0\}$ であるための必要十分条件は，E, F, G, J を次式によって定義するとき，

$$\frac{E}{C} = \frac{F}{D} = \frac{-G}{A} = \frac{-J}{B}$$

によって与えられる:

$$E = B\left(\frac{dD}{dx} - \frac{dC}{dy}\right) - C\left(\frac{dA}{dx} + \frac{\partial C}{\partial p}\right) - D\left(\frac{dB}{dx} + \frac{\partial C}{\partial q}\right),$$

$$F = A\left(\frac{dC}{dy} - \frac{dD}{dx}\right) - D\left(\frac{dB}{dy} + \frac{\partial D}{\partial q}\right) - C\left(\frac{dA}{dy} + \frac{\partial D}{\partial p}\right),$$

$$G = A\left(\frac{dA}{dx}+\frac{\partial C}{\partial p}\right)+B\left(\frac{dA}{dy}+\frac{\partial D}{\partial p}\right)$$
$$+D\left(\frac{\partial A}{\partial q}-\frac{\partial B}{\partial p}\right),$$
$$J = B\left(\frac{dB}{dy}+\frac{\partial D}{\partial q}\right)+A\left(\frac{dB}{dx}+\frac{\partial C}{\partial q}\right)$$
$$+C\left(\frac{\partial B}{\partial p}-\frac{\partial A}{\partial q}\right).$$

命題1の条件がみたされるとき，Ω の特性系は

(1)
$$\frac{dx}{A}=\frac{dy}{B}=\frac{dz}{pA+qB}=\frac{dp}{C}=\frac{dq}{D}$$

によって与えられる．

例1　Pfaff 方程式系

(2)
$$\frac{dx}{0}=\frac{dy}{0}=\frac{dz}{0}=\frac{dp}{1}=\frac{dq}{u}$$

が可積分系を与えるための必要十分条件は

$$\frac{\partial u}{\partial p}+u\frac{\partial u}{\partial q}=0.$$

これを解けば

$$q-up=\phi(x,y,z,u).$$

ここで ϕ は任意函数である．(2) が Lagrange–Charpit 系を与えるための必要十分条件は

$$\phi = A(x,y,z)u-B(x,y,z), \qquad A_y-BA_z = B_x-AB_z.$$

故に Lagrange–Charpit 系でない可積分系は存在する．

面要素の空間において，無限小変換 X と曲線 Γ とが，X が Γ に接しないように与えられているとする．X から生成される1助変数変換群を Φ_t によって表わせば，t を動かすとき，$\Phi_t(\Gamma)$ は曲面 $S(\Gamma)$ を張る．§1，系1から次の定理が導かれる：

定理1　Ω の特性系が可積分系を与え，$\mathrm{Ch}(\Omega)$ は X によって生成されるとする．このとき，Γ が Ω の積分多様体であれば，$S(\Gamma)$ は Ω の2次元積分多様体を与える．

この定理において，$\omega=dF$ とすれば，序章§4，定理2に一致する．

これより定理1をMonge–Ampère方程式

$$
(3) \qquad Hr+2Ks+Lt+M+N(rt-s^2)=0
$$

の求積に応用する．まず(3)において$N=0$ならば，Legendre変換によって$N'\neq 0$の方程式に変換されることを注意する．実際，例えば$N=0, H\neq 0$ならば，Legendre変換

$$
x'=x, \quad y'=q, \quad z'=z-yq, \quad p'=p, \quad q'=-y
$$

を作用させればいい．これより$N\neq 0$を仮定する．このとき(3)の二組のMonge系は

$$
(4) \qquad \theta=dp+\alpha dx+\beta dy=dq+\lambda dx+\mu dy=0
$$

および

$$
(5) \qquad \theta=dp+\alpha dx+\lambda dy=dq+\beta dx+\mu dy=0
$$

によって与えられる．ここで

$$
\theta=dz-pdx-qdy,
$$

$$
\alpha=\frac{L}{N}, \quad \beta=\frac{\lambda_1}{N}, \quad \lambda=\frac{\lambda_2}{N}, \quad \mu=\frac{H}{N}
$$

であって，λ_1, λ_2は次の2次方程式の2根である：

$$
\lambda^2+2K\lambda+HL-MN=0.
$$

Pfaff方程式$\omega=0$としてMonge系(5)の二式の1次結合

$$
(6) \qquad dp+\alpha dx+\lambda dy+v(dq+\beta dx+\mu dy)=0
$$

をとる．ここでvはx, y, z, p, qの函数である．このときΩの特性系は

$$
\frac{dx}{1}=\frac{dy}{v}=\frac{dz}{p+qv}=\frac{-dp}{\alpha+\beta v}=\frac{-dq}{\lambda+\mu v}
$$

および

$$
\xi dx=\eta dx=0
$$

によって与えられる．ここで

$$
\xi=Xv-g, \quad \eta=Yv-k,
$$

$$
X=\frac{d}{dx}-\alpha\frac{\partial}{\partial p}-\beta\frac{\partial}{\partial q},
$$

$$
Y=\frac{d}{dy}-\lambda\frac{\partial}{\partial p}-\mu\frac{\partial}{\partial q},
$$

$$g = \alpha_q + (\beta_q - \alpha_p - a)v - (\beta_p + b)v^2,$$
$$k = \lambda_q + a + (\mu_q - \lambda_p + b)v - \mu_p v^2,$$
$$a = (\lambda - \beta)^{-1}(Y\alpha - X\lambda),$$
$$b = (\lambda - \beta)^{-1}(Y\beta - X\mu).$$

ただし二組の Monge 系は相異ると仮定する: $\lambda - \beta \neq 0$. 故に $\mathrm{Ch}(\Omega) \neq \{0\}$ であるための必要十分条件は, v が次式をみたすことである:

(7) $$Xv = g, \qquad Yv = k.$$

ここで(5)より導かれた Ω の特性系が Monge 系(4)を含むことに注意する.

定義 2 方程式(3)が Monge 系(5)について M_1-可積分であるとは, v を未知函数とする準線形方程式系(7)の階数が1以上であるときにいう.

M_1-可積分であるとき, 初期値問題は次のようにして解かれる: 面要素の空間において $\theta = 0$ の積分曲線 Γ が初期曲線として与えられたとき, (7)の階数が1以上であることから, Γ 上(6)をみたす(7)の解 v が存在する. この v を用いて無限小変換 Z を

$$Z = \frac{\partial}{\partial x} + v\frac{\partial}{\partial y} + (p + qv)\frac{\partial}{\partial z} - (\alpha + \beta v)\frac{\partial}{\partial p} - (\lambda + \mu v)\frac{\partial}{\partial q}$$

によって定義すれば, $\mathrm{Ch}(\Omega) = \{Z\}$. Z から生成される1助変数変換群を Ψ_τ によって表わせば, 各点 P にたいして, τ を動かすとき

$$\Psi_\tau(P)$$

は P を過る Monge 系(4)の積分曲線を与える. 定理1より, 2次元多様体

$$\bigcup \Psi_\tau(P) \qquad (P \in \Gamma)$$

は Ω の積分多様体であって, 序章§5, 定理1より方程式(3)の解を与える.

方程式(3)が Monge 系(5)について Monge 可積分であるための必要十分条件は, 線形方程式系

(8) $$Xv = Yv = 0$$

の階数が2以上であることである. 準線形方程式系(7)の階数は2を越えない. 実際, 積分可能条件として

$$(\lambda - \beta)\frac{\partial v}{\partial z} + \{Y(\alpha) - X(\lambda)\}\frac{\partial v}{\partial p}$$

$$+\{Y(\beta)-X(\mu)\}\frac{\partial v}{\partial q}=X(k)-Y(g)$$

を得る．系(7)の階数が2であるための必要十分条件は系(8)の階数が2になることである．仮定$\lambda \neq \beta$より系(8)の階数は3になり得ない．従って系(7)の階数も3になり得ない．

例2 極小曲面の方程式

$$(1+q^2)r-2pqs+(1+p^2)t=0$$

の Monge 系は

$$\theta=dy+\beta dx=dp-\alpha dq=0$$

および

$$\theta=dy+\alpha dx=dp-\beta dq=0$$

によって与えられる．ここで

$$\alpha,\beta=(1+q^2)^{-1}(pq\pm i\sqrt{1+p^2+q^2}).$$

この方程式はM_1-可積分であって，Monge 可積分ではない．一般解はα,βを助変数として

$$\begin{aligned}
x&=\phi'(\alpha)+\varphi'(\beta),\\
y&=\phi(\alpha)-\alpha\phi'(\alpha)+\varphi(\beta)-\beta\varphi'(\beta),\\
z&=i\int\sqrt{1+\alpha^2}\phi''(\alpha)d\alpha+i\int\sqrt{1+\beta^2}\varphi''(\beta)d\beta
\end{aligned}$$

によって与えられる．ここでϕ,φは任意函数である([9, pp. 277–280]参照)．

これより方程式

$$s+M(x,y,z,q)p+N(x,y,z,q)=0$$

がその一組の Monge 系

$$dy=dq+(Mp+N)dx=dz-pdx=0$$

についてM_1-可積分であるための条件を求める．そのための必要十分条件は，準線形方程式系

$$\frac{\partial u}{\partial p}=0, \tag{9}$$

$$\frac{du}{dx}-(Mp+N)\frac{\partial u}{\partial q}+(pM_q+N_q)u+pm_1+n_1=0 \tag{10}$$

の階数が1以上になることである．ここで

$$m_1 = \frac{dM}{dy} - M^2, \qquad n_1 = \frac{dN}{dq} - MN.$$

実際 Pfaff 方程式系

$$dz - pdx - qdy = dq + (Mp+N)dx - udy$$

の特性系は

$$\frac{dx}{0} = \frac{dy}{1} = \frac{dz}{q} = \frac{-dp}{Mp+N} = \frac{dq}{u}$$

および

$$\xi dy = \eta dy = 0$$

によって与えられる．ここで u は x, y, z, p, q の函数であり，ξ と η はそれぞれ (9), (10) の左辺である．(9), (10) の積分可能条件として

$$\text{(11)} \qquad \frac{\partial u}{\partial z} - M\frac{\partial u}{\partial q} + M_q u + m_1 = 0$$

を得る．(10) から p 倍の (11) を引いて

$$\text{(12)} \qquad \frac{\partial u}{\partial x} - N\frac{\partial u}{\partial q} + N_q u + n_1 = 0.$$

(11), (12) の積分可能条件を求めれば

$$h_0\left(\frac{\partial u}{\partial q} - \frac{\partial \log h_0}{\partial q}u - Q\right) = 0.$$

ここで

$$h_0 = \frac{\partial M}{\partial x} - N\frac{\partial M}{\partial q} - \frac{\partial N}{\partial z} + M\frac{\partial N}{\partial q},$$

$$Q = \frac{d\log h_0}{dy} - 2M.$$

序章§5 (p. 47) より，与えられた方程式が Monge 可積分であるための必要十分条件は，$h_0=0$．これより $h_0 \neq 0$ を仮定する．このとき

$$\text{(13)} \qquad \frac{\partial u}{\partial q} - \frac{\partial \log h_0}{\partial q}u - Q = 0.$$

(11), (13) の積分可能条件として

$$h_{11}u + h_{13} = 0$$

を得る．ここで

$$h_{11} = Z\frac{\partial \log h_0}{\partial q} - \frac{\partial M}{\partial q}\frac{\partial \log h_0}{\partial q} + \frac{\partial^2 M}{\partial q^2},$$

$$h_{13} = ZQ - m_1\frac{\partial \log h_0}{\partial q} + \frac{\partial m_1}{\partial q},$$

$$X = \frac{\partial}{\partial x} - N\frac{\partial}{\partial q},$$

$$Z = \frac{\partial}{\partial z} - M\frac{\partial}{\partial q}.$$

(12), (13)の積分可能条件として

$$h_{12}u + h_{14} = 0$$

を得る．ここで

$$h_{12} = X\frac{\partial \log h_0}{\partial q} - \frac{\partial N}{\partial q}\frac{\partial \log h_0}{\partial q} + \frac{\partial^2 N}{\partial q^2},$$

$$h_{14} = XQ - n_1\frac{\partial \log h_0}{\partial q} + \frac{\partial n_1}{\partial q}.$$

故に系(9), (10)の階数が1であるための必要十分条件は, $h_{11}=h_{12}=h_{13}=h_{14}=0$. これより仮定 $h_0 \neq 0$ のもとで次の定理を得る:

定理 2　方程式 $s+Mp+N=0$ が $dy=0$ を含む Monge 系について M_1-可積分であるための必要十分条件は，$h_{11}=h_{12}=h_{13}=h_{14}=0$.

ここで

$$L_1 = Z\log h_0 + \frac{\partial M}{\partial q},$$

$$L_2 = X\log h_0 + \frac{\partial N}{\partial q}$$

とおけば，$h_{11}, h_{12}, h_{13}, h_{14}$ は

$$h_{11} = \frac{\partial L_1}{\partial q}, \qquad h_{12} = \frac{\partial L_2}{\partial q},$$

$$h_{13} = \frac{dL_1}{dy} - ML_1 - ZM,$$

$$h_{14} = \frac{dL_2}{dy} - NL_1 - ZN - 2h_0$$

と表わされる．

M_1-可積分であって Monge 可積分ではない例を二つあげる:

例3 ϕ を任意函数として

$$s-e^z\phi(q)=0.$$

とくに $\phi=1$ の場合，$s-e^z=0$ は Liouville 方程式とよばれる．その一般解は次節において Bäcklund 変換を応用して求める．

例4 a を x,y の任意函数として

$$s-ae^{-z}p+\frac{\partial a}{\partial x}e^{-z}-e^z=0.$$

§8 Bäcklund 変換

古くから存在する偏微分方程式の間の変換の例は，接触変換の概念が確立されると，多くはその範疇に入った．しかしその範疇に入らない例も存在した．その中でもっとも有名な例は Laplace の変換であった：

線形双曲型方程式

(1) $$s+ap+bq+cz=0$$

を考える．ここで a,b,c は x,y の函数である．その一組の Monge 系

$$dy=dq+(ap+bq+cz)dx=dz-pdx=0$$

について Monge 可積分であるための必要十分条件は，

$$h_0=a_x+ab-c=0.$$

このとき

(2) $$z_1=q+az$$

とおけば，(1)は

(3) $$\frac{\partial z_1}{\partial x}+bz_1=0$$

と表わされるから，(1)の求積は常微分方程式の積分に帰着される：線形方程式(3)を解き，その一般解

$$z_1=\phi(y)\exp\left(-\int bdx\right)$$

にたいして準線形方程式(2)を解けば，(1)の一般解

$$z=\exp\left(-\int ady\right)\cdot\left\{\int z_1\exp\left(\int ady\right)dy+\varphi(x)\right\}$$

が得られる．ここで ϕ, φ は任意函数である．しかし $h_0 \neq 0$ ならば，この方法で求積することはできない．このとき変換(2)をほどこせば，(1)は

$$\frac{\partial z_1}{\partial x}+bz_1=h_0 z \tag{4}$$

と表わされる．(4)の両辺を y で偏微分すれば

$$\begin{aligned}\frac{\partial}{\partial y}\left(\frac{\partial z_1}{\partial x}+bz_1\right) &= \frac{\partial h_0}{\partial y}z+h_0 q \\ &= \frac{\partial h_0}{\partial y}z+h_0(z_1-az) = h_0 z_1+\left(\frac{\partial h_0}{\partial y}-ah_0\right)z \\ &= h_0 z_1+\left(\frac{\partial h_0}{\partial y}-ah_0\right)\frac{1}{h_0}\left(\frac{\partial z_1}{\partial x}+bz_1\right)\end{aligned}$$

を得る．これは z_1 についての線形双曲型方程式

$$s_1+a_1 p_1+b_1 q_1+c_1 z_1=0 \tag{5}$$

である．ここで

$$a_1=a-\frac{\partial \log h_0}{\partial y}, \qquad b_1=b,$$

$$c_1=c-a_x+b_y-b\frac{\partial \log h_0}{\partial y}.$$

方程式(1)から(5)への変換(2)は Laplace の変換とよばれる．(5)が $dy=0$ を含む Monge 系について Monge 可積分であるための必要十分条件は

$$h_1=\frac{\partial a_1}{\partial x}+a_1 b_1-c_1=\frac{\partial a_1}{\partial x}-\frac{\partial b}{\partial y}+h_0=0$$

によって与えられる．

接触変換の概念が Lie によって確立された頃，負の定曲率曲面の研究の中から新しい変換が発見された：

負の定曲率 $-1/a^2$ をもつ曲面 S において，等温共役助変数(isothermal-conjugate parameters) u, v をとれば，第一基本微分形式，第二基本微分形式はそれぞれ

$$a^2(\cos^2\omega du^2+\sin^2\omega dv^2),$$
$$-a\sin\omega\cos\omega(du^2-dv^2)$$

によって与えられる([6, p. 280])．ここで，ω は u, v の函数であって

$$\frac{\partial^2\omega}{\partial u^2}-\frac{\partial^2\omega}{\partial v^2}=\sin\omega\cos\omega \tag{6}$$

をみたす．S 上の点 (u,v) において，その接平面に接点を中心として半径 a の円を描く．この円周上に一つの主曲率方向と角度 θ をなす点 $P(u,v)$ をとる．このとき u,v の函数 θ が偏微分方程式系

$$\begin{cases} \dfrac{\partial\theta}{\partial u}+\dfrac{\partial\omega}{\partial v}=\cos\omega\sin\theta, \\ \dfrac{\partial\theta}{\partial v}+\dfrac{\partial\omega}{\partial u}=-\sin\omega\cos\theta \end{cases} \tag{7}$$

の解であるならば，点 $P(u,v)$ は u,v が動くとき定曲率 $-1/a^2$ をもつ曲面 S_1 を張る．点 $P(u,v)$ における S_1 の接平面は点 (u,v) を含み，(u,v) における S の接平面と直交する．系(7)の積分可能条件は，方程式(6)によって与えられる．故に(7)の解 θ は存在する．この S から S_1 への変換は Bianchi の変換とよばれる．

Bäcklund はこの Bianchi の変換を次のように一般化した：S 上の点 (u,v) における接平面上に接点を中心にして半径 $a\sin\sigma$ の円を描く．ここで σ は定数である．この円周上に一つの主曲率方向と角度 θ をなす点 $P(u,v)$ をとる．このとき，u,v の函数 θ が偏微分方程式系

$$\begin{cases} \sin\sigma\left(\dfrac{\partial\theta}{\partial u}+\dfrac{\partial\omega}{\partial v}\right)=\sin\theta\cos\omega-\cos\sigma\cos\theta\sin\omega, \\ \sin\sigma\left(\dfrac{\partial\theta}{\partial v}+\dfrac{\partial\omega}{\partial u}\right)=-\cos\theta\sin\omega+\cos\sigma\sin\theta\cos\omega \end{cases} \tag{8}$$

の解であるならば，点 $P(u,v)$ は u,v が動くとき定曲率 $-1/a^2$ をもつ曲面 S_1 を張る．点 $P(u,v)$ における S_1 の接平面は点 (u,v) を含み，点 (u,v) における S の接平面と角度 σ をなす．系(8)の積分可能条件は方程式(6)に一致して，解 θ は存在する．

この変換の発見から Bäcklund は次のような発想を得た：10箇の変数

$$x,\ y,\ z,\ p,\ q,\ x_1,\ y_1,\ z_1,\ p_1,\ q_1$$

の間に4箇の関係式

$$F_i(x,y,z,p,q,x_1,y_1,z_1,p_1,q_1)=0, \qquad 1\leqq i\leqq 4 \tag{9}$$

を設ける．曲面 $z=f(x,y)$ にたいして

$$z = f, \quad p = f_x, \quad q = f_y$$

を(9)に代入して，x, y を消去すれば，二つの関係式

$$\text{(10)} \qquad G_j(x_1, y_1, z_1, p_1, q_1; f) = 0, \quad j = 1, 2$$

を得る．系(10)の積分可能条件は f についての偏微分方程式

$$H = 0$$

によって与えられる．系(10)から f を消去すれば，z_1 についての偏微分方程式

$$H_1 = 0$$

を得る．このようにして方程式 $H=0$ は $H_1=0$ に変換される．

先にあげた Bäcklund による変換は

$$F_1 = (x-x_1)^2+(y-y_1)^2+(z-z_1)^2-a^2\sin^2\sigma,$$
$$F_2 = (z-z_1)-p(x-x_1)-q(y-y_1),$$
$$F_3 = (z-z_1)-p_1(x-x_1)-q(y-y_1),$$
$$F_4 = 1+pp_1+qq_1-\cos\sigma\sqrt{1+p^2+q^2}\sqrt{1+p_1{}^2+q_1{}^2}$$

から導かれる．このとき $H=0$，$H_1=0$ は，それぞれ全曲率が $-1/a^2$ に等しい曲面の方程式

$$(1+p^2+q^2)^{-2}(rt-s^2) = -\frac{1}{a^2},$$

$$(1+p_1{}^2+q_1{}^2)^{-2}(r_1t_1-s_1{}^2) = -\frac{1}{a^2}$$

によって与えられる．一般に(9)から導かれる $H=0$ から $H_1=0$ への変換は Bäcklund 変換とよばれる．

Laplace の変換は Bäcklund 変換の範疇に入る．実際

$$F_1 = x_1-x,$$
$$F_2 = y_1-y,$$
$$F_3 = z_1-az-q,$$
$$F_4 = h_0z-p_1-bz_1$$

から Laplace の変換が導かれる．

Imschenetsky は Laplace の変換を一般化して次のような Bäcklund 変換を与えた：4 箇の関係式を

$$F_1 = x_1-x,$$

$$F_2 = y_1 - y,$$
$$F_3 = z_1 - h(x, y, z, q),$$
$$F_4 = p_1 - k(x, y, z, q)$$

によって与える．ただしここで

$$h_q \neq 0, \qquad \frac{\partial(h, k)}{\partial(z, q)} \neq 0$$

を仮定する．このとき $H=0$ は

(11) $$h_q s + h_z p + h_x - k = 0$$

によって与えられる．実際 $F_3=0$ を x によって偏微分すれば

$$p_1 - h_x - h_z p - h_q s = 0.$$

これに $F_4=0$ から得られる $p_1=k$ を代入すれば(11)が導かれる．$H_1=0$ は

(12) $$h_q s_1 - k_q q_1 - \frac{dk}{dy} h_q + \frac{dh}{dy} k_q = 0$$

によって与えられる．ただしここで z, q には $F_3=F_4=0$ から得られる値

$$z = z(x, y, z_1, p_1), \qquad q = q(x, y, z_1, p_1)$$

を代入する．(12)は次のようにして導かれる：$F_3=0$ を y によって偏微分すれば

$$q_1 - \frac{dh}{dy} - h_q t = 0.$$

$F_4=0$ を y によって偏微分すれば

$$s_1 - \frac{dk}{dy} - k_q t = 0.$$

この二式より t を消去すれば(12)を得る．この Bäcklund 変換は Imschenetsky 変換とよばれる．

これより Imschenetsky 変換と可積分系による解法との関連について述べる([23], [24])：ただし方程式

$$s + f(x, y, z, p, q) = 0$$

を考えるとき，つねに $dy=0$ を含むその Monge 系について Monge 可積分または M_1-可積分であるか否かを論じる．

命題1 方程式

(13) $$s + M(x, y, z, q)p + N(x, y, z, q) = 0$$

が(11)の型に書けるための必要十分条件は

$$h_0 = M_x - NM_q - N_z + MN_q \neq 0.$$

証明 函数 $h(x, y, z, q)$ を

$$h_z - Mh_q = 0, \qquad h_q \neq 0$$

がみたされるようにとり，函数 $k(x, y, z, q)$ を

$$k = h_x - Nh_q$$

によって定義すれば，恒等式

$$h_q{}^2 h_0 = -\frac{\partial(h, k)}{\partial(z, q)}$$

がなりたつ(証終).

線形双曲型方程式(1)について前節の $h_{11}, h_{12}, h_{13}, h_{14}$ を求めれば

$$h_{11} = h_{12} = h_{13} = 0, \qquad h_{14} = -h_1.$$

故に(1)が M_1-可積分であるための必要十分条件は

$$h_1 = 0.$$

これは Laplace の変換によって得られた方程式(5)が Monge 可積分であるための必要十分条件である.

方程式 $s+f=0$ が Monge 可積分であるためには

$$\frac{\partial^2 f}{\partial p^2} = 0$$

が必要であった(序章§5, p. 47). 方程式(13)において $h_0 \neq 0$ であると仮定し，Imschenetsky 変換を作用させれば

(14) $$s_1 + M_1 q_1 + N_1 = 0$$

を得る. ただしここで

(15) $$M = \frac{h_z}{h_q}, \qquad N = \frac{h_x - k}{h_q},$$

(16) $$M_1 = -\frac{k_q}{h_q}, \qquad N_1 = -\frac{dk}{dy} + \frac{k_q}{h_q}\frac{dh}{dy}.$$

命題 2 Imschenetsky 変換によって得られる方程式(14)において

$$\frac{\partial^2 M_1}{\partial p_1{}^2} = \frac{\partial^2 N_1}{\partial p_1{}^2} = 0$$

であるための必要十分条件は，原の方程式(13)において

$$h_{11}=h_{13}=0$$

がなりたつことである.

証明　(16)に

$$h_0h_q\frac{\partial}{\partial p_1}=\frac{\partial}{\partial z}-M\frac{\partial}{\partial q}$$

をくり返し作用させれば

$$-\frac{\partial M_1}{\partial p_1}=\frac{1}{h_q}\left\{\frac{\partial}{\partial q}\log(h_0h_q)\right\},$$

$$-h_0{h_q}^2\frac{\partial^2 M_1}{\partial {p_1}^2}=h_{11}$$

および

$$-\frac{\partial N_1}{\partial p_1}=Q+\frac{1}{h_q}\frac{\partial dh}{\partial qdy}+\frac{dh}{dy}\frac{\partial M_1}{\partial p_1},$$

$$-h_0h_q\frac{\partial^2 N_1}{\partial {p_1}^2}=h_{13}-\frac{dh}{dy}\frac{h_{11}}{h_q}$$

を得る. Q は前記(§7, p. 124)の通りである(証終).

定理1　Imschenetsky 変換によって得られる方程式(14)が Monge 可積分であるための必要十分条件は, 原の方程式(13)が M_1-可積分になることである.

証明　方程式(13)が M_1-可積分であるための必要十分条件は, 前節, 定理2より

$$h_{11}=h_{12}=h_{13}=h_{14}=0.$$

故に命題2より

$$h_{11}=h_{13}=0$$

と仮定していい. このとき

$$M_1=-(\gamma p_1+\delta),\qquad N_1=-(\alpha p_1+\beta)$$

であって, $\alpha,\beta,\gamma,\delta$ は次式によって定義される x,y,z_1 の函数である:

$$\gamma=\frac{1}{h_q}\left(\frac{\partial\log h_0}{\partial q}+\frac{\partial^2 h}{\partial q^2}\Big/\frac{\partial h}{\partial q}\right),$$

$$\alpha=Q+\frac{1}{h_q}\frac{\partial dh}{\partial qdy}-\frac{dh}{dy}\gamma,$$

$$\delta=\frac{k_q}{h_q}-k\gamma,$$

$$\beta=\frac{dk}{dy}-\frac{k_q}{h_q}\frac{dh}{dy}-k\alpha.$$

変換によって得られる方程式

$$s_1-(\gamma p_1q_1+\alpha p_1+\delta q_1+\beta)=0$$

が Monge 可積分であるための必要十分条件は，x, y, z_1, q_1 を独立変数とみて，

$$\begin{aligned}&-\frac{\partial(\alpha+\gamma q_1)}{\partial x}+(\beta+\delta q_1)\frac{\partial(\alpha+\gamma q_1)}{\partial q_1}\\&+\frac{\partial(\beta+\delta q_1)}{\partial z_1}-(\alpha+\gamma q_1)\frac{\partial(\beta+\delta q_1)}{\partial q_1}\\&=\left(\frac{\partial\delta}{\partial z_1}-\frac{\partial\gamma}{\partial x}\right)q_1+\frac{\partial\beta}{\partial z_1}-\frac{\partial\alpha}{\partial x}+\alpha\delta-\beta\gamma=0.\end{aligned}$$

$\alpha, \beta, \gamma, \delta$ は x, y, z_1 の函数であるから，上式がなりたつための必要十分条件は，

$$\frac{\partial\delta}{\partial z_1}-\frac{\partial\gamma}{\partial x}=\frac{\partial\beta}{\partial z_1}-\frac{\partial\alpha}{\partial x}+\alpha\delta-\beta\gamma=0.$$

作用素 $\partial/\partial z_1$ は

$$\frac{\partial}{\partial z_1}=h_0^{-1}h_q^{-2}\left(-\frac{\partial k}{\partial q}\frac{\partial}{\partial z}+\frac{\partial k}{\partial z}\frac{\partial}{\partial q}\right)$$

と表わされるから，これを用いて恒等式

$$\frac{\partial\delta}{\partial z_1}-\frac{\partial\gamma}{\partial x}=-\frac{h_{12}}{h_q}$$

および

$$\frac{\partial\beta}{\partial z_1}-\frac{\partial\alpha}{\partial x}+\alpha\delta-\beta\gamma=-h_{14}+\frac{dh}{dy}\frac{h_{12}}{h_q}$$

を得る(証終).

前節の末尾にあげた二つの例に Imschenetsky 変換を作用させる:

例 1 函数 h, k を

$$h=\int\frac{dq}{\phi(q)},\qquad k=e^z$$

によって与えれば，

$$s-e^z\phi(q)=0$$

が

(17) $$s_1-\psi(z_1)p_1=0$$

に変換される．ここで $q=\varphi(h)$ は $h=\int\phi(q)^{-1}dq$ の逆函数である．方程式(17)は Monge 可積分である．とくに $\phi=1$ とすれば，Liouville 方程式

$$s-e^{z}=0$$

が

$$s_1-z_1p_1=0 \tag{18}$$

に変換される．(18)の一般解は序章§5，例1において求めた．

例2　函数 h,k を

$$h=q+a(x,y)e^{-z},\qquad k=e^{z}$$

によって与えれば，

$$s-ae^{-z}p+a_xe^{-z}-e^{z}=0$$

が

$$s_1-z_1p_1+a(x_1,y_1)=0$$

に変換される．変換された方程式は Monge 可積分である．

第2章　包合系の理論

§0　緒　　論

“外微分方程式系 Σ が与えられたとき，Σ の積分多様体の最大次元 $m(\Sigma)$ を求めよ.”という Pfaff によって提起された問題を解くために，Cartan [4]は，Kähler [14]の研究を経て，微分イデアル Σ の種数を次のように定義した(序章§6，定義1参照):

Σ の種数が g であるとは，0次元の積分要素が存在して，各 $p\,(0\leqq p<g)$ にたいして“すべての”p 次元積分要素 E_p は少くとも一つの $p+1$ 次元積分要素 E_{p+1} に含まれ，$p=g$ にたいしてはある条件をみたす g 次元積分要素 E_g に限ってそれを含む $g+1$ 次元積分要素 E_{g+1} が存在するときにいう．この条件は恒等的にみたされることはなく，ある g 次元積分要素 E_g にたいしてはそれを含む $g+1$ 次元積分要素は存在しないものとする.

Σ の種数が g であるならば，“一般的な位置にある”g 次元積分要素 E_g を過る g 次元の積分多様体が少くとも一つ存在する．故に $m(\Sigma)\geqq g$. しかしながら一般に等号は成立しない．なぜならば，$r>g$ として Σ に r 次元積分多様体が存在すると仮定したとき，積分多様体の接空間に含まれる $E_p(p<r)$ にたいしてはそれを含む E_{p+1} が接空間の内に存在する．しかし，接空間に含まれない E_p にたいしてはそれが積分要素であっても必ずしもそれを含む積分要素 E_{p+1} は存在しない．故に上の仮定から矛盾を導くことはできない．実際 $m(\Sigma)>g$ となる Σ の例は存在する(序章§6, p. 55，例1).

これより各正整数 r について不等式 $m(\Sigma)\geqq r$ がなりたつかどうかを判定することを考える．歴史的経過は後で述べることにして，まず一つの判定法を与える.

多様体 X 上に Σ が与えられたとして，$G_r(X)$ を X 上の r 次元接要素全体からなる Grassmann 多様体とする．Σ を次のようにして $G_r(X)$ 上の微分イデアル $P\Sigma$ に延長する：$P\Sigma$ は $G_r(X)$ 上の 1-形式

$$(1)\qquad \sum_{\alpha=1}^{n+1}(-1)^{\alpha-1}z(i_1,\cdots\overset{i_\alpha}{\wedge}\cdots,i_{r+1})dx_{i_\alpha},\qquad 1\leqq i_1<\cdots<i_{r+1}\leqq n$$

およびすべての Σ に含まれる X 上の r-形式

$$\sum a(i_1,\cdots,i_r;x)dx_{i_1}\wedge\cdots\wedge dx_{i_r}\qquad(1\leqq i_1<\cdots<i_r\leqq n)$$

から導かれる $G_r(X)$ 上の 0-形式

$$\sum a(i_1,\cdots,i_r;x)z(i_1,\cdots,i_r)\qquad(1\leqq i_1<\cdots<i_r\leqq n)$$

から生成される $G_r(X)$ 上の微分イデアルとして定義する．ここで $(x_1,\cdots,x_n)$ は X の局所座標であり，$z(i_1,\cdots,i_r)$ は $G_r(x)$ の Grassmann 座標である．

X の部分多様体 M が Σ の r 次元積分多様体であるならば，$G_r(X)$ の部分多様体 $T(M)$ は $P\Sigma$ の r 次元積分多様体である．逆に $G_r(X)$ の部分多様体 M_1 を $P\Sigma$ の r 次元積分多様体であって

$$\dim\pi_*T(M_1)=r$$

をみたすものとすれば，X の部分多様体 πM_1 は Σ の r 次元積分多様体である．ここで π_* は接要素にその始点を対応させる $G_r(X)$ から X への射影である．

一般に $G_r(X)$ 上の微分イデアルであって，$G_r(X)$ 上の 1-形式(1)および $G_r(X)$ 上の 0-形式から生成される外微分形式系 Ω を考える．Ω に含まれる 0-形式全体を Ω_0 として，$T(G_r(X))$ の部分空間 $C(\Omega)$ を

$$C(\Omega)=\{\xi\in T(G_r(X));\ \xi\varphi=0,\varphi\in\Omega_0\}$$

によって定義する．Ω の種数を g とするとき，$g\geqq r$ であるための必要十分条件は次のように与えられる：

0 次元積分要素が存在して，すべての 0 次元積分要素にたいしてそれを始点とする r 次元積分要素が少くとも一つ存在する．さらに線型空間 $C(\Omega)$ はある代数的条件をみたす．

正整数 r を固定するとき，$g\geqq r$ ならば包合系とよび，r 次元積分要素が存在しないならば非可解系とよぶ．包合系であるための上の判定条件のうち，積分要素についての条件を解析的条件，$C(\Omega)$ についての条件を代数的条件とよぼう．任意の正整数 l にたいして帰納的に $G^l(X)$ を，

$$G^1(X)=G_r(X), \quad G^l(X)=G_r(G^{l-1}(X))$$

によって定義する．

X 上の微分イデアル Σ を

$$P^l\Sigma=P(P^{l-1}\Sigma), \quad l\geqq 1, \quad P^0\Sigma=\Sigma$$

によって順次延長すれば $G^l(X)$ 上の微分イデアル $P^l\Sigma$ を得る．このとき十分大きい l にたいして，$P^l\Sigma$ は代数的条件をみたすことが証明される．しかしながら，一般に解析的条件はみたされない．

この間隙を埋めるために次のような延長法を考える：$G_r(X)$ 上の微分イデアル Σ' にたいして，$P_0\Sigma'$ を Σ' およびすべての $dz(i_1,\cdots,i_r)$ に依存しない Σ' に含まれる $G_r(X)$ 上の r–形式

$$\sum a(i_1,\cdots,i_r;x,z)dx_{i_1}\wedge\cdots\wedge dx_{i_r} \qquad (1\leqq i_1<\cdots<i_r\leqq n)$$

から導かれる $G_r(X)$ 上の 0–形式

$$\sum a(i_1,\cdots,i_r;x,z)z(i_1,\cdots,i_r) \qquad (1\leqq i_1<\cdots<i_r\leqq n)$$

から生成される $G_r(X)$ 上の微分イデアルとして定義する．

この延長法を Σ' にくり返し作用させれば，$G_r(X)$ 上の微分イデアル

$$P_0{}^\sigma\Sigma' \ (\sigma=1,2,3,\cdots)$$

を得る．$\sigma\geqq(n-r)(r+1)$ にたいしては，$P_0{}^\sigma\Sigma'$ が非可解系でないならば，

$$P_0{}^\sigma\Sigma'=P_0{}^{\sigma+1}\Sigma'$$

が得られる．故に P_0 の作用のくり返しは一般に有限回で終る．$P_*\Sigma'$ を

$$P_*\Sigma'=\bigcup_{\sigma=1}^{\infty}P_0{}^\sigma\Sigma'$$

によって定義する．$P_*\Sigma'$ は Σ' を含み，かつ Σ' と同じく $G_r(X)$ 上の微分イデアルである．$G_r(X)$ における Σ' の r 次元積分多様体は $P_*\Sigma'$ の r 次元積分多様体であり，逆もなりたつ．

この延長法 P_0 を前記の延長法 P と組み合すことによって次の定理を得る：

十分大きい l にたいして，$G^l(X)$ 上の微分イデアル $(P_*P)^l\Sigma$ は包合系であるかまたは非可解系である．

このようにして Pfaff によって提起された問題に一つの解答を与え得る．以下，歴史的に順を追って詳説したい．序章§6 において述べたように，Cartan [2] は Pfaff 方程式系について種数の概念を得て，種数 g の Pfaff 方程式系には

g 次元積分多様体が存在することを示した．この Cartan の結果は Kähler [14] によって外微分方程式系に拡張された．

種数 g の微分イデアル Σ について“一般の位置にある E_g”は次のように定義される：点 x を始点とする積分要素 E_p にたいして，その極要素 $H(E_p)$ を

$$H(E_p)=\{\Delta\in T_x(X);\ (\Delta, E_p)\in I\Sigma\}$$

によって定義する．ここで (Δ, E_p) は Δ と E_p から生成される接要素であり，$I\Sigma$ は Σ の積分要素全体を表わす．積分要素 E_p が正則であるとは，$\dim H(E_p)$ が $I\Sigma^p$ 上 E_p の近くで一定であるときにいう．ここで $I\Sigma^p$ は Σ の p 次元積分要素の全体である．積分要素の列

$$E_0\subset E_1\subset\cdots\subset E_r$$

が正則鎖であるとは，E_p が各 $p\ (0\leqq p<r)$ にたいして正則であるときにいう．E_r が正則である必要はない．積分要素 E_g が“一般の位置にある”とは E_g に終る正則鎖が存在するときにいう．このとき，本章§1に述べる Cartan–Kähler の定理がなりたち，E_g を過る g 次元積分多様体が少くとも一つ存在する．

X の座標 $(x_1,\cdots,x_n)$ を固定して $dx_1\wedge\cdots\wedge dx_r\neq 0$ をみたす r 次元積分多様体を求めることに問題を限定すれば，それは $x_1,\cdots,x_r$ を独立変数，$x_{r+1},\cdots,x_n$ を未知函数とする1階偏微分方程式系を解く問題になる．一般に，$x_1,\cdots,x_r$ を独立変数，$y_1,\cdots,y_m$ を未知函数とする l 階の偏微分方程式系を考える．第 l 階までの偏導函数の空間を J^l とすれば，J^l の座標系は

$$\begin{aligned}&x_i\quad(1\leqq i\leqq r),\qquad y_\alpha\quad(1\leqq\alpha\leqq m),\\&p_\alpha{}^j\quad(1\leqq\alpha\leqq m,1\leqq j\leqq r),\ \cdots,\\&p_\alpha{}^{j_1\cdots j_l}\qquad(1\leqq\alpha\leqq m,1\leqq j_1\leqq\cdots\leqq j_l\leqq r)\end{aligned}$$

によって与えられる．ここで

$$p_\alpha{}^{j_1\cdots j_q}=\frac{\partial^q y_\alpha}{\partial x_{j_1}\cdots\partial x_{j_q}}.$$

J^l から J^{l-1} への自然な射影を ρ で表わす．線型写像

$$d\rho\colon T(J^l)\to T(J^{l-1})$$

における $\mathrm{Ker}(d\rho)$ を Q^l で表わせば，Q^l は

$$\frac{\partial}{\partial p_\alpha{}^{j_1\cdots j_l}}\qquad(1\leqq\alpha\leqq m,1\leqq j_1\leqq\cdots\leqq j_l\leqq r)$$

によって生成される $T(J^l)$ の部分空間である．N を独立変数の空間とするとき，Q^l は次のようにして

$$\mathrm{Hom}(T(N), Q^{l-1})$$

の部分空間と同一視することができる：Q^l の元

$$\xi = \sum_{\alpha=1}^{m} \sum \xi_\alpha{}^{(i_1\cdots i_l)} \frac{\partial}{\partial p_\alpha{}^{(i_1\cdots i_l)}} \qquad (1 \leqq i_1, \cdots, i_l \leqq r)$$

および $T(N)$ の元

$$\eta = \sum_{i=1}^{r} \eta_i \frac{\partial}{\partial x_i}$$

にたいして Q^{l-1} の元 $\xi(\eta)$ を

$$\xi(\eta) = \sum_{\alpha=1}^{m} \sum_{i=1}^{r} \sum \xi_\alpha{}^{(i_1\cdots i_{l-1}i)} \eta_i \frac{\partial}{\partial p_\alpha{}^{(i_1\cdots i_{l-1})}} \qquad (1 \leqq i_1, \cdots, i_{l-1} \leqq r)$$

によって定義する．ここで $\xi_\alpha{}^{(i_1\cdots i_l)}$ は $(i_1, \cdots, i_l)$ について対称であるとする．

l 階の偏微分方程式系 Φ にたいして，その主要部 $C(\Phi)$ を

$$C(\Phi) = \{\xi \in Q^l;\ \xi(\varphi) = 0, \varphi \in \Phi\}$$

によって定義する．$C(\Phi)$ は上の同一視のもとで $\mathrm{Hom}(T(N), Q^{l-1})$ の部分空間とみなされる．また $I\Phi$ によって Φ の積分点全体を表わす：

$$I\Phi = \{w \in J^l;\ \varphi(w) = 0, \varphi \in \Phi\}$$

倉西[20]は Φ にたいして次のような基準延長(standard prolongation) $P\Phi$ を構成した：$P\Phi$ は Φ およびすべての $\varphi \in \Phi$ から得られる $\partial_*{}^i\varphi\ (1 \leqq i \leqq r)$ によって生成される $l+1$ 階の偏微分方程式系である．ここで

$$\partial_*{}^i\varphi = \frac{\partial\varphi}{\partial x_i} + \sum_{\alpha=1}^{m} \frac{\partial\varphi}{\partial y_\alpha} p_\alpha{}^i + \sum_{\alpha=1}^{m} \sum_{j=1}^{r} \frac{\partial\varphi}{\partial p_\alpha{}^j} p_\alpha{}^{ji} + \cdots$$
$$+ \sum \frac{\partial\varphi}{\partial p_\alpha{}^{j_1\cdots j_l}} p_\alpha{}^{j_1\cdots j_l i}.$$

倉西[20]は包合系の定義を次のように与えた：

Φ が包合系であるとは，$I(P\Phi)$ が ρ によって $I\Phi$ の上に写され，かつ主要部 $C(\Phi)$ が後で述べる意味で包合的であるときにいう．ここで Φ は非可解系でないとする．

そして彼はこの偏微分方程式の包合系の定義が Cartan と Kähler による外微分方程式論から自然に導かれる偏微分方程式の包合系の定義と一致すること

を示した([20, Appendix]). 倉西がこの偏微分方程式の包合系の定義に到達するには，倉西自身の研究[17], [18], [19] および Guillemin, Singer, Sternberg の研究[13], [30] を経なければならなかった.

Φ を基準延長すれば，Φ の解は $P\Phi$ の解であり，逆もなりたつ. この方法で Φ を順次延長するとき，$l+h$ 階の偏微分方程式系

$$P^h\Phi \ (h=1,2,3,\cdots)$$

を得る. 倉西([17], [19], [20])は次の延長定理を証明した:

すべての h にたいして $I(P^{h+1}\Phi)$ は ρ によって $I(P^h\Phi)$ の上に写されるならば，十分大きい h にたいして $P^h\Phi$ は包合系になる. ここで $P^h\Phi$ はすべて非可解系でないと仮定する.

論文[17]においては，Cartan と Kähler による包合系の定義のもとに，座標系を固定した外微分方程式系についての定理として証明された.

この定理は倉西自身によって無限 Lie 群論に応用された([18]). Guillemin, Singer, Sternberg([13], [30])は，倉西の延長定理を G–構造の同値問題に応用する過程において，包合系の代数的構造を明らかにした. 以下彼等によって導入された包合的部分空間の概念について述べる. E, F を実数(または複素数)体上の有限次元線型空間とし，$\mathrm{Hom}(F, E)$ の線型部分空間 A を考える. F に含まれる p 箇の元 $t_1, \cdots, t_p$ にたいして，$A(t_1, \cdots, t_p)$ を

$$A(t_1, \cdots, t_p) = \{a \in A;\ a(t_1)=\cdots=a(t_p)=0\}$$

によって定義する. $(t_1, \cdots, t_p)$を動かして，g_p を

$$\dim A(t_1, \cdots, t_p)$$

の最小値として定義する. また，すべての $t, t' \in F$ にたいして

$$\xi(t)t' = \xi(t')t$$

をみたす

$$\xi \in \mathrm{Hom}(F, \mathrm{Hom}(F, E))$$

の全体を $E\otimes S^2(F^*)$ で表わす. A の延長 pA を

$$pA = \mathrm{Hom}(F, A) \cap E\otimes S^2(F^*)$$

によって定義する. A が包合的であるとは，等式

$$\dim pA = \sum_{q=0}^{r} g_q$$

がなりたつときにいう．ここで $r=\dim F$．不等式

$$\dim pA \leqq \sum_{q=0}^{r} g_q$$

は，すべての $A\subset \mathrm{Hom}(F,E)$ にたいしてなりたつ．

偏微分方程式系 Φ の主要部 $C(\Phi)$ が包合的であるとは，$C(\Phi)$ を

$$\mathrm{Hom}(T(N),Q^{l-1})$$

の部分空間とみなして，上の意味でいう．包含関係

$$Q^{l+1}\subset \mathrm{Hom}(T(N),Q^{l})\subset \mathrm{Hom}(T(N),\mathrm{Hom}(T(N),Q^{l-1}))$$

のもとで

$$pC(\Phi)\subset Q^{l+1}$$

となり，関係式

$$pC(\Phi)=C(P\Phi)$$

がなりたつ．

Guillemin と Sternberg は，Serre の援助のもとに以下に述べる重要な定理を証明した．$A_0=A$ として

$$A_h\subset \mathrm{Hom}(F,A_{h-1}),\qquad h=1,2,3,\cdots$$

をみたす線型空間の列 $\{A_h;h\geqq 0\}$ を考える．このとき次の定理がなりたつ([13, Appendix])：

すべての h にたいして

$$pA_h\supset A_{h+1}$$

ならば，十分大きい h にたいして

$$pA_h=A_{h+1}$$

であり，かつ A_h は包合的になる．

以上の結果を応用して，偏微分方程式系について倉西[20]は上記の包合系の定義を得，かつ彼の延長定理に新しい証明を与えたのであった．

倉西の延長定理は微分幾何に豊かな実りをもたらした．しかしながら一般の偏微分方程式系を考えるとき，基準延長によっては非可解系にも包合系にも延長されない系が存在する．例えば第1章§6において考察した未知函数1箇の1階偏微分方程式系 Φ をとる：

$$F_\lambda(x_1,\cdots,x_r,z,p_1,\cdots,p_r)=0\qquad (1\leqq\lambda\leqq s).$$

この系 Φ が包合系であるための必要十分条件は，すべての Lagrange 括弧

$$[F_\lambda, F_\mu] = \sum_{i=1}^{r}\left\{\frac{\partial F_\lambda}{\partial p_i}\left(\frac{\partial F_\mu}{\partial x_i}+p_i\frac{\partial F_\mu}{\partial z}\right)-\frac{\partial F_\mu}{\partial p_i}\left(\frac{\partial F_\lambda}{\partial x_i}+p_i\frac{\partial F_\lambda}{\partial z}\right)\right\}$$

が Φ に含まれることである．Φ が包合系でないならば，すべての基準延長 $P^h\Phi\ (h\geqq 1)$ も包合系でない．故に基準延長によって Φ を包合系に導くことはできない．Jacobi は Φ に Lagrange 括弧をつけ加えることをくり返して，それを包合系かまたは非可解系に延長したのであった(第1章§6, p. 114)．

基準延長が階数をあげるのにたいして Jacobi の延長法は階数をあげないことに着目して，筆者([21], [22])は一般の偏微分方程式系 Φ にたいして次のような延長法を与えた：

Φ の階数を l とするとき，$P_0\Phi$ を

$$P_0\Phi = P\Phi \cap \mathcal{O}(J^l)$$

によって定義する．ここで $\mathcal{O}(J^l)$ は J^l 上の函数全体である．

$P_0\Phi$ は Φ を含む l 階の偏微分方程式系である．Φ の解は $P_0\Phi$ の解であり，逆もなりたつ．特に Φ が未知函数1箇の1階偏微分方程式系ならば，$P_0\Phi$ は Φ および $[\Phi, \Phi]$ によって生成される．P_0 を Φ にくり返し作用させるとき，

$$L = \dim J^l - r = \frac{m(r+l)!}{r!l!}$$

とすれば，独立な $L+1$ 箇の方程式を含む l 階の系は非可解系であるから作用のくり返しは高々 L 回で終る．最後に得られる系を $P_*\Phi$ によって表わす．$P_*\Phi$ は Φ を含む l 階の系である．Φ の解は $P_*\Phi$ の解であり，逆もなりたつ．

系 Φ が $P_0\Phi$ に一致するとき，Φ は p-閉であるという．$P_*\Phi$ はつねに p-閉である．筆者[21]は次の定理を得た：

Φ が包合系であるための必要十分条件は，Φ が p-閉でありかつ $C(\Phi)$ が包合的であることである．ここで Φ は非可解系でないとする．

この定理から次の延長定理が導かれる([21], [22])：

帰納的に $\Phi_h\ (h\geqq 1)$ を

$$\Phi_1 = P_*\Phi, \qquad \Phi_{h+1} = P_*P\Phi_h$$

によって定義すれば，十分大きい h にたいして Φ_h は非可解系であるかまたは包合系である．

実際Φ_hはすべてのhにたいしてp-閉であり，

$$P\Phi_h \subset \Phi_{h+1}$$

をみたす．故に$A_h=C(\Phi_h)$とすれば

$$pA_h = C(P\Phi_h) \supset A_{h+1} \qquad (h \geqq 1).$$

従って，Guillemin–Sternberg–Serreの定理により，十分大きいhにたいしてA_hは包合的になる．

このようにして一般の偏微分方程式系を包合系に延長する方法が得られた．与えられた系に解が在るか否かを判定することに問題を限定すれば，すでにRiquierによって前世紀末に一解法が得られている（"あとがき"参照）．しかしながら彼の方法は座標のとり方に強く依存するものであった．序論で述べたように，当時，座標のとり方に依存しない方法によってLieは従来の1階偏微分方程式の求積論を一新し，FrobeniusとDarbouxはPfaffの問題を単独Pfaff方程式について解決した．彼等の思想に強い影響を受けてCartanは包合系の概念を得たのであった．故に微分系を包合系に延長する問題は，偏微分方程式系に限らず，外微分形式系にたいして座標のとり方に依存しない延長法を構成することが望まれる．最初に述べた延長法は筆者[25]の与えたものである．それについて少し詳しく述べたい．

Ωを$G_r(X)$上の微分イデアルであって，$G_r(X)$上の1-形式(1)および$G_r(X)$上の0-形式から生成されるものとする．Ωが包合系であるための判定条件を与えるために，$T(G_r(x))$をE_rにおいて

$$\mathrm{Hom}\,(E_r, T_x(X)/E_r)$$

と次のようにして同一視する：E_rにおける$T(G_r(x))$の元

$$\sum \xi(i_1, \cdots, i_r)\frac{\partial}{\partial z(i_1, \cdots, i_r)} \qquad (1 \leqq i_1 < \cdots < i_r \leqq n)$$

が与えられたとき，それよりE_rから$T_x(X)/E_r$への線型写像

$$\sum_{i=1}^{n} \eta_i \frac{\partial}{\partial x_i} \to \sum_{i=1}^{n} \zeta_i \frac{\partial}{\partial x_i}$$

を

$$\sum_{\alpha=1}^{r+1} (-1)^{\alpha-1} \xi(i_1, \cdots \overset{i_\alpha}{\wedge} \cdots, i_{r+1}) \eta_{i_\alpha}$$

$$= -\sum_{\alpha=1}^{r+1}(-1)^{\alpha-1}z(i_1,\cdots\overset{i_\alpha}{\wedge}\cdots,i_{r+1})\zeta_{i_\alpha},\qquad 1\leqq i_1<\cdots<i_{r+1}\leqq n$$

によって定義する．ここで $z(i_1,\cdots,i_r)$ は E_r の Grassmann 座標であり，x は E_r の始点である．

$\mathcal{E}_r$ を Ω の r 次元積分要素として E_r をその始点とする．この E_r にたいして $C(E_r;\Omega)$ を

$$C(E_r;\Omega)=\{\xi\in T_z(G_r(x));\ \xi\varphi=0,\varphi\in\Omega_0\},\qquad z=E_r$$

によって定義する．$C(E_r;\Omega)$ は上の同一視のもとで $\mathrm{Hom}(E_r,T_x(X)/E_r)$ の部分空間とみなされる．最初に述べた方法で Ω を延長して $G_r(G_r(X))$ 上の微分イデアル $P\Omega$ をつくる．このとき次の定理がなりたつ([25])：

$\mathcal{E}_r$ に終る正則鎖が存在するための必要十分条件は，

$$(P\Omega)_0\cap\mathcal{O}(G_r(X))=\Omega_0$$

であってかつ $C(E_r;\Omega)$ が包合的であることである．ここで $(P\Omega)_0$ は $P\Omega$ に含まれる 0-形式全体であり，$\mathcal{O}(G_r(X))$ は $G_r(X)$ 上の 0-形式全体である．

この二つの条件は先に述べた解析的および代数的条件にそれぞれ対応する．

Ω が r 次元積分要素 $\mathcal{E}_r$ において包合的であるとは，$\mathcal{E}_r$ に終る正則鎖が存在するときにいう．Ω を最初に述べた方法で延長して $G_r(X)$ 上の微分イデアル $P_*\Omega$ をつくる．このとき，偏微分方程式系の場合とは異って，$P_*\Omega$ は必ずしも上の判定条件のうち解析的条件をみたすとは限らない．その意味で，偏微分方程式系の場合の P_* に比べて弱い延長法である．それは，延長法に座標のとり方に依存しないことを要請したことに起因する．しかしながら，一つの座標系 $(x_1,\cdots,x_n)$ について，$x_1,\cdots,x_r$ を独立変数，$x_{r+1},\cdots,x_n$ を未知函数とみるとき，$G_r(X)$ を J^1 と同一視すれば

$$\partial_\sharp{}^i\{\Omega_0\cap\mathcal{O}(X)\}\subset(P_0\Omega)_0,\qquad 1\leqq i\leqq r$$

がなりたつ．故に

$$\partial_\sharp{}^i\{(P_*\Omega)_0\cap\mathcal{O}(X)\}\subset(P_*\Omega)_0,\qquad 1\leqq i\leqq r \tag{2}$$

を得る．ここで $\mathcal{O}(X)$ は X 上の 0-形式全体である．

積分要素 $\mathcal{E}_r$ については

$$\dim\pi_*\mathcal{E}_r=r$$

を仮定している．ここで π_* は接要素にその始点を対応させる $G_r(X)$ から X へ

の射影である．このとき $T_z(G_r(X))$，$z=E_r$ から $T_z(G_r(X))/\mathcal{E}_r$ への自然な射影を $T_z(G_r(x))$ に制限すればそれは1対1対応を与える．これより $T_z(G_r(x))$ を $T_z(G_r(X))/\mathcal{E}_r$ の部分空間とみなすことができる．また π_* によって $\mathcal{E}_r$ と E_r を同一視すれば

$$\begin{aligned}&\mathrm{Hom}(E_r, \mathrm{Hom}(E_r, T_x(X)/E_r))\\&= \mathrm{Hom}(E_r, T_z(G_r(x)))\\&\subset \mathrm{Hom}(\mathcal{E}_r, T_z(G_r(X))/\mathcal{E}_r).\end{aligned}$$

この包含関係のもとで

$$p\{C(E_r;\Omega)\} = C(\mathcal{E}_r;P\Omega)$$

がなりたつ．

与えられた Σ から帰納的に $\Sigma^{(l)}$ $(l\geqq 0)$ を，

$$\Sigma^{(0)} = \Sigma, \qquad \Sigma^{(l+1)} = P_*P\Sigma^{(l)}$$

によって定義する．$\Sigma^{(l)}$ は $G^l(X)$ 上の微分イデアルである．各 l にたいして，$\Sigma^{(l)}$ の r 次元積分要素 $E^{(l)}$ が存在して $E^{(l)}$ は $E^{(l+1)}$ の始点であると仮定する．このとき

$$\Sigma^{(l+1)} \supset P\Sigma^{(l)} \qquad (l\geqq 0)$$

であるから，Guillemin–Sternberg–Serreの定理により十分大きい l にたいして $C(E^{(l)};\Sigma^{(l+1)})$ は包合的になる．故に $\Sigma^{(l+1)}$ が包合系であるための代数的条件はみたされる．解析的条件が十分大きい l にたいして $\Sigma^{(l)}$ によってみたされることは，次のRiquierによる定理([29, p. 147])を援用することによって(2)から導かれる:

単項式 $w_i=x_1^{i_1}\cdots x_r^{i_r}$ の無限列 $w_1, w_2, w_3, \cdots$ においては，つねに $k<j$ であって w_k が w_j を割り切るような k,j が存在する．

このようにして十分大きい l にたいして $\Sigma^{(l)}$ が $E^{(l)}$ において包合的になることが証明される([25])．

議論は実(または複素)解析的の範疇で行なう．

§1　Cartan–Kählerの定理

多様体 X 上の外微分形式芽の環の層を $\Lambda(X)$ によって表わす．Σ を $\Lambda(X)$ の

イデアルの部分層とする．Σ が微分イデアルであるとは，Σ が斉次形式から生成され

$$\Sigma \supset d\Sigma$$

であるときにいう．以後 Σ は X 上の微分イデアルであるとする．X の次元を n として各 $p\ (0 \leqq p \leqq n)$ にたいして，Σ^p を

$$\Sigma^p = \Sigma \cap \Lambda^p(X)$$

によって定義する．ここで $\Lambda^p(X)$ は X 上の p–形式芽の $\mathcal{O}(X)$ 加群の層であり，$\mathcal{O}(X)$ は X 上の 0–形式芽の環の層である．

X の点 x を始点とする p 次元接要素の Grassmann 多様体を $G_p(x)$ によって表わす．$G_p(x)$ の元 E_p が Σ の積分要素であるとは，E_p に含まれるすべての q 次元接要素 E_q が Σ^q の任意の元 ω にたいして $\omega=0$ の積分要素になるときにいう．このとき $E_p \in I\Sigma$ と書く．Σ の p 次元積分要素全体を $I\Sigma^p$ によって表わす．Σ がイデアルであることから，E_p が Σ の積分要素であるための必要十分条件は，E_p が Σ^p の任意の元 ω にたいして $\omega=0$ の積分要素になることである(序章§7，命題1)．

Σ の積分要素 E_p にたいして，その極要素 $H(E_p)$ を

$$H(E_p) = \{\Delta \in T_x(X); (\Delta, E_p) \in I\Sigma\}$$

によって定義する．ここで (Δ, E_p) は Δ と E_p から生成される接要素である．つねに

$$H(E_p) \supset E_p.$$

さらに E_p を含む Σ の積分要素はすべて $H(E_p)$ に含まれる．

X 上の p 次元接要素全体からなる Grassmann 多様体を $G_p(X)$ によって表わす．このとき $\mathcal{O}(G_p(X))$ において，

$$\Sigma_p = \{\textstyle\sum a(i_1, \cdots, i_p; x) u(i_1, \cdots, i_p), \qquad 1 \leqq i_1 < \cdots < i_p \leqq n;$$
$$\textstyle\sum a(i_1, \cdots, i_p; x) dx_{i_1} \wedge \cdots \wedge dx_{i_p} \in \Sigma^p\}$$

によって Σ_p を定義すれば，Σ_p は $\mathcal{O}(X)$ 加群の部分層である．ここで $u(i_1, \cdots, i_p)$ は $G_p(X)$ の非斉次 Grassmann 座標である．

定義1 積分要素 $E_p{}^0$ が Σ の正則積分要素であるとは，次の二条件(i)，(ii)がみたされるときにいう：

(i) Σ_p は $E_p{}^0$ において $I\Sigma^p$ の正則局所方程式を与える；

(ii) $I\Sigma^p$ 上 $E_p{}^0$ の近傍で $\dim H(E_p)=\text{constant}$.

ここで条件(i)の意味は次の通りである：一般に $\mathcal{O}(X)$ の部分層 Φ にたいして，$I\Phi$ を Φ の積分点全体として

$$I\Phi = \{x \in X;\ \varphi(x) = 0, \varphi \in \Phi_x\}$$

によって定義する．このとき Φ が $I\Phi$ の点 x^0 において $I\Phi$ の正則局所方程式を与えるとは，次の二つの条件(i), (ii)をみたすような x^0 の近傍 U と Φ の U 上の断面 $f_1, \cdots, f_\sigma$ が存在するときにいう：

(i) $df_1, \cdots, df_\sigma$ は U 上の各点 x において1次独立である；

(ii) $I\Phi \cap U = \{x \in U;\ f_1(x) = \cdots = f_\sigma(x) = 0\}$.

このとき U の点 x において $\mathcal{O}_x(X)$ の元 φ が $I\Phi$ 上 x の近傍で $\varphi=0$ をみたすならば

$$\varphi = \sum_{i=1}^{\sigma} A_i f_i, \qquad A_i \in \mathcal{O}_x(X)$$

と書ける．従って，Φ がイデアルの部分層であるならば $\varphi \in \Phi_x$ が導かれる．

積分要素の列 $E_0 \subset E_1 \subset \cdots \subset E_r$ が正則鎖であるとは，各 p $(0 \leqq p < r)$ について E_p が正則積分要素であるときにいう．E_r が正則である必要はない．

定義2 Σ がその積分要素 E_r において包合的であるとは，E_r に終る正則鎖が存在するときにいう．

Σ が $E_r{}^0$ において包合的であるならば，$E_r{}^0$ に十分近い積分要素 E_r において包合的である．

上に述べた正則積分要素の定義は Kähler[14] に従う．これは Cartan[4] の定義と異る．Cartan の定義は次の通りである：0次元積分要素 $E_0{}^0$ が正常積分要素であるとは，Σ_0 が $E_0{}^0$ において $I\Sigma^0$ の正則局所方程式を与えるときにいう．正常積分要素 $E_0{}^0$ が正則積分要素であるとは，$I\Sigma^0$ 上 $E_0{}^0$ の近傍で

$$\dim H(E_0) = \text{constant}$$

であるときにいう．帰納的に積分要素 $E_p{}^0$ が正常積分要素であるとは，Σ_p が $E_p{}^0$ において $I\Sigma^p$ の正則局所方程式を与えかつ $E_p{}^0$ が少なくとも一つの正則積分要素 $E_{p-1}{}^0$ を含むときにいう．正常積分要素 $E_p{}^0$ が正則積分要素であるとは，$I\Sigma^p$ 上 $E_p{}^0$ の近傍で

$$\dim H(E_p) = \text{constant}$$

がなりたつときにいう．

Σ が E_r において包合的ならば，本章§4，定理1より，E_r は Cartan の意味で正常積分要素である．故に Σ がその積分要素 E_r において包合的であるための必要十分条件は，E_r が Cartan の意味で正常積分要素になることである．

一般に $T_x(X)$ の二つの部分空間 A, B にたいして

$$\dim A+\dim B = \dim A\cap B+\dim A\cup B.$$

A と B が $T_x(X)$ において横断的に交わるとは

$$\dim A\cup B = n = \dim T_x(X)$$

がなりたつときにいう．A と B が横断的に交わるならば，A', B' がそれぞれ A, B に十分近いとき，A' と B' は横断的に交わり

$$\dim A'\cap B' = \dim A\cap B.$$

極要素の定義から，$T_{x^0}(X)$ の元

$$\sum_{i=1}^{n}\varDelta_i\frac{\partial}{\partial x_i}$$

が $H(E_p{}^0)$ に入るための必要十分条件は，Σ^{p+1} のすべての元

(1)　　$$\sum a(i_1,\cdots,i_{p+1};x)dx_{i_1}\wedge\cdots\wedge dx_{i_{p+1}}\qquad(1\leqq i_1<\cdots<i_{p+1}\leqq n)$$

にたいして

(2)　　$$\sum\sum_{\alpha=1}^{p+1}(-1)^{\alpha-1}a(i,\cdots,i_{p+1};x^0)z^0(i_1,\cdots\overset{i_\alpha}{\wedge}\cdots,i_{p+1})\varDelta_{i_\alpha}=0$$
$$(1\leqq i_1<\cdots<i_{p+1}\leqq n)$$

がなりたつことである．ここで $z^0(i_1,\cdots,i_p)$ は $E_p{}^0$ の Grassmann 座標である．

積分要素 E_p にたいして

$$t_{p+1}(E_p) = \dim H(E_p)-p-1$$

によって $t_{p+1}(E_p)$ を定義すれば，$H(E_p)\supset E_p$ より

$$t_{p+1}(E_p)\geqq -1.$$

少くとも一つ E_p を含む積分要素 E_{p+1} が存在するための必要十分条件は

$$t_{p+1}(E_p)\geqq 0.$$

これより Cartan と Kähler による第一，第二存在定理(Kähler[14])を述べる．

定理1(第一存在定理)．M を Σ の p 次元積分多様体とし，F は M を正則部分多様体として含む X の正則部分多様体であって

(3) $$\dim F = n - t_{p+1}(E_p{}^0)$$

をみたすものとする．ここで $E_p{}^0$ は M の点 x^0 における接空間 $T_{x^0}(M)$ である．このとき，$E_p{}^0$ が正則積分要素であってかつ

(4) $$\dim T_{x^0}(F) \cap H(E_p{}^0) = p+1$$

であるならば，

$$F \supset N \supset M$$

をみたす Σ の $(p+1)$ 次元積分多様体 N が x^0 の近傍で一意に存在して

$$T_{x^0}(N) = T_{x^0}(F) \cap H(E_p{}^0).$$

証明 証明に入る前に F の次元についての条件(3)を説明すれば，それは $T_{x^0}(F)$ と $H(E_p{}^0)$ が条件(4)のもとで $T_{x^0}(X)$ において横断的に交わるためのものである．

$T_{x^0}(X)$ における $H(E_p{}^0)$ の余次元を s で表わす：

$$s = n - t_{p+1}(E_p{}^0) - p - 1.$$

このとき次のような $\Phi_1, \cdots, \Phi_s$ を Σ^{p+1} の中から選び得る：$T_{x^0}(X)$ の元 Δ が $H(E_p{}^0)$ に入るための必要十分条件は

(5) $$\Phi_h(E_p{}^0, \Delta) = 0, \quad 1 \leqq h \leqq s.$$

この等式は，Φ_h を(1)の $(p+1)$-形式としたとき(2)を意味する．上のような $\Phi_1, \cdots, \Phi_h$ をとって固定する．$T(F)$ に含まれる $G_p(X)$ の元 E_p にたいして，$K(E_p)$ を

$$K(E_p) = \{\Delta \in T_x(X);\ \Phi_h(E_p, \Delta) = 0,\ 1 \leqq h \leqq s\}$$

によって定義する．ここで x は E_p の始点である．$E_p{}^0$ は正則積分要素であると仮定したから，$I\Sigma^p$ 上 $E_p{}^0$ の近傍で

$$\dim H(E_p) = \dim H(E_p{}^0).$$

故に $E_p{}^0$ に十分近い積分要素 E_p にたいしては

$$H(E_p) = K(E_p).$$

$T_{x^0}(F)$ と $H(E_p{}^0)$ は横断的に交わると仮定したから，

(6) $$E_p \in G_p(X) \cap T(F)$$

にたいして，E_p が $E_p{}^0$ に十分近ければ $K(E_p)$ と $T_x(F)$ は横断的に交わり

(7) $$\dim K(E_p) \cap T_x(F) = p+1.$$

点 x^0 の近傍における X の局所座標系 $x_1, \cdots, x_n$ を次の三つの条件がみたされ

るようにとる：Fは

$$x_{n-t+1} = x_{n-t+2} = \cdots = x_n = 0$$

によって定義され，Mは

$$\begin{cases} x_{p+1} = 0, \\ x_\alpha = \varphi_\alpha(x_1, \cdots, x_p), \quad p+1<\alpha \leqq n-t, \\ x_k = 0, \quad n-t<k\leqq n \end{cases}$$

によって定義される．また$T_{x^0}(F) \cap H(E_p{}^0)$において

(8) $$dx_1 \wedge \cdots \wedge dx_p \wedge dx_{p+1} \neq 0.$$

ここで$t=t_{p+1}(E_p{}^0)$．このとき$E_p{}^0$に近い(6)にたいしてE_{p+1}を

$$E_{p+1} = T_x(F) \cap K(E_p)$$

によって定義すれば，(7)より

$$\dim E_{p+1} = p+1.$$

またE_{p+1}上(8)がなりたつ．

これより$dx_{p+1}=0$をみたす(6)にたいして，対応

(9) $$E_p \to E_{p+1}$$

を考える．このときE_pが

$$\varDelta_i = \frac{\partial}{\partial x_i} + \sum_{\alpha>p+1}^{n-t} l_\alpha{}^i \frac{\partial}{\partial x_\alpha} \qquad (1\leqq i\leqq p)$$

によって生成され，E_{p+1}がE_pと

(10) $$\varDelta = \frac{\partial}{\partial x_{p+1}} + \sum_{\alpha>p+1}^{n-t} l_\alpha \frac{\partial}{\partial x_\alpha}$$

によって生成されるとすれば，対応(9)は

(11) $$l_\alpha = F_\alpha(x_1, \cdots, x_{n-t}, l^1, \cdots, l^p), \quad p+1<\alpha\leqq n-t$$

によって表わされる．ここで

$$l^i = (l_{p+2}{}^i, \cdots, l_{n-t}{}^i), \quad 1\leqq i\leqq p.$$

このときl_αおよび$l_\beta{}^i$にそれぞれ

$$\frac{\partial x_\alpha}{\partial \tau}, \quad \frac{\partial x_\beta}{\partial x_i}$$

を代入すれば，(11)よりKowalevsky系

(12) $$\frac{\partial x_\alpha}{\partial \tau} = F_\alpha\left(x_1, \cdots, x_{n-t}, \frac{\partial x_{p+2}}{\partial x_1}, \cdots, \frac{\partial x_{n-t}}{\partial x_p}\right), \quad p+1<\alpha\leqq n-t$$

を得る．独立変数は $x_1, \cdots, x_p, \tau$ であって，$x_{p+2}, \cdots, x_{n-t}$ が未知函数である．これを $\tau=0$ における初期条件 $x_\alpha=\varphi_\alpha\ (p+1<\alpha\leqq n-t)$ のもとに解けば，解

$$x_\alpha = \phi_\alpha(x_1, \cdots, x_p, \tau), \qquad p+1<\alpha\leqq n-t$$

を得る．X の部分多様体 N を

$$\begin{cases} x_\alpha = \phi_\alpha(x_1, \cdots, x_p, x_{p+1}), & p+1<\alpha\leqq n-t, \\ x_k = 0, & n-t<k\leqq n \end{cases}$$

によって定義する．N は F の部分多様体であって，N_τ を N の $x_{p+1}=\tau$ による切り口とすれば $N_0=M$．また N の点 x にたいして $E_p=T_x(N_\tau)$ とすれば

$$T_x(N) = T_x(F) \cap K(E_p) = E_{p+1}.$$

各 τ について N_τ が Σ の p 次元積分多様体であるならば，$E_p \in I\Sigma^p$ より N が Σ の $(p+1)$ 次元積分多様体になる．

これより各 τ について N_τ が Σ の積分多様体であることを示す．$E_p{}^0$ は正則積分要素であると仮定したから，次の条件をみたすような Σ^p の元 $\Psi_1, \cdots, \Psi_\sigma$ が存在する：各 $i\ (1\leqq i\leqq\sigma)$ にたいして

$$\Psi_i = \sum a_i(j_1, \cdots, j_p; x)dx_{j_1} \wedge \cdots \wedge dx_{j_p}, \qquad 1\leqq j_1<\cdots<j_p\leqq n$$

とするとき，$\mathcal{O}(G_p(X))$ の元 ϕ_i を

$$\phi_i(E_p) = \sum a_i(j_1, \cdots, j_p; x)u(j_1, \cdots, j_p)$$

によって定義する．ここで $u(j_1, \cdots, j_p)$ は E_p の非斉次 Grassmann 座標であって

$$u(1, 2, \cdots, p) = 1.$$

この $\phi_1, \cdots, \phi_\sigma$ によって，$I\Sigma^p$ は $E_p{}^0$ の近傍において

$$\phi_1 = \cdots = \phi_\sigma = 0$$

と定義される．また $I\Sigma^p$ 上で消える $\mathcal{O}(G_p(X))$ の元 ϕ は

$$\phi = A_1\phi_1 + \cdots + A_\sigma\phi_\sigma, \qquad A_i \in \mathcal{O}(G_p(X))$$

と表わされる．上のような $\Psi_1, \cdots, \Psi_\sigma \in \Sigma^p$ をとって固定する．各 Ψ_λ を N 上に制限すれば，$(x_1, \cdots, x_{p+1})$ を N 上の座標系として

$$\iota^*\Psi_\lambda = \sum_{i=1}^{p}(-1)^{i-1}V_{\lambda i}(x)dx_1 \wedge \cdots \overset{dx_i}{\wedge} \cdots \wedge dx_{p+1}$$
$$+(-1)^p V_\lambda(x)dx_1 \wedge \cdots \wedge dx_p$$

と表わされる．ここで ι は N の X へのうめ込みである．さらに N_τ 上に制限

すれば

$$\iota_\tau{}^*\Psi_\lambda=(-1)^p V_\lambda(x_1,\cdots,x_p,\tau)dx_1\wedge\cdots\wedge dx_p.$$

ここで ι_τ は N_τ の X へのうめ込みである．このとき

$$(13)\qquad \begin{cases}\Psi_\lambda\wedge dx_i(E_{p+1})=(-1)^p V_{\lambda i}(x,\tau), & 1\leqq\lambda\leqq\sigma, 1\leqq i\leqq p,\\ \Psi_\lambda(E_p)=(-1)^p V_\lambda(x,\tau), & 1\leqq\lambda\leqq\sigma.\end{cases}$$

ただし

$$\begin{aligned}&dx_1\wedge\cdots\wedge dx_p(E_p)\\ &=dx_1\wedge\cdots\wedge dx_{p+1}(E_{p+1})=1.\end{aligned}$$

$I\Sigma^p$ 上 $E_p{}^0$ の近傍で $H(E_p)$ の次元が一定であることから，Σ^{p+1} の任意の元 Φ にたいして次の条件をみたすような $\mathcal{O}(G_p(X))$ の元 A_h, B_j $(1\leqq h\leqq s, 1\leqq j\leqq n)$ が存在する: 任意の $E_p\in G_p(X)$ および

$$\varDelta=\sum_{i=1}^n\xi_i\frac{\partial}{\partial x_i}\in T_x(X)$$

にたいして

$$(14)\qquad \Phi(E_p,\varDelta)=\sum_{h=1}^s A_h(E_p)\Phi_h(E_p,\varDelta)+\sum_{j=1}^n B_j(E_p)\xi_j.$$

ただし

$$dx_1\wedge\cdots\wedge dx_{p+1}(E_p,\varDelta)=1.$$

ここで各 B_j は $I\Sigma^p$ 上消えて

$$B_j=\sum_{\lambda=1}^\sigma B_{j\lambda}\psi_\lambda,\qquad B_{j\lambda}\in\mathcal{O}(G_p(X))$$

と表わされる．Σ はイデアルであるから

$$\Psi_\lambda\wedge dx_i\in\Sigma^{p+1},\qquad 1\leqq i\leqq n.$$

故に(14)において $\Phi=\Psi_\lambda\wedge dx_i$ とおくことができる．ここで

$$E_p=T_x(N_\tau),\qquad \varDelta=\varDelta_{p+1}=\frac{\partial}{\partial x_{p+1}}+\sum_{\alpha>p+1}^{n-t}\frac{\partial\phi_\alpha}{\partial\tau}\frac{\partial}{\partial x_\alpha}$$

とすれば，

$$\Phi_h(E_p,\varDelta_{p+1})=0,\qquad 1\leqq h\leqq s$$

であるから，函数 $B_{\lambda i\mu}$ が存在して，$V_{\lambda i}$ は

$$(15)\qquad V_{\lambda i}=\sum_{\mu=1}^\sigma B_{\lambda i\mu}(x,\tau)V_\mu,\qquad 1\leqq\lambda\leqq\sigma, 1\leqq i\leqq p$$

と表わされる．実際，(13)より

$$\begin{cases} \Psi \wedge dx_i(E_p, \varDelta_{p+1}) = (-1)^p V_{\lambda i}(x,\tau), \\ \psi_\mu(E_p) = (-1)^p V_\mu(x,\tau). \end{cases}$$

またN上Ψ_λの外微分をとれば

$$\begin{aligned} d\Psi_\lambda &= \sum_{j=1}^{p+1}\sum_{i=1}^{p}(-1)^{i-1}\frac{\partial V_{\lambda i}}{\partial x_j}dx_j \wedge dx_1 \wedge \cdots \overset{dx_i}{\wedge} \cdots \wedge dx_{p+1} \\ &\quad + \sum_{j=1}^{p+1}(-1)^p\frac{\partial V_\lambda}{\partial x_j}dx_j \wedge dx_1 \wedge \cdots \wedge dx_p \\ &= \left(\sum_{i=1}^{p}\frac{\partial V_{\lambda i}}{\partial x_i} + \frac{\partial V_\lambda}{\partial x_{p+1}}\right)dx_1 \wedge \cdots \wedge dx_{p+1}. \end{aligned}$$

従って，$E_p = T_x(N_\tau)$にたいして

$$d\Psi_\lambda(E_p, \varDelta_{p+1}) = \sum_{i=1}^{p}\frac{\partial V_{\lambda i}}{\partial x_i} + \frac{\partial V_\lambda}{\partial x_{p+1}}.$$

Σは微分イデアルであるから

$$d\Psi_\lambda \in \Sigma^{p+1} \qquad (1 \leqq \lambda \leqq \sigma).$$

故に(14)において$\Phi = d\Psi_\lambda$とおくことができる．このとき各λにたいして函数$C_{\lambda\mu}$が存在して

$$\sum_{i=1}^{p}\frac{\partial V_{\lambda i}}{\partial x_i} + \frac{\partial V_\lambda}{\partial \tau} = \sum_{\mu=1}^{\sigma}C_{\lambda\mu}(x,\tau)V_\mu, \qquad 1 \leqq \lambda \leqq \sigma.$$

従って，(15)より

$$\text{(16)} \qquad \frac{\partial V_\lambda}{\partial \tau} = \sum_{\mu=1}^{\sigma}\left(C_{\lambda\mu} - \sum_{i=1}^{p}\frac{\partial B_{\lambda i\mu}}{\partial x_i}\right)V_\mu - \sum_{\mu=1}^{\sigma}\sum_{i=1}^{p}B_{\lambda i\mu}\frac{\partial V_\mu}{\partial x_i}$$

が各λ $(1 \leqq \lambda \leqq \sigma)$について成立する．$N_0 = M$であり，$M$は積分多様体であるから

$$V_\lambda(x, 0) = 0, \qquad 1 \leqq \lambda \leqq \sigma.$$

系(16)は，$x_1, \cdots, x_p, \tau$を独立変数，$V_1, \cdots, V_\sigma$を未知函数とするKowalevsky系とみなし得る．故に解の一意性から，各τにたいして

$$V_1 = \cdots = V_\sigma = 0.$$

従って(13)より

$$\Psi_\lambda(E_p) = 0, \qquad E_p = T_x(N_\tau), \qquad 1 \leqq \lambda \leqq \sigma.$$

$I\Sigma^p$は$E_p{}^0$の近傍で

$$\Psi_\lambda(E_p) = 0 \qquad (1 \leqq \lambda \leqq \sigma)$$

によって定義されるから，十分小さいτにたいして

$$T_x(N_\tau) \in I\Sigma^p.$$

これより N_τ は各 τ について Σ の積分多様体を与える．

定理の条件をみたす積分多様体 N の一意性は明らかである(証終)．

次に正則鎖

$$E_0{}^0 \subset E_1{}^0 \subset \cdots \subset E_r{}^0$$

を考える．極要素の定義から

$$H(E_0{}^0) \supset H(E_1{}^0) \supset \cdots \supset H(E_{r-1}{}^0) \supset E_r{}^0.$$

これより

(17) $$t_1(E_0{}^0)+1 \geqq t_2(E_1{}^0)+2 \geqq \cdots \geqq t_r(E_{r-1}{}^0)+r \geqq r.$$

ここで $s_p\,(0\leqq p\leqq r)$ を

$$\begin{aligned} s_0 &= t_0-t_1(E_0{}^0)-1 = \dim T_{x^0}(I\Sigma^0)-\dim H(E_0{}^0), \\ s_p &= t_p(E_{p-1}{}^0)-t_{p+1}(E_p{}^0)-1 \\ &= \dim H(E_{p-1}{}^0)-\dim H(E_p{}^0), \qquad 0<p<r, \\ s_r &= t_r(E_{r-1}{}^0) \end{aligned}$$

によって定義する．ただし

$$t_0 = \dim I\Sigma^0.$$

不等式(17)より

$$s_p \geqq 0 \qquad (0<p\leqq r).$$

s_0 については，$\varphi \in \Sigma^0$ から $d\varphi \in \Sigma^1$ が導かれることから

$$s_0 \geqq 0$$

がわかる．定義より

$$s_0+s_1+\cdots+s_r = t_0-r.$$

$E_0{}^0$ の近傍で X の局所座標系 $x_1, \cdots, x_r, y_1, \cdots, y_m$ を次の四つの条件(i)-(iv)をみたすようにとることができる:

(i) $I\Sigma^0$ は $y_{t_0-r+1}=\cdots=y_m=0$ によって定義される;

(ii) $H(E_p{}^0) = \left\{\dfrac{\partial}{\partial x_1}, \cdots, \dfrac{\partial}{\partial x_r}, \dfrac{\partial}{\partial y_{s_0+\cdots+s_p+1}}, \cdots, \dfrac{\partial}{\partial y_{t_0-r}}\right\} \qquad (0\leqq p<r);$

(iii) $E_p{}^0 = \left\{\dfrac{\partial}{\partial x_1}, \cdots, \dfrac{\partial}{\partial x_p}\right\}, \qquad 0\leqq p\leqq r;$

(iv) $E_0{}^0 = (0, 0, \cdots, 0).$

上のような座標系をとって固定する．これにたいして次のような初期値 f を与える：

$$f_1, \cdots, f_{s_0};\ \text{定数},$$
$$f_{s_0+1}, \cdots, f_{s_0+s_1};\ x_1\ \text{の函数},$$
$$f_{s_0+s_1+1}, \cdots, f_{s_0+s_1+s_2};\ x_1, x_2\ \text{の函数},$$
$$\cdots$$
$$f_{s_0+\cdots+s_{r-1}+1}, \cdots, f_{s_0+\cdots+s_{r-1}+s_r};\ x_1, \cdots, x_r\ \text{の函数}.$$

次の定理が成立する：

定理 2(第二存在定理)．初期値 f とその1階偏導函数の絶対値が十分小さいならば，次のような Σ の積分多様体 M が $E_0{}^0$ の近傍で一意に存在する：M は

$$y_i = y_i(x_1, \cdots, x_r), \qquad 1 \leqq i \leqq t_0 - r,$$
$$y_j = 0 \qquad (t_0 - r < j \leqq m)$$

によって定義され，各 $p\ (0 \leqq p \leqq r)$ にたいして

$$y_i(x_1, \cdots, x_p, 0, \cdots, 0) = f_i(x_1, \cdots, x_p),$$
$$s_0 + \cdots + s_{p-1} < i \leqq s_0 + \cdots + s_{p-1} + s_p$$

をみたす．

証明 $X = I\Sigma^0$ と仮定しても一般性を失なわないから

$$t_0 = n = r + m$$

とする．見通しを与えるために，まず $f=0$ の場合を証明する．この場合，X の部分多様体 $F_p\ (1 \leqq p \leqq r)$ を

$$x_{p+1} = \cdots = x_r = 0,$$
$$y_{s_0+\cdots+s_{p-1}+1} = \cdots = y_m = 0$$

によって定義する．このとき解くべき初期値問題は

$$E_0{}^0 \subset M, \qquad M \cap V_p \subset F_p \qquad (1 \leqq p \leqq r)$$

をみたす Σ の積分多様体 M を求めることである．ここで V_p は

$$x_{p+1} = \cdots = x_r = 0$$

によって定義される X の部分多様体である．F_p の定義から

(18) $$\dim F_p = p + s_0 + \cdots + s_{p-1} = n - t_p(E_{p-1}{}^0), \qquad 1 \leqq p \leqq r.$$

また

$$E_0{}^0 \subset F_1 \subset F_2 \subset \cdots \subset F_r$$

であって

$$(19)\qquad T_{x^0}(F_p)\cap H(E_{p-1}{}^0)=E_p{}^0,\quad x^0=E_0{}^0,\quad 1\leqq p\leqq r.$$

第一存在定理の条件が，(18)と(19)において$p=1$とすれば，

$$M=E_0{}^0,\quad F=F_1$$

によってみたされる．従って

$$\dim M_1=1,\quad E_0{}^0\subset M_1\subset F_1,\quad T_{x^0}(M_1)=E_1{}^0$$

であるようなΣの積分多様体M_1が一意に存在する．次に(18)と(19)において$p=2$とすれば，

$$M=M_1,\quad F=F_2$$

によって第一存在定理の条件がみたされる．従って

$$\dim M_2=2,\quad M_1\subset M_2\subset F_2,\quad T_{x^0}(M_2)=E_2{}^0$$

であるようなΣの積分多様体M_2が一意に存在する．このようにして帰納的に各$p\,(1\leqq p\leqq r)$にたいして

$$(20)\qquad \dim M_p=p,\quad M_{p-1}\subset M_p\subset F_p,\quad T_{x^0}(M_p)=E_p{}^0$$

をみたすΣの積分多様体M_pが一意に存在する．ただし

$$M_0=E_0{}^0.$$

最後に得られるM_rが求める解である．実際

$$E_0{}^0\subset M_r,\quad M_r\cap V_p=M_p\subset F_p.$$

条件(20)をみたすΣの積分多様体M_pは一意に存在するから，初期値問題の解M_rは一意に存在する．

次に一般のfについて証明する．この場合，Xの部分多様体$F_p{}^f\,(1\leqq p\leqq r)$を

$$x_{p+1}=\cdots=x_r=0,$$
$$y_i=f_i\qquad(s_0+\cdots+s_{p-1}<i\leqq m)$$

によって定義する．また$E_0{}^f$を

$$x_i=0\qquad(1\leqq i\leqq r),$$
$$y_j=f_j\qquad(1\leqq j\leqq m)$$

によって定義する．このとき解くべき初期値問題は

$$E_0{}^f\subset M,\quad M\cap V_p\subset F_p{}^f\qquad(1\leqq p\leqq r)$$

をみたすΣの積分多様体Mを求めることである．定義より

$$E_0{}^f \subset F_1{}^f \subset F_2{}^f \subset \cdots \subset F_r{}^f$$

であってかつ

(21) $$\dim F_p{}^f = p + s_0 + \cdots + s_{p-1}.$$

仮定より $E_0{}^0$ は正則積分要素であってかつ $I\Sigma^0 = X$ であるから，初期値 f を十分小さくすれば，$E_0{}^f$ は正則積分要素になり，かつ

(22) $$\dim H(E_0{}^f) = \dim H(E_0{}^0).$$

従って(21), (22)より

$$\dim F_1{}^f = n - t_1(E_0{}^f).$$

また $T_{x^0}(F_1)$ と $H(E_0{}^0)$ は $T_{x^0}(X)$ において横断的に交わるから，f が十分小さければ

$$\dim T_x(F_1{}^f) \cap H(E_0{}^f) = \dim T_{x^0}(F_1{}^f) \cap H(E_0{}^0) = 1.$$

ここで $x = E_0{}^f$．故に

$$M = E_0{}^f, \quad F = F_1{}^f$$

によって，f が十分小さければ，第一存在定理の条件がみたされる．従って

$$\dim M_1{}^f = 1, \quad E_0{}^f \subset M_1{}^f \subset F_1{}^f, \quad T_x(M_1{}^f) = E_1{}^f$$

をみたす Σ の積分多様体 $M_1{}^f$ が一意に存在する．ここで

$$E_1{}^f = T_x(F_1{}^f) \cap H(E_0{}^f).$$

これより帰納的に各 $p\,(1 \leqq p \leqq r)$ にたいして

(23) $$\dim M_p{}^f = p, \quad M_{p-1}{}^f \subset M_p{}^f \subset F_p{}^f, \quad T_x(M_p{}^f) = E_p{}^f$$

および

(24) $$E_p{}^f = T_x(F_p{}^f) \cap H(E_{p-1}{}^f)$$

をみたす Σ の積分多様体 $M_p{}^f$ が一意に存在する．ただし

$$M_0{}^f = E_0{}^f$$

であって，f は十分小さいとする．最後に得られる $M_r{}^f$ が求める解である．実際

$$E_0{}^f \subset M_r{}^f, \quad M_r{}^f \cap V_p = M_p{}^f \subset F_p{}^f.$$

条件(23)および(24)をみたす Σ の積分多様体 $M_p{}^f$ は一意に存在するから，初期値問題の解 $M_r{}^f$ は一意に存在する(証終).

§2　包合系の代数的構造

E, F を実数(または複素数)体上の有限次元線型空間とし，$\mathrm{Hom}(F, E)$ の線型部分空間 A を考える．$F \ni t_1, \cdots, t_p$ にたいして，$A(t_1, \cdots, t_p)$ を

$$A(t_1, \cdots, t_p) = \{a \in A;\ a(t_1) = \cdots = a(t_p) = 0\}$$

によって定義する．各 $p\ (0 \leqq p \leqq r)$ にたいして，$t_1, \cdots, t_p$ を動かして，g_p を

$$\dim A(t_1, \cdots, t_p)$$

の最小値として定義する．ここで $r = \dim F$. つねに

$$g_0 = \dim A, \qquad g_r = 0.$$

F の基底 $(t_1, \cdots, t_r)$ が A に関して一般底であるとは，

$$\dim A(t_1, \cdots, t_p) = g_p, \qquad 1 \leqq p \leqq r$$

がなりたつときにいう．一般底はつねに存在する．すべての $t, t' \in F$ にたいして

$$\xi(t)t' = \xi(t')t$$

をみたす

$$\xi \in \mathrm{Hom}(F, \mathrm{Hom}(F, E))$$

の全体を $E \otimes S^2(F^*)$ で表わす．A の延長 pA を

$$pA = \mathrm{Hom}(F, A) \cap E \otimes S^2(F^*)$$

によって定義する．$\mathrm{Hom}(F, E)$ および $\mathrm{Hom}(F, \mathrm{Hom}(F, E))$ をそれぞれ $E \otimes F^*$ および $E \otimes F^* \otimes F^*$ と同一視する．F の基底 $(t_1, \cdots, t_r)$ にたいして，$E \otimes F^* \otimes F^*$ から $E \otimes F^*$ への写像 $\sigma_i\ (1 \leqq i \leqq r)$ を

$$u_\alpha \otimes t^j \otimes t^k \to \delta_i{}^k u_\alpha \otimes t^j \qquad (1 \leqq \alpha \leqq m,\ 1 \leqq j, k \leqq r)$$

によって定義する．ここで $(t^1, \cdots, t^r)$ は F^* の双対基底であり，$(u_1, \cdots, u_m)$ は E の一つの基底である：$m = \dim E$. このとき $E \otimes F^* \otimes F^*$ の元

$$x = \sum_{\alpha=1}^{m} \sum_{j=1}^{r} \sum_{k=1}^{r} b_{jk}{}^\alpha u_\alpha \otimes t^j \otimes t^k$$

が pA に属するための必要十分条件は，

$$b_{jk}{}^\alpha = b_{kj}{}^\alpha \qquad (1 \leqq \alpha \leqq m,\ 1 \leqq j, k \leqq r)$$

であってかつ

$$\sigma_i x = \sum_{\alpha=1}^{m} \sum_{j=1}^{r} b_{ji}{}^\alpha u_\alpha \otimes t^j \in A \qquad (1 \leqq i \leqq r)$$

となることである.

各 $i\ (0\leqq i\leqq r)$ にたいして $A_i=A(t_1,\cdots,t_i)$ とすれば

$$A=A_0\supset A_1\supset\cdots\supset A_{r-1}\supset A_r=\{0\}.$$

命題1　不等式

$$\dim pA\leqq\sum_{i=0}^{r}\dim A_i$$

がつねになりたつ.

証明　写像 σ_i を pA_{i-1} に制限すれば

$$\mathrm{Ker}(\sigma_i)=pA_i,\qquad \mathrm{Im}(\sigma_i)\subset A_{i-1}\qquad (1\leqq i\leqq r).$$

故に

$$\dim pA_{i-1}-\dim pA_i\leqq\dim A_{i-1}\qquad (1\leqq i\leqq r).$$

これらの不等式をすべて加算して求める不等式を得る(証終).

一般底はつねに存在するから，不等式

$$\dim pA\leqq\sum_{i=0}^{r}g_i$$

がつねになりたつ.

定義1　A が包合的であるとは，等式

$$\dim pA=\sum_{i=0}^{r}g_i$$

がなりたつときにいう.

定義2　F の基底 $(t_1,\cdots,t_r)$ が A に関して正則であるとは，等式

$$\dim pA=\sum_{i=0}^{r}\dim A_i$$

がなりたつときにいう.

A が包合的であるための必要十分条件は，A に関する正則底が存在することである．F の基底 $(t_1,\cdots,t_r)$ が A に関して正則であるための必要十分条件は，各 $i\ (1\leqq i\leqq r)$ にたいして，σ_i が pA_{i-1} を A_{i-1} の上に写すことである.

pA を $\mathrm{Hom}(F,A)$ の部分空間とみなして，F の基底 $(t_1,\cdots,t_r)$ にたいして $(pA)_i$ を

$$(pA)_i=\{\xi\in pA;\ \xi(t_1)=\cdots=\xi(t_i)=0\}$$

によって定義すれば

$$(pA)_i = pA_i \qquad (0 \leqq i \leqq r).$$

$E \otimes F^*$ の双対空間 $E^* \otimes F$ における A の零化空間(annihilator)を $\mathrm{Ann}(A)$ で表わす．$E \otimes S^2(F^*)$ の双対空間 $E^* \otimes S^2(F)$ において

$$\mathrm{Ann}(pA) = \mathrm{Ann}(A) \underset{S}{\otimes} F.$$

ここで右辺は

$$\eta = \sum_{\alpha=1}^{m} \sum_{j=1}^{r} c_\alpha{}^j u^\alpha \otimes t_j \in \mathrm{Ann}(A)$$

を動かすとき，

$$\sum_{\alpha=1}^{m} \sum_{j=1}^{r} c_\alpha{}^j u^\alpha \otimes t_j \underset{S}{\otimes} t_k, \qquad 1 \leqq k \leqq r$$

によって生成される．ただし

$$t_j \underset{S}{\otimes} t_k = \frac{1}{2}(t_j \otimes t_k + t_k \otimes t_j).$$

B_i によって

$$E^* \otimes F / \mathrm{Ann}(A_i)$$

を表わせば，

$$B_i \cong A_i{}^* \qquad (0 \leqq i \leqq r).$$

$\mathrm{Ann}(A_i)$ は $\mathrm{Ann}(A)$ および $u^\alpha \otimes t_j$ $(1 \leqq \alpha \leqq m, 1 \leqq j \leqq i)$ によって生成される．qB_i によって

$$E^* \otimes S^2(F) / \mathrm{Ann}(pA_i)$$

を表わせば

$$qB_i \cong (pA_i)^*, \qquad 0 \leqq i \leqq r.$$

各 i $(1 \leqq i \leqq r)$ について $\mathrm{Ann}(pA_i)$ は $\mathrm{Ann}(pA)$ および

$$u^\alpha \otimes t_j \underset{S}{\otimes} t_k \qquad (1 \leqq \alpha \leqq m, 1 \leqq j \leqq i, j \leqq k \leqq r)$$

によって生成される．

F の基底 $(t_1, \cdots, t_r)$ にたいして，$E^* \otimes F$ から $E^* \otimes S^2(F)$ への写像 λ_i を

$$u^\alpha \otimes t_j \to u^\alpha \otimes t_j \underset{S}{\otimes} t_i$$

によって定義すれば，σ_i を $E \otimes S^2(F^*)$ に制限するとき

$$\lambda_i = \sigma_i{}^* \qquad (1 \leqq i \leqq r).$$

各 λ_i は $\mathrm{Ann}(A_i)$ を $\mathrm{Ann}(pA_i)$ の中へ写すから，λ_i を B_i から qB_i への写像と

みなすことができる.

F の基底 $(t_1, \cdots, t_r)$ が A に関して正則であるための必要十分条件は，各 i $(1 \leqq i \leqq r)$ について λ_i が B_{i-1} を qB_{i-1} に1対1に写すことである.

$\mathrm{Ann}(A)$ の生成元として次のような $\eta_\lambda{}^i$ $(1 \leqq i \leqq r, 1 \leqq \lambda \leqq \nu_i)$ をとることができる: $\eta_\lambda{}^i$ は $u^\alpha \otimes t_j$ $(1 \leqq j \leqq i, 1 \leqq \alpha \leqq m)$ の1次結合として

$$\eta_\lambda{}^i = \sum_{\alpha=1}^{m} \sum_{j=1}^{i} c_{\lambda\alpha}{}^{ij} u^\alpha \otimes t_j$$

と表わされ，各 i $(1 \leqq i \leqq r)$ にたいして

$$\sum_{\alpha=1}^{m} c_{\lambda\alpha}{}^{ii} u^\alpha \qquad (1 \leqq \lambda \leqq \nu_i)$$

は1次独立である．このとき

$$\eta_\lambda{}^i \otimes t_k \qquad (1 \leqq k \leqq i \leqq r, 1 \leqq \lambda \leqq \nu_i),$$
$$u^\alpha \otimes t_k \otimes t_l - u^\alpha \otimes t_l \otimes t_k \qquad (1 \leqq \alpha \leqq m, 1 \leqq k < l \leqq r)$$

は1次独立である.

$\mathrm{Ann}(A)$ の生成元として上のような $\eta_\lambda{}^i$ $(1 \leqq i \leqq r, 1 \leqq \lambda \leqq \nu_i)$ をとるとき，次の定理がなりたつ:

定理1 F の基底 $(t_1, \cdots, t_r)$ が A に関して正則であるための必要十分条件は，各 $\eta_\mu{}^h \otimes t_p$ $(1 \leqq h < p \leqq r, 1 \leqq \mu \leqq \nu_h)$ が

$$\eta_\lambda{}^i \otimes t_k \qquad (1 \leqq k \leqq i \leqq r, 1 \leqq \lambda \leqq \nu_i),$$
$$u^\alpha \otimes t_k \otimes t_l - u^\alpha \otimes t_l \otimes t_k \qquad (1 \leqq \alpha \leqq m, 1 \leqq k < l \leqq r)$$

に1次従属することである.

証明 $E \otimes F^*$ の元 x を

$$x = \sum_{\alpha=1}^{m} \sum_{i=1}^{r} b_i{}^\alpha u_\alpha \otimes t^i$$

と表わすとき，$x \in A$ となる必要十分条件は

$$\sum_{\alpha=1}^{m} c_{\lambda\alpha}{}^{11} b_1{}^\alpha = 0 \qquad (1 \leqq \lambda \leqq \nu_1),$$

$$\sum_{\alpha=1}^{m} (c_{\lambda\alpha}{}^{21} b_1{}^\alpha + c_{\lambda\alpha}{}^{22} b_2{}^\alpha) = 0 \qquad (1 \leqq \lambda \leqq \nu_2),$$

……

$$\sum_{\alpha=1}^{m} (c_{\lambda\alpha}{}^{r1} b_1{}^\alpha + \cdots + c_{\lambda\alpha}{}^{rr} b_r{}^\alpha) = 0 \qquad (1 \leqq \lambda \leqq \nu_r).$$

また $x \in A_{q-1}$ であるための必要十分条件は，$x \in A$ であってかつ

$$b_i{}^\alpha = 0 \qquad (1 \leqq i \leqq q-1, 1 \leqq \alpha \leqq m).$$

$E \otimes S^2(F^*)$ の元 y を

$$y = \sum_{\alpha=1}^{m} \sum_{i=1}^{r} \sum_{j=1}^{i} b_{ij}{}^\alpha u_\alpha \otimes t^i \otimes t^j + \sum_{\alpha=1}^{m} \sum_{i=1}^{j-1} \sum_{j=1}^{r} b_{ji}{}^\alpha u_\alpha \otimes t^i \otimes t^j$$

と表わすとき，$y \in pA$ となる必要十分条件は

$$\varphi_{\lambda k}{}^q = 0 \qquad (1 \leqq q, k \leqq r,\ 1 \leqq \lambda \leqq \nu_q):$$

ここで

$$\varphi_{\lambda k}{}^q = \sum_{\alpha=1}^{m} (c_{\lambda\alpha}{}^{q1} b_{k1}{}^\alpha + \cdots + c_{\lambda\alpha}{}^{qk} b_{kk}{}^\alpha + c_{\lambda\alpha}{}^{q,k+1} b_{k+1,k}{}^\alpha + \cdots + c_{\lambda\alpha}{}^{qq} b_{qk}{}^\alpha).$$

また $y \in pA_{q-1}$ であるための必要十分条件は，$y \in pA$ であってかつ

$$b_{ij}{}^\alpha = 0 \qquad (1 \leqq j \leqq q-1, j \leqq i \leqq r, 1 \leqq \alpha \leqq m).$$

さらに

$$x \in A_{q-1}, \qquad y \in pA_{q-1}$$

にたいして $\sigma_q y = x$ となるための必要十分条件は，

$$b_{iq}{}^\alpha = b_i{}^\alpha \qquad (q \leqq i \leqq r, 1 \leqq \alpha \leqq m).$$

$\Phi_k\,(1 \leqq k \leqq r)$ によって

$$\varphi_{\lambda k}{}^q \qquad (1 \leqq q \leqq r, 1 \leqq \lambda \leqq \nu_q)$$

を表わし，$b_i\,(1 \leqq i \leqq r)$ によって

$$b_{ii}{}^\alpha, \cdots, b_{ri}{}^\alpha \qquad (1 \leqq \alpha \leqq m)$$

を表わす．各 $q\,(1 \leqq q \leqq r)$ にたいして，σ_q が pA_{q-1} を A_{q-1} の上に写すための必要十分条件は，ϕ_q を b_q の 1 次式とするとき

$$\phi_q \equiv 0 \qquad \mathrm{mod}(\Phi_{q+1}, \cdots, \Phi_r, b_1, \cdots, b_{q-1})$$

から

$$\phi_q \equiv 0 \qquad \mathrm{mod}(\Phi_q, b_1, \cdots, b_{q-1})$$

が導かれることである．

一方，定理の条件がみたされるための必要十分条件は，すべての $1 \leqq q < k \leqq r$, $1 \leqq \lambda \leqq \nu_q$ にたいして

$$\varphi_{\lambda k}{}^{q} \equiv 0 \qquad \mathrm{mod}(\Phi_1, \cdots, \Phi_q)$$

がなりたつことである：いいかえれば

$$\varphi_{\lambda k}{}^{q} \equiv 0 \qquad \mathrm{mod}(\varphi_{\mu l}{}^{p}; 1 \leqq l \leqq p \leqq r, 1 \leqq \mu \leqq \nu_p).$$

これより定理の成立することがわかる(証終).

定理1の条件がみたされるならば，各 $i\,(1 \leqq i \leqq r)$ にたいして

$$\varphi_{\lambda, i+1}{}^{i} \equiv 0 \qquad \mathrm{mod}(\Phi_1, \cdots, \Phi_i)$$

であるから，

$$0 \leqq \nu_1 \leqq \cdots \leqq \nu_r \leqq m$$

となり，$u^1, \cdots, u^m$ の順序を適当にかえることにより，すべての $i\,(1 \leqq i \leqq r)$ について

$$\eta_\lambda{}^{i}(x) = \sum_{\alpha=1}^{m} (c_{\lambda\alpha}{}^{i1} b_1{}^{\alpha} + \cdots + c_{\lambda\alpha}{}^{ii} b_i{}^{\alpha}) = 0, \qquad 1 \leqq \lambda \leqq \nu_i$$

は $b_i{}^1, \cdots, b_i{}^{\nu_i}$ に関して解ける．これより次の定理が成立する：

定理2 F の基底 $(t_1, \cdots, t_r)$ が A に関して正則であるための必要十分条件は次の通りである：E^* の基底 $u^1, \cdots, u^m$ の順序を適当にかえることにより，$\mathrm{Ann}(A)$ は

$$\varphi_i{}^{\alpha} = u^{\alpha} \otimes t_i - \psi_i{}^{\alpha} \qquad (1 \leqq i \leqq r, 1 \leqq \alpha \leqq \nu_i)$$

によって生成される．ここで $\nu_1 \leqq \cdots \leqq \nu_r$ であり，

$$\psi_i{}^{\alpha} \equiv 0 \qquad \mathrm{mod}(u^{\beta} \otimes t_j; 1 \leqq j \leqq i, \nu_j < \beta \leqq m).$$

また $E^* \otimes S^2(F)$ において $\mathrm{Ann}(pA)$ は $\lambda_i \varphi_j{}^{\alpha}\,(1 \leqq i \leqq j \leqq r, 1 \leqq \alpha \leqq \nu_j)$ によって生成される．

F の基底 $(t_1, \cdots, t_r)$ にたいして，$\mathrm{Ann}(A)$ の部分空間 $D_i\,(0 \leqq i \leqq r)$ を

$$D_i = \{\eta \in \mathrm{Ann}(A); \eta(t^{i+1}) = \cdots = \eta(t^r) = 0\}$$

によって定義する．ここで $E^* \otimes F$ は $\mathrm{Hom}(F^*, E)$ と同一視する．このとき

$$\{0\} = D_0 \subset D_1 \subset \cdots \subset D_{r-1} \subset D_r = \mathrm{Ann}(A).$$

$\mathrm{Ann}(A)$ の生成元として上記の $\eta_\lambda{}^{i}\,(1 \leqq i \leqq r, 1 \leqq \lambda \leqq \nu_i)$ をとれば

$$\nu_i = \dim D_i - \dim D_{i-1}, \qquad 1 \leqq i \leqq r.$$

すべての $i\,(1 \leqq i \leqq r)$ にたいして

$$\dim D_r - \dim D_i + \dim A_i = m(r-i).$$

故に

(1) $$\nu_i+\dim A_{i-1}-\dim A_i = m, \qquad 1\leqq i\leqq r.$$

この等式は F の任意の基底 $(t_1, \cdots, t_r)$ にたいして成立する.

$E\otimes F^*$ を順次 p によって延長すれば

$$p^{l-1}(E\otimes F^*) = E\otimes S^l(F^*), \qquad l\geqq 1.$$

ここで $S^l(F^*)$ は

$$\underbrace{F^*\otimes\cdots\otimes F^*}_{l}$$

の部分空間であって

$$t^{i_1}\underset{S}{\otimes}\cdots\underset{S}{\otimes}t^{i_l} \qquad (1\leqq i_1\leqq\cdots\leqq i_l\leqq r)$$

によって生成される: ここで

$$t^{i_1}\underset{S}{\otimes}\cdots\underset{S}{\otimes}t^{i_l} = \frac{1}{l!}\sum t^{j_1}\otimes\cdots\otimes t^{j_l} \qquad (\{j_1, \cdots, j_l\}=\{i_1, \cdots, i_l\}).$$

$E\otimes F^*$ の部分空間 A を順次 p によって延長すれば

$$p^l A \subset E\otimes S^{l+1}(F^*), \qquad l\geqq 1.$$

一般に $E\otimes S^l(F^*)$ の部分空間 A_l について,

$$E\otimes S^l(F^*) \subset E\otimes S^{l-1}(F^*)\otimes F^*$$

とみなして延長すれば

$$pA_l \subset E\otimes S^{l+1}(F^*).$$

双対的に

$$\mathrm{Ann}(A_l) \subset E^*\otimes S^l(F)$$

であって

$$\mathrm{Ann}(pA_l) = \mathrm{Ann}(A_l)\underset{S}{\otimes}F \subset E^*\otimes S^{l+1}(F).$$

ここで $\mathrm{Ann}(A_l)\underset{S}{\otimes}F$ は, $\mathrm{Ann}(A_l)$ の元

$$\eta = \sum_{\alpha=1}^{m}\sum c_\alpha{}^{i_1\cdots i_l}u^\alpha\otimes t_{i_1}\underset{S}{\otimes}\cdots\underset{S}{\otimes}t_{i_l} \qquad (1\leqq i_1\leqq\cdots\leqq i_l\leqq r)$$

を動かすとき

$$\sum_{\alpha=1}^{m}\sum c_\alpha{}^{i_1\cdots i_l}u^\alpha\otimes t_{i_1}\underset{S}{\otimes}\cdots\underset{S}{\otimes}t_{i_l}\underset{S}{\otimes}t_i, \qquad 1\leqq i\leqq r$$

によって生成される.

線型空間の列

$$A_l \subset E \otimes S^l(F^*), \qquad l \geqq 1$$

が次の条件をみたすと仮定する：

$$pA_l \supset A_{l+1}, \qquad l \geqq 1.$$

このとき $\mathrm{Ann}(A_l)$ を D_l によって表わせば，$D_l \subset E^* \otimes S^l(F)$ であって

$$D_l \underset{S}{\otimes} F \subset D_{l+1}, \qquad l \geqq 1.$$

$S(F)$ によって次数つき多元環

$$\sum_{l \geqq 0} S^l(F)$$

を表わし，次数つき $S(F)$ 加群

$$M = \sum_{l \geqq l_0} E^* \otimes S^l(F)$$

を考える．$S(F)$ の作用は

$$t_{j_1} \underset{S}{\otimes} \cdots \underset{S}{\otimes} t_{j_q} (u^\alpha \otimes t_{i_1} \underset{S}{\otimes} \cdots \underset{S}{\otimes} t_{i_l})$$
$$= u^\alpha \otimes t_{i_1} \underset{S}{\otimes} \cdots \underset{S}{\otimes} t_{i_l} \underset{S}{\otimes} t_{j_1} \underset{S}{\otimes} \cdots \underset{S}{\otimes} t_{j_q}$$

によって定義する．M は $S(F)$ 加群として有限生成であるから，$S(F)$ 部分加群に関して極大条件をみたす．

命題 2　十分大きい l にたいして

$$D_{l+1} = D_l \underset{S}{\otimes} F.$$

証明　すべての $D_l\,(l \geqq l_0)$ から生成される M の $S(F)$ 部分加群 D を考える．M が極大条件をみたすところから，十分大きい l_1 にたいして D は $D_l\,(l_0 \leqq l \leqq l_1)$ によって生成される．$D_{l+1} \supset D_l \underset{S}{\otimes} F$ であるから，$l \geqq l_1$ にたいして $D_{l+1} = D_l \underset{S}{\otimes} F$（証終）．

以後すべての $l \geqq l_0$ にたいして

$$D_{l+1} = D_l \underset{S}{\otimes} F$$

であると仮定する：

$$pA_l = A_{l+1}, \qquad l \geqq l_0.$$

F の基底 $t_1, \cdots, t_r$ にたいして，F_i を $t_{i+1}, \cdots, t_r$ によって張られる F の部分空間とする $(0 \leqq i \leqq r)$．双対空間 F^* において $t^{i+1}, \cdots, t^r$ によって張られる部分空間を $F_i{}^*$ によって表わす $(0 \leqq i \leqq r)$．$A_l{}^i$ を

$$A_l{}^i = A_l \cap E \otimes S^l(F_i{}^*)$$

によって定義する$(0 \leqq i \leqq r)$．$\mathrm{Ann}(A_l{}^i)$を$D_l{}^i$によって表わせば

$$\mathrm{Ann}(pA_l{}^i) = D_{l+1}{}^i \qquad (0 \leqq i \leqq r,\ l \geqq l_0).$$

$B_l{}^i\,(0 \leqq i \leqq r, l \geqq l_0)$を

$$B_l{}^i = E^* \otimes S^l(F)/D_l{}^i$$

によって定義する．Mにおける各$t_j\,(1 \leqq j \leqq r)$の作用は，$B_l{}^i$から$B_{l+1}{}^i$への写像を与える．Fの基底$t_1, \cdots, t_r$がA_lに関して正則であるための必要十分条件は，各$t_i\,(1 \leqq i \leqq r)$が$B_l{}^{i-1}$をB_{l+1}^{i-1}に1対1に写すことである．まず$B_l{}^0$をB_lで表わして，次数つき$S(F)$加群

$$N = \sum_{l \geqq l_0} B_l, \qquad B_l = E^* \otimes S^l(F)/D_l$$

を考える．$N = M/D$であるから，Nは$S(F)$部分加群に関して極大条件をみたす．次の$S(F)$部分加群を考える:

$$I(N) = \{b \in N; vb = 0, v \in F\}.$$

命題3　十分大きいl_1にたいして

$$I(N) \cap \sum_{l > l_1} B_l = \{0\}.$$

証明　まず$I(N)$が斉次項から生成されることに注意する．実際Nの元

$$b = \sum_{l \geqq l_0} b_l \qquad (b_l \in B_l)$$

にたいして，$vb = 0\,(v \in F)$ならば，すべての$l \geqq l_0$に関して$vb_l = 0$．したがって$b_l \in I(N)$，$l \geqq l_0$.

Nが極大条件をみたすことから，$I(N)$は有限箇の生成元$b_1, \cdots, b_q$をもつ．ここですべてのb_iは十分大きいl_1にたいして，$b_i \in B_{s(i)}$，$l_0 \leqq s(i) \leqq l_1$をみたすとしてよい．$I(N) \cap B_l\,(l > l_1)$の元bは，

$$b = \sum_{i=1}^{q} v_i b_i \qquad (v_i \in S(F))$$

と表わせる．ここで$v_i \in S^{l-s(i)}(F)$と仮定してよい．このとき

$$l - s(i) \geqq l - l_1 \geqq 1.$$

故に$b_i \in I(N)$より，$v_i b_i = 0\,(1 \leqq i \leqq q)$．さきに注意したように$I(N)$は斉次項から生成されるから，命題が成立する(証終)．

命題4　$I(N) = \{0\}$であれば，次のようなFの元tが存在する:Nの元bに

たいして $tb=0$ であるための必要十分条件は $b=0$.

この命題を証明するために，可換代数に関する二つの補題([1, Chap. 4])を準備する．S を単位元をもつ Noether 環とする．S 加群 N を考える．S の素イデアル Q が N に随伴する素イデアルであるとは，N のある元 $b\,(b\neq 0)$ にたいして

$$Q = \mathrm{Ann}(b) = \{s \in S;\ sb=0\}$$

となるときにいう．N に随伴する S の素イデアル全体を $\mathrm{Ass}(N)$ で表わす．

補題 1 S の元 s が $\mathrm{Ass}(N)$ の元 Q のいずれにも含まれないならば，N の元 b にたいして $sb=0$ から $b=0$ が導かれる．

証明 N の元 $b\,(b\neq 0)$ にたいして，$\mathrm{Ann}(b)$ が S の素イデアルでないならば，S の元 u, v が存在して

$$u, v \notin \mathrm{Ann}(b), \qquad uv \in \mathrm{Ann}(b).$$

この u にたいして $ub\neq 0$. $\mathrm{Ann}(ub)$を考えれば

$$\mathrm{Ann}(b) \subsetneqq \mathrm{Ann}(ub).$$

実際 $v \notin \mathrm{Ann}(b)$ であるが $v \in \mathrm{Ann}(ub)$．故に，S が Noether 環であることから，N の任意の元 $b\,(b\neq 0)$ にたいしてそれを含む $\mathrm{Ass}(N)$ の元 Q が存在する(証終).

補題 2 N が S 部分加群に関して極大条件をみたすならば，$\mathrm{Ass}(N)$ は有限集合である．

証明 $\mathrm{Ass}(N)$ が

$$Q_i = \mathrm{Ann}(b_i), \qquad i = 1, 2, 3, \cdots$$

を含み，$i\neq j$ ならば $Q_i\neq Q_j$ であると仮定する: すなわち無限箇の相異る元を含むと仮定する．N は S 部分加群に関して極大条件をみたすから，正整数 r_1 が存在して，$i>r_1$ ならば

$$b_i = v_1 b_1 + \cdots + v_{r_1} b_{r_1}, \qquad v_j \in S \quad (1\leqq j\leqq r_1).$$

故に

$$\mathrm{Ann}(b_1) \cap \cdots \cap \mathrm{Ann}(b_{r_1}) \subset \mathrm{Ann}(b_i).$$

このとき $j\,(1\leqq j\leqq r_1)$ が存在して

$$\mathrm{Ann}(b_j) \subsetneqq \mathrm{Ann}(b_i).$$

実際，すべての $j\,(1\leqq j\leqq r_1)$ について上の包含関係がなりたたないとすれば，$\mathrm{Ann}(b_j)$ の元 u_j であって，$\mathrm{Ann}(b_i)$ に含まれないものが各 j について存在する．

しかるに

$$u_1u_2\cdots u_{r_1}\in \mathrm{Ann}(b_i)$$

であるから，これは $\mathrm{Ann}(b_i)$ が素イデアルであることに矛盾する．次に，各 $j\,(1\leqq j\leqq r_1)$ について R_j を

$$R_j=\{\mathrm{Ann}(b_i);\ \mathrm{Ann}(b_i)\supsetneqq \mathrm{Ann}(b_j)\}$$

によって定義するならば，$R_1,\cdots,R_{r_1}$ のうち少なくとも一つは無限集合である．その一つにたいして上の議論を適用し，これをくり返せば増大無限列

$$\mathrm{Ann}(b_{j_1})\subsetneqq \mathrm{Ann}(b_{j_2})\subsetneqq\cdots$$

を得る．これは S が Noether 環であることに矛盾する(証終)．

命題4の証明　$S(F)$ は Noether 環であり，N は $S(F)$ 部分加群に関して極大条件をみたすから，補題1および2が適用される: 補題2より $\mathrm{Ann}(N)$ は有限集合であるから

$$\mathrm{Ass}(N)=\{Q_1,\cdots,Q_{r_0}\},\qquad Q_i=\mathrm{Ann}(b_i),\qquad b_i\neq 0$$

とするとき，いかなる $i\,(1\leqq i\leqq r_0)$ に関しても

$$F\subset Q_i$$

となることはない．実際 $F\subset Q_i$ とするならば，すべての $v\in F$ にたいして

$$vb_i=0.$$

従って $b_i\in I(N)$．仮定 $I(N)=\{0\}$ より $b_i=0$．これは $b_i\neq 0$ に矛盾する．故に

$$(Q_1\cup\cdots\cup Q_{r_0})\cap F$$

は F の真部分空間からなる有限和集合であって，F の真部分集合である．従って F の元 t であってすべての Q_i に含まれないものが存在する．補題1よりこの $t\in F$ が命題の条件をみたす(証終)．

命題5　F の基底 $(t_1,\cdots,t_r)$ が存在して，十分大きい l にたいしては，各 $i\,(1\leqq i\leqq r)$ について t_i は B_l^{i-1} を B_{l+1}^{i-1} に1対1に写す．

証明　命題3および4より正数 l_1 と F の基底 $(t_1,t_2',\cdots,t_r')$ が存在して，$l>l_1$ ならば t_1 は B_l^0 を B_{l+1}^0 に1対1に写す．次に次数つき $S(F_1)$ 加群

$$N_1=\sum_{l>l_1}B_l^1$$

を考える．ここで F_1 は $t_2',\cdots,t_r'$ によって張られる F の部分空間である．このときまた正数 l_2 と F_1 の基底 $t_2,t_3'',\cdots,t_r''$ が存在して，t_2 は各 $l\,(l>l_2)$ にたいし

て $B_l{}^1$ を $B_{l+1}{}^1$ に1対1に写す．このようにして命題の条件をみたす F の基底 $(t_1, t_2, \cdots, t_r)$ を得る(証終)．

命題2および5より次の定理を得る：

定理3 すべての $l\,(l\geqq 1)$ にたいして

$$A_{l+1} \subset pA_l$$

ならば，十分大きい l について

$$A_{l+1} = pA_l$$

であってかつ A_l は包合的である．

例1 $r=m=2$ として，A は

$$u_1 \otimes t^2 - u_2 \otimes t^1$$

によって生成されるものとする．このとき $\mathrm{Ann}(A)$ は

$$u^1 \otimes t_1, \qquad u^1 \otimes t_2 + u^2 \otimes t_1, \qquad u^2 \otimes t_2$$

によって生成され

$$\mathrm{Ann}(pA) = E^* \otimes S^2(F).$$

故に $pA = \{0\}$．従って，$\dim A = 1$ より，A は包合的ではない．$pA = \{0\}$ は包合的である．

例2 $m=1$ ならば，A はつねに包合的である．実際 $\dim A = p$ とすれば

$$\dim(pA) = \frac{p(p-1)}{2}.$$

このとき

$$g_i = p-i \qquad (0 \leqq i \leqq p),$$
$$g_j = 0 \qquad (p < j \leqq r)$$

であるから

$$\dim(pA) = \sum_{i=0}^{r} g_i.$$

§3 偏微分方程式の包合系

二つの多様体 M, N と M から N の上への写像 ρ が与えられたとする．$(M, N; \rho)$ がファイバーつき多様体を形成するとは，M 上のすべての点 u で

$d\rho$ が $T_u(M)$ を $T_x(N)$ の上に写すときにいう．ここで $x=\rho u$.

これよりファイバーつき多様体$(M,N;\rho)$を考える．点 x における N の局所座標系$(x_1,\cdots,x_r)$にたいして，点 u において $x_1\rho,\cdots,x_r\rho$ を延長して M の局所座標系$(x_1\rho,\cdots,x_r\rho,y_1,\cdots,y_m)$をつくることができる．このような座標系を N と M にとる: $\dim N=r$, $\dim M=m$.

$J(M,N;\rho)$ を，N の領域 $U(f)$ から M への写像 f であって $\rho\circ f$ が恒等写像になるもの全体として定義する．集合

$$\{(x,f);\ x\in U(f), f\in J(M,N;\rho)\}$$

に次の同値関係を入れる: (x,f) と (x',g) とが l–同値であるとは，

$$x=x',\qquad f(x)=g(x')$$

であってかつ等式

$$\left(\frac{\partial^p f_\alpha}{\partial x_{i_1}\cdots\partial x_{i_p}}\right)_x=\left(\frac{\partial^p g_\alpha}{\partial x_{i_1}\cdots\partial x_{i_p}}\right)_{x'}$$

がすべての

$$1\leqq p\leqq l,\qquad 1\leqq\alpha\leqq m,\qquad 1\leqq i_1,\cdots,i_r\leqq r$$

について成立するときにいう．ここで

$$f_\alpha=y_\alpha f,\qquad g_\alpha=y_\alpha g\qquad (1\leqq\alpha\leqq m).$$

この同値関係による同値類を l–jet とよび，l–jet 全体の空間を

$$J^l(M,N;\rho)$$

または J^l によって表わす．(x,f)を含む l–jet を $j_x{}^l(f)$ によって表わし，x をその始点という．$J^l(M,N;\rho)$ には自然に多様体の構造が入る．点 x を始点とする J^l の点における局所座標系として

$$\begin{aligned}&x_i\ (1\leqq i\leqq r),\qquad y_\alpha\ (1\leqq\alpha\leqq m),\\&p_\alpha{}^{i_1\cdots i_q}\qquad (1\leqq q\leqq l, 1\leqq\alpha\leqq m, 1\leqq i_1\leqq\cdots\leqq i_q\leqq r)\end{aligned}$$

をとることができる．ここで

$$p_\alpha{}^{i_1\cdots i_q}(j_{x'}{}^l(f))=\left(\frac{\partial^q f_\alpha}{\partial x_{i_1}\cdots\partial x_{i_q}}\right)_{x'},\qquad 1\leqq i_1,\cdots,i_q\leqq r.$$

定義から $p_\alpha{}^{i_1\cdots i_q}$ は $i_1,\cdots,i_q$ について対称である．J^l から J^{l-1} への写像 ρ_l を

$$\rho_l(j_x{}^l(f))=j_x{}^{l-1}(f)$$

によって定義するとき，これは J^{l-1} の上への写像であって，

$$(J^l, J^{l-1}; \rho_l), \qquad l \geqq 0$$

はファイバーつき多様体を形成する．ここで

$$J^0 = M, \qquad J^{-1} = N, \qquad \rho_0 = \rho.$$

$\mathcal{O}(J^{l-1})$ と $\mathcal{O}(J^l)$ の部分層 $\rho_l{}^*\mathcal{O}(J^{l-1})$ を同一視する．

J^l の点 z の ρ_l による像を v とする．このとき $T_z(J^l)$ から $T_v(J^{l-1})$ への写像 $d\rho_l$ にたいして

$$Q_z{}^l = \mathrm{Ker}(d\rho_l)$$

によって $T_z(J^l)$ の部分空間 $Q_z{}^l$ を定義する．これは，$l \geqq 1$ のとき，

$$\frac{\partial}{\partial p_\alpha{}^{i_1 \cdots i_l}} \qquad (1 \leqq \alpha \leqq m, 1 \leqq i_1 \leqq \cdots \leqq i_l \leqq r)$$

によって生成される．$Q_z{}^0$ は

$$\frac{\partial}{\partial y_\alpha} \qquad (1 \leqq \alpha \leqq m)$$

によって生成される．

$\mathcal{O}(J^l)$ におけるイデアルの部分層 Φ を，N 上の l 階の偏微分方程式系とよぶ．これより N 上の l 階の偏微分方程式系 Φ を考える．$I\Phi$ の点 z における Φ の主要部 $C_z(\Phi)$ を次式によって定義する：

$$C_z(\Phi) = \{\xi \in Q_z{}^l;\ \xi\varphi = 0, \varphi \in \Phi_z\}$$

点 z の始点 x の近傍において定義された N 上のベクトル場 η と $\mathcal{O}_v(J^{l-1})$ の元 φ にたいして，$\mathcal{O}_z(J^l)$ の元 φ_η を

$$\varphi_\eta(j_{x'}{}^l(f)) = \eta(\varphi(j_{x'}{}^{l-1}(f)))$$

によって定義する．とくに $\eta = \partial/\partial x_i\ (1 \leqq i \leqq r)$ であるとき φ_η を $\partial_\sharp{}^i\varphi$ と書く．このとき

$$\partial_\sharp{}^i\varphi = \frac{\partial\varphi}{\partial x_i} + \sum_{\alpha=1}^m \frac{\partial\varphi}{\partial y_\alpha} p_\alpha{}^i + \sum_{\alpha=1}^m \sum_{q=1}^{l-1} \sum \frac{\partial\varphi}{\partial p_\alpha{}^{i_1 \cdots i_q}} p_\alpha{}^{i_1 \cdots i_q i}$$
$$(1 \leqq i_1 \leqq \cdots \leqq i_q \leqq r).$$

$Q_z{}^l\ (l \geqq 1)$ を次のようにして

$$\mathrm{Hom}(F_x, Q_v{}^{l-1}) = Q_v{}^{l-1} \otimes F_x{}^*$$

にうめ込む：ここで $F_x = T_x(N)$：$Q_z{}^l$ の元 ξ と $T_x(N)$ の元 η_0 にたいして，ベクトル場 η を $\eta(x) = \eta_0$ であるようにとり，$Q_v{}^{l-1}$ の元 ζ を

$$\zeta\varphi = \xi(\varphi_\eta), \qquad \varphi \in \mathcal{O}_v(J^{l-1})$$

によって定義する．この対応

$$\eta_0 \to \zeta$$

によって，ξ を $\mathrm{Hom}(F_x, Q_v{}^{l-1})$ の元とみなす：

$$\xi = \sum_{\alpha=1}^{m} \sum \xi_\alpha{}^{(i_1 \cdots i_l)} \frac{\partial}{\partial p_\alpha{}^{(i_1 \cdots i_l)}} \qquad (1 \leqq i_1, \cdots, i_l \leqq r)$$

とすれば，それは

$$\sum_{\alpha=1}^{m} \sum_{i=1}^{r} \sum \xi_\alpha{}^{(i_1 \cdots i_{l-1} i)} \frac{\partial}{\partial p_\alpha{}^{(i_1 \cdots i_{l-1})}} \otimes dx_i \qquad (1 \leqq i_1, \cdots, i_{l-1} \leqq r)$$

と同一視される．ここで $\xi_\alpha{}^{(i_1 \cdots i_l)}$ は $(i_1, \cdots, i_l)$ について対称であるとする．

上の同一視のもとで $Q_z{}^l$ を $\mathrm{Hom}(F_x, Q_v{}^{l-1})$ の部分空間とみなすとき

$$Q_z{}^l = pQ_v{}^{l-1}$$

が各 $l \geqq 1$ について成立する．ここで

$$u = \rho_1 \cdots \rho_l z \in M, \qquad E_u = Q_u{}^0$$

とすれば

$$Q_z{}^l = E_u \otimes S^l(F_x{}^*),\ l \geqq 1.$$

$\varPhi$ の基準延長 $P\varPhi$ を次のように定義する：それは N 上の $(l+1)$ 階の偏微分方程式系であって，

$$(P\varPhi)_w,\ w \in J^{l+1}$$

は，$z = \rho_{l+1} w$ として

$$\varphi, \qquad \varphi_\eta \quad (\varphi \in \varPhi_z)$$

によって生成される．ここで η は w の始点の近傍で定義される N 上のベクトル場全体を動く．これは座標系を固定するとき

$$\varphi, \qquad \partial_*{}^i \varphi, \qquad 1 \leqq i \leqq r \quad (\varphi \in \varPhi_z)$$

によって生成される．

$I(P\varPhi)$ の点 w において $P\varPhi$ の主要部 $C_w(P\varPhi)$ は恒等式

$$C_w(P\varPhi) = pC_z(\varPhi)$$

によって与えられる．

定義1 $\varPhi$ が $I\varPhi$ の点 z^0 において包合的であるとは，次の条件(i), (ii), (iii)がみたされるときにいう：

(i) $\varPhi$ は z^0 において $I\varPhi$ の正則局所方程式を与える；

(ii)　J^{l+1} の領域 W が存在して，W_0 を

$$W_0 = W \cap I(P\Phi)$$

によって定義するとき，W_0 は J^{l+1} の正則部分多様体であり，z^0 の $I\Phi$ 上のある近傍 V_0 にたいして

$$(W_0, V_0; \rho_{l+1})$$

はファイバーつき多様体になる；

(iii)　$C_{z^0}(\Phi)$ は $\mathrm{Hom}(F_{x^0}, Q_{v^0}{}^{l-1})$ の部分空間として包合的である．ここで x^0 は z^0 の始点であり，$v^0 = \rho_l z^0$.

この倉西による包合系の定義が，Cartan と Kähler による外微分形式論から自然に導かれる包合系の定義と同等であることは，次節において高階微分イデアルを定義した後，§5，定理1によって示す．

Φ が z^0 において包合的であるならば，$I\Phi$ 上 z^0 の近傍において

$$\dim pC_z(\Phi) = \mathrm{constant}. \tag{1}$$

実際，定義1にある V_0 の点 z にたいして

$$\dim W_0 = \dim V_0 + \dim pC_z(\Phi).$$

従って

$$\dim pC_z(\Phi) = \dim pC_{z^0}(\Phi).$$

命題1　$I\Phi$ 上 z^0 の近傍において等式(1)がなりたつとする．このとき z^0 の始点 x^0 において F_{x^0} の基底 $(\partial/\partial x_1, \cdots, \partial/\partial x_r)$ が $C_{z^0}(\Phi)$ に関して正則であるとするならば，z^0 に十分近い $I\Phi$ の点 z の始点 x において F_x の基底 $(\partial/\partial x_1, \cdots, \partial/\partial x_r)$ は $C_z(\Phi)$ に関して正則であり，

$$\dim A_i(z) = \mathrm{constant} \qquad (0 \leqq i \leqq r).$$

ここで

$$A(z) = C_z(\Phi).$$

証明　点 z が z^0 に十分近ければ

$$\dim A_i(z) \leqq \dim A_i(z^0), \qquad 0 \leqq i \leqq r.$$

一方，§2，命題1よりつねに

$$\dim pA(z) \leqq \sum_{i=0}^{r} \dim A_i(z).$$

F_{x^0} の基底 $(\partial/\partial x_1, \cdots, \partial/\partial x_r)$ は $A(z^0)$ に関して正則であるから

$$\dim pA(z^0) = \sum_{i=0}^{r} \dim A_i(z^0).$$

従って

$$\dim pA(z) = \dim pA(z^0)$$

より

$$\dim A_i(z) = \dim A_i(z^0), \qquad 0 \leqq i \leqq r \qquad \text{(証終)}.$$

系 1 命題の条件のもとで

$$\dim D_i(z) = \dim D_i(z^0), \qquad 0 \leqq i \leqq r.$$

これは§2, 等式(1)から導かれる.

系 2 Φ が z^0 で包合的であるならば, z^0 に十分近い $I\Phi$ の点 z において包合的である.

高階の偏微分方程式系($l>1$)は次のようにして1階の偏微分方程式系に帰着させられる: 写像 ρ' を

$$\rho' = \rho_0\rho_1\cdots\rho_{l-1}$$

によって定義して, ファイバーつき多様体$(J^{l-1}, N; \rho')$にたいして

$$J^1(J^{l-1}, N; \rho')$$

を考える. このとき $J^l(M, N; \rho)$ を写像

$$\iota\colon\ j_x{}^l(f) \to j_x{}^1(F)$$

によって $J^1(J^{l-1}, N; \rho')$ にうめ込む. ここで

$$F(x) = j_x{}^{l-1}(f).$$

この写像による $J^l(M, N; \rho)$ の像は, $J^1(J^{l-1}, N; \rho')$ において正則部分多様体をなす. ファイバーつき多様体$(J^{l-1}, N; \rho')$に関して N 上の1階偏微分方程式系 Φ_0 を, $\iota(I\Phi)$ 上消える函数芽全体からなる層として定義する. このとき, Φ が z^0 で包合的であるための必要十分条件は, Φ_0 が ιz^0 で包合的になることである.

系1および§2, 定理2より次の定理が導かれる:

定理 1 ファイバーつき多様体$(M, N; \rho)$に関して N 上の1階偏微分方程式系 Φ が $I\Phi$ の点 z^0 において包合的であるための必要十分条件は, 次の条件(i), (ii)がみたされることである:

(i) Φ は z^0 の近傍において

$$\varphi_\alpha{}^i \qquad (0 \leqq i \leqq r, 1 \leqq \alpha \leqq \nu_i)$$

によって生成される．ここで

$$\varphi_\alpha{}^0 = y_\alpha - \psi_\alpha{}^0(q^0, x),$$
$$\varphi_\alpha{}^i = p_\alpha{}^i - \psi_\alpha{}^i(q^i, \cdots, q^0, x), \qquad 1 \leqq i \leqq r,$$
$$q^0 = (y_{\nu_0+1}, \cdots, y_m),$$
$$q^i = (p_{\nu_i+1}{}^i, \cdots, p_m{}^i), \qquad 1 \leqq i \leqq r$$

であってかつ

$$0 \leqq \nu_0 \leqq \nu_1 \leqq \cdots \leqq \nu_r \leqq m;$$

(ii)　$\rho_2 w^0 = z^0$ をみたすすべての $w^0 \in J^2$ にたいして，$P\Phi$ は w^0 の近傍において Φ および

$$\partial_\sharp{}^j \varphi_\alpha{}^i \qquad (1 \leqq j \leqq i \leqq r, 1 \leqq \alpha \leqq \nu_i)$$

によって生成される．

これより1階偏微分方程式系 Φ は z^0 で包合的であり，定理1の条件(i), (ii)がみたされるとする．

命題2　$y_{\nu_0+1}(x)$, $\cdots$, $y_m(x)$ を

(2)　$$\varphi_\alpha{}^i = 0 \qquad (1 \leqq i \leqq r, \nu_0 < \alpha \leqq \nu_i)$$

の解とするならば，

$$y_1(x), \quad \cdots, \quad y_{\nu_0}(x)$$

を

$$y_\alpha = \psi_\alpha{}^0(y_{\nu_0+1}, \cdots, y_m, x_1, \cdots, x_r), \qquad 1 \leqq \alpha \leqq \nu_0$$

によって定義するとき，

(3)　$$\varphi_\beta{}^j = 0 \qquad (1 \leqq j \leqq r, 1 \leqq \beta \leqq \nu_0)$$

がみたされ，従って $y_1, \cdots, y_m$ は Φ の解を与える．

証明　$A_\alpha{}^\beta\ (1 \leqq \alpha \leqq \nu_0, \nu_0 < \beta \leqq m)$ を

$$A_\alpha{}^\beta = \frac{\partial \psi_\alpha{}^0}{\partial y_\beta}$$

によって定義するとき

$$\partial_\sharp{}^i \varphi_\alpha{}^0 - \varphi_\alpha{}^i + \sum_{\beta > \nu_0}^{\nu_i} A_\alpha{}^\beta \varphi_\beta{}^i$$
$$= \psi_\alpha{}^i - \frac{\partial \psi_\alpha{}^0}{\partial x_i} - \sum_{\beta > \nu_0}^{\nu_i} A_\alpha{}^\beta \psi_\beta{}^i - \sum_{\beta > \nu_i}^{m} A_\alpha{}^\beta p_\beta{}^i$$

がすべての $\alpha, i\ (1 \leqq i \leqq r, 1 \leqq \alpha \leqq \nu_0)$ について成立する．左辺は $P\Phi$ に属し，右辺

は $q^i, \cdots, q^0, x$ の函数である．従って両辺とも恒等的に消える．故に(2)より(3)が導かれる(証終)．

M の局所座標系 (x, y) を適当にかえて，z^0 の座標が

$$x_i = 0 \quad (1 \leqq i \leqq r), \quad y_\alpha = 0 \quad (1 \leqq \alpha \leqq m),$$
$$p_\alpha{}^i = 0 \quad (1 \leqq i \leqq r, 1 \leqq \alpha \leqq m)$$

によって与えられるとする．Φ を積分するために，$(0, \cdots, 0)$ の近傍で定義された初期値 f を次のように与える：

$$f_1, \cdots, f_{\nu_1};\ \text{定数},$$
$$f_{\nu_1+1}, \cdots, f_{\nu_2};\ x_1\ \text{の函数},$$
$$f_{\nu_2+1}, \cdots, f_{\nu_3};\ x_1, x_2\ \text{の函数},$$
$$\cdots\cdots$$
$$f_{\nu_r+1}, \cdots, f_m;\ x_1, \cdots, x_r\ \text{の函数}.$$

ここで $\nu_0=0$ を仮定した．命題2よりこの仮定は一般性を失わない．このとき次の定理が成立する：

定理2　初期値 f の値がその1階偏導函数の値とともに十分小さければ，次の初期条件をみたす Φ の解は一意に存在する：各 $q\,(0 \leqq q \leqq r)$ について

$$y_\alpha(x_1, \cdots, x_q, 0, \cdots, 0) = f_\alpha(x_1, \cdots, x_q), \quad \nu_q < \alpha \leqq \nu_{q+1}.$$

ただし $\nu_{r+1} = m$.

証明　命題2の証明と同様にして，すべての

$$1 \leqq j < i \leqq r, \quad 1 \leqq \alpha \leqq \nu_j$$

にたいして，$\partial_\sharp{}^i \varphi_\alpha{}^j$ が $(q^i, \cdots, q^0, x)$ の函数を係数として

$$\varphi_\beta{}^h \quad (1 \leqq h \leqq i, 1 \leqq \beta \leqq \nu_h)$$
$$\partial_\sharp{}^s \varphi_\gamma{}^t \quad (1 \leqq s \leqq t \leqq i, 1 \leqq \gamma \leqq \nu_t)$$

の1次結合として表わされることが証明される．

M において

$$x_{q+1} = \cdots = x_r = 0$$

によって定義される部分多様体を V_q によって表わす $(1 \leqq q \leqq r)$．V_1 において

$$\varphi_\alpha{}^1 = 0 \quad (1 \leqq \alpha \leqq \nu_1)$$

を初期条件

$$y_\alpha(0) = f_\alpha \quad (1 \leqq \alpha \leqq \nu_1)$$

のもとで解く．ただし，$y_\beta, p_\beta{}^1\,(\nu_1<\beta\leqq m)$ にはそれぞれ $f_\beta, \partial f_\beta/\partial x_1$ を代入する．一意的に定まる解を

$$y_\alpha = y_\alpha{}^1(x_1), \qquad 1\leqq\alpha\leqq\nu_1$$

によって表わす．帰納的に各 q にたいして，V_q において

$$\varphi_\alpha{}^q = 0 \qquad (1\leqq\alpha\leqq\nu_q)$$

を初期条件

$$y_\alpha(x_1, \cdots, x_{q-1}, 0) = y_\alpha{}^{q-1}(x_1, \cdots, x_{q-1}), \qquad 1\leqq\alpha\leqq\nu_{q-1}$$

$$y_\beta(x_1, \cdots, x_{q-1}, 0) = f_\beta(x_1, \cdots, x_{q-1}), \qquad \nu_{q-1}<\beta\leqq\nu_q$$

のもとで解く．ただし $y_\gamma, p_\gamma{}^1, \cdots, p_\gamma{}^q\,(\nu_q<\gamma\leqq m)$ にはそれぞれ $f_\gamma, \partial f_\gamma/\partial x_1, \cdots, \partial f_\gamma/\partial x_q$ を代入する．一意的に定まる解を

$$y_\gamma = y_\gamma{}^q(x_1, \cdots, x_q), \qquad 1\leqq\gamma\leqq\nu_q$$

によって表わす．このようにして

$$y_\alpha{}^r(x_1, \cdots, x_r), \qquad 1\leqq\alpha\leqq\nu_r$$

が得られる．このとき

$$y_\alpha = y_\alpha{}^r \qquad (1\leqq\alpha\leqq\nu_r)$$

$$y_\beta = f_\beta \qquad (\nu_r<\alpha\leqq m)$$

が求める解を与える．それをみるためには各 i にたいして，V_i において

(4) $$\varphi_\alpha{}^j = 0 \qquad (1\leqq j<i, 1\leqq\alpha\leqq\nu_j)$$

がなりたつことをみればよい．帰納的に $i-1$ の場合に成立するとして，i の場合に(4)の成立することをみる．最初に注意したことから

$$\varphi_\alpha{}^j \qquad (1\leqq j<i, 1\leqq\alpha\leqq\nu_j)$$

は，$x_1, \cdots, x_i\,(x_i=\tau)$ を独立変数とする自明解をもつ Kowalevsky 系をみたす．実際

$$\varphi_\beta{}^i \quad (1\leqq\beta\leqq\nu_i), \qquad \partial_\sharp{}^s\varphi_\gamma{}^i \quad (1\leqq\gamma\leqq\nu_i, 1\leqq s\leqq i)$$

は消えるから，$\partial_\sharp{}^i\varphi_\alpha{}^j$ は

$$\varphi_\beta{}^h \qquad (1\leqq h<i, 1\leqq\beta\leqq\nu_h)$$

$$\partial_\sharp{}^s\varphi_\gamma{}^t \qquad (1\leqq s\leqq t<i, 1\leqq\gamma\leqq\nu_t)$$

の1次結合になる．帰納法の仮定から，$\tau=0$ のとき

$$\varphi_\alpha{}^j = 0 \qquad (1\leqq j<i-1, 1\leqq\alpha\leqq\nu_j).$$

また，$\tau=0$ のとき

$$\varphi_\alpha{}^{i-1}=0 \qquad (1\leqq\alpha\leqq\nu_{i-1})$$

はつねになりたつ．故にKowalevsky系の解の一意性から(4)が導かれる．これによって，十分小さい初期値fにたいして，解の存在が証明された．一意性は明らかである(証終)．

これより再びファイバーつき多様体$(M, N; \rho)$に関してN上l階の偏微分方程式系Φを考える．Φにたいして，同階数の延長$P_0\Phi$を次のように定義する：VをJ^lの開集合とするとき，J^{l+1}の開集合Wを

$$W=(\rho_{l+1})^{-1}V$$

によって定義する．このときW上の函数全体からなる環を$\Gamma(W)$によって表わす．ΦのV上の断面φおよびU上のベクトル場ηを動かして，φおよびφ_ηによって生成される$\Gamma(W)$のイデアルを$G(W)$によって表わす．ここで

$$U=\rho_0\rho_1\cdots\rho_l V.$$

Vにたいして，$G_0(V)$を

$$G_0(V)=G(W)\cap\Gamma(V)$$

によって定義する．ここで$\Gamma(V)$はV上の函数全体からなる環である．このとき，準層

$$V\to G_0(V)$$

から導かれる層として$P_0\Phi$を定義する．

定義より$P_0\Phi$はl階の偏微分方程式系であって

$$\Phi\subset P_0\Phi\subset P\Phi.$$

また$I(P\Phi)$の点wにたいして

$$(P\Phi)_w\cap\mathcal{O}_z(J^l)=(P_0\Phi)_z, \qquad z=\rho_{l+1}w.$$

定義2 $I\Phi$の点zにおいてΦがp-閉であるとは，

$$(P_0\Phi)_z=\Phi_z$$

が成立するときにいう．

定理3 Φは$I\Phi$の点z^0において$I\Phi$の正則局所方程式を与えるとする．このときΦがz^0において包合的になるための必要十分条件は，次の条件(i), (ii), (iii)がみたされることである：

(i) Φはz^0においてp-閉である；

(ii) $I\Phi$上のz^0の近傍で$\dim pC_z(\Phi)=$constant;

(iii)　$C_{z^0}(\Phi)$ は包合的である．

証明　条件の必要性は，定義1，定義2および命題1から導かれる．これより条件の十分性を示す．Φ_{z^0} の生成元 $\varphi_1, \cdots, \varphi_s$ をとる．ここで

$$s = \operatorname{codim} I\Phi.$$

あとに述べる条件(5)をみたすように

$$\partial_{*}{}^{q}\varphi_i \ (1 \leqq q \leqq r, 1 \leqq i \leqq s)$$

および

$$p_\alpha{}^{i_1 \cdots i_{l+1}} \ (1 \leqq \alpha \leqq m, 1 \leqq i_1 \leqq \cdots \leqq i_{l+1} \leqq r)$$

に順序をつけて，それぞれ

$$\tilde{\varphi}_k \ (1 \leqq k \leqq rs)$$

および

$$\tilde{p}_k \ (1 \leqq k \leqq K), \qquad K = m\binom{l+r}{l+1}$$

によって表わす．ここで

$$T = \operatorname{rank}\left(\frac{\partial \tilde{\varphi}_i}{\partial \tilde{p}_k}\right)_{z^0} = K - \dim pC_{z^0}(\Phi)$$

として，z^0 において

$$\text{(5)} \qquad \frac{\partial(\tilde{\varphi}_1, \cdots, \tilde{\varphi}_T)}{\partial(\tilde{p}_1, \cdots, \tilde{p}_T)} \neq 0$$

と仮定する．すべての $1 \leqq i \leqq rs$ にたいして，$\tilde{\varphi}_i$ は

$$\tilde{\varphi}_i = \sum_{j=1}^{K} C_i{}^j \tilde{p}_j + \psi_i$$

と表わされる．ここで

$$C_i{}^j, \ \psi_i \in \mathcal{O}_{z^0}(J^l).$$

仮定より

$$\det(C_i{}^j(z^0))_{1 \leqq i, j \leqq T} \neq 0.$$

従って，すべての $i(\geqq T+1)$ にたいして，未知函数 $B_i{}^j \ (1 \leqq j \leqq T)$ についての連立1次方程式

$$\sum_{j=1}^{T} B_i{}^j C_j{}^k = C_i{}^k, \qquad 1 \leqq k \leqq T$$

を一意的に解くことができる．解 $B_i{}^j$ は $\mathcal{O}_{z^0}(J^l)$ に属す．故にすべての

$$\tilde{\varphi}_i \quad (T+1\leqq i\leqq rs)$$

は

(5)
$$\tilde{\varphi}_i = \sum_{j=1}^{T} B_i{}^j \tilde{\varphi}_j + \sum_{k=T+1}^{K} A_i{}^k \tilde{p}_k + \phi_i$$

と表わされる．ここで $A_i{}^k$ および ϕ_i は次の函数である：

$$A_i{}^k = C_i{}^k - \sum_{j=1}^{T} B_i{}^j C_j{}^k \qquad (T+1\leqq k\leqq K),$$

$$\phi_i = \psi_i - \sum_{j=1}^{T} B_i{}^j \psi_j.$$

函数 $A_i{}^k (T+1\leqq i\leqq rs, T+1\leqq k\leqq K)$ および $\phi_i\,(T+1\leqq i\leqq rs)$ は $\mathcal{O}_{z^0}(J^l)$ に属す．条件(ii)より，$I\Phi$ 上 z^0 の近傍で $A_i{}^k$ はすべて消える．従って $A_i{}^k$ はすべて Φ_{z^0} に属す．故に $P_0\Phi$ の定義から，(6)より，ϕ_i はすべて $(P_0\Phi)_{z^0}$ に属す．条件(i)から ϕ_i はすべて Φ_{z^0} に属す．これより定義1の条件(ii)がみたされる(証終)．

§4 高階微分イデアル

最初に微分イデアルが与えられた積分要素において包合的であるための Kähler による判定条件([14])を述べる．

X 上の点 x を始点とする $G_r(x)$ の元 E_r にたいして

(1)
$$dx_1 \wedge \cdots \wedge dx_r(E_r) \neq 0$$

となるような x の近傍における局所座標系 $(x_1, \cdots, x_r, x_{r+1}, \cdots, x_n)$ をとる．このとき $\mathcal{O}_x(X)$ から

$$\mathcal{O}_z(G_r(X)), \qquad z = E_r$$

への作用素 $\partial^k\,(1\leqq k\leqq r)$ を次のように定義する：$\mathcal{O}_x(X)$ の元 φ にたいして，$\partial^k\varphi$ は

$$\partial^k\varphi(E_r')dx_1 \wedge \cdots \wedge dx_r$$
$$= (-1)^{k-1} d\varphi \wedge dx_1 \wedge \cdots \overset{dx_k}{\wedge} \cdots \wedge dx_r(E_r')$$

によって定義される $G_r(X)$ 上の函数である．とくに $\partial^k x_\alpha\,(1\leqq k\leqq r<\alpha\leqq n)$ を $l_\alpha{}^k$ と書く．このとき一般の φ にたいして

$$\partial^k\varphi = \frac{\partial\varphi}{\partial x_k} + \sum_{\alpha>r}^{n} l_\alpha{}^k \frac{\partial\varphi}{\partial x_\alpha} \qquad (1\leqq k\leqq r).$$

$G_r(X)$ の E_r における局所座標系として

$$x_i \quad (1 \leqq i \leqq n), \qquad l_\alpha{}^k \quad (1 \leqq k \leqq r < \alpha \leqq n)$$

をとることができる．前者は始点の座標であり，後者は E_r' が

$$\Delta_i = \frac{\partial}{\partial x_i} + \sum_{\alpha > r}^{n} l_\alpha{}^i \frac{\partial}{\partial x_\alpha} \qquad (1 \leqq i \leqq r) \tag{2}$$

によって張られることを示す．

これより，$G_r{}^0(X)$ によって(1)をみたす $G_r(X)$ の元 E_r の全体を表わす．$G_r{}^0(X)$ は $G_r(X)$ の開集合である．各 q $(0 \leqq q \leqq r)$ にたいして $G_r{}^0(X)$ から $G_q{}^0(X)$ への射影 π_q を

$$\pi_q E_r' = \{v \in E_r';\ dx_{q+1}(v) = \cdots = dx_r(v) = 0\}$$

によって定義する．ここで $G_q{}^0(X)$, $1 \leqq q < r$, は

$$dx_1 \wedge \cdots \wedge dx_q(E_q) \neq 0$$

をみたす $G_q(X)$ の元 E_q の全体であり，

$$G_0{}^0(X) = X, \qquad \pi_0 = \pi.$$

E_r' が(2)によって張られるとき，$\pi_q E_r'$ は

$$\Delta_1, \quad \cdots, \quad \Delta_q$$

によって張られる．$\mathcal{O}(G_q{}^0(X))$ と $\mathcal{O}(G_r{}^0(X))$ の部分層 $\pi_q{}^*\mathcal{O}(G_q{}^0(X))$ を同一視する．

X 上の微分イデアル Σ に含まれる q-形式 ω にたいして $\mathcal{O}(G_q{}^0(X))$ の元 $\phi(\omega)$ を

$$\phi(\omega) dx_1 \wedge \cdots \wedge dx_q \equiv \omega$$
$$\mathrm{mod}\left(dx_j, dx_\alpha - \sum_{i=1}^{q} l_\alpha{}^i dx_i;\ q < j \leqq r < \alpha \leqq n\right)$$

によって対応させる．この $\phi(\omega)$ の全体として $\mathcal{O}(G_r{}^0(X))$ の $\mathcal{O}(X)$ 加群の部分層 $\Sigma(q)$ を定義する $(0 \leqq q \leqq r)$．このとき，$\phi(\omega)$ は $l_\alpha{}^q$ $(r < \alpha \leqq n)$ について1次式である．

命題1 各 q $(0 \leqq q < r)$ にたいして

$$\Sigma(q) \subset \Sigma(q+1).$$

証明 $\omega \in \Sigma^q$ にたいして，Σ はイデアルであるから，

$$\omega \wedge dx_{q+1} \in \Sigma^{q+1}.$$

従って

$$\phi(\omega)dx_1 \wedge \cdots \wedge dx_q \wedge dx_{q+1} \equiv \omega \wedge dx_{q+1}$$

$$\mathrm{mod}\left(dx_j, dx_\alpha - \sum_{i=1}^{q+1} l_\alpha{}^i dx_i;\ q+1<j\leqq r<\alpha\leqq n\right)$$

より $\phi(\omega)\in\Sigma(q+1)$ が導かれる(証終).

これより

$$\Sigma^0=\Sigma(0)\subset\Sigma(1)\subset\cdots\subset\Sigma(r-1)\subset\Sigma(r)=\Sigma_r.$$

次の定理は Kähler による:

定理 1 $E_r{}^0$ を Σ の r 次元積分要素とし，Σ^0 は $E_r{}^0$ の始点 x^0 において $I\Sigma^0$ の正則局所方程式を与えるとする．このとき，$E_q{}^0=\pi_q E_r{}^0\ (0\leqq q<r)$ にたいして

$$E_0{}^0\subset E_1{}^0\subset\cdots\subset E_{r-1}{}^0\subset E_r{}^0$$

が正則鎖であるための必要十分条件は，各 $q\ (1\leqq q\leqq r)$ について次の条件(i), (ii), (iii)をみたすような $E_r{}^0$ の近傍 U 上における $\Sigma(r)$ の断面 $\phi_\lambda{}^q\ (1\leqq q\leqq r, 1\leqq\lambda\leqq\nu_q)$ が存在することである:

(i) 各 $\phi_\lambda{}^q\ (1\leqq\lambda\leqq\nu_q)$ は $\Sigma(q)$ の U 上における断面である;

(ii) U 上の各点で $d\phi_\lambda{}^q, dx_i, dl_\alpha{}^k\ (1\leqq\lambda\leqq\nu_q, 1\leqq i\leqq n, 1\leqq k<q, r<\alpha\leqq n)$ は1次独立である;

(iii) U 上の各点で $\Sigma(q)$ は $\Sigma(q-1)$ と $\phi_\lambda{}^q\ (1\leqq\lambda\leqq\nu_q)$ によって生成される.

証明 最初に定理の条件の必要性を示す．x^0 の近傍において，$T_x(X)$ の部分空間 $V_q(x), 1\leqq q\leqq r$，を

$$V_q(x)=\{\varDelta\in T_x(X);\ dx_{q+1}(\varDelta)=\cdots=dx_r(\varDelta)=0\}$$

によって定義する．$V_{q-1}(x)$ に含まれる積分要素 E_{q-1} であって $E_{q-1}{}^0$ に十分近いものを考える．このとき

$$\varDelta_q\in H(E_{q-1})$$

であるための必要十分条件は，

$$E_q=(\varDelta_q, E_{q-1})$$

とするとき E_q によって $\Sigma(q)=0$ がみたされることである．仮定より $E_{q-1}{}^0$ は正則積分要素であって

$$E_{q-1}{}^0\subset E_q{}^0,\qquad E_q{}^0\in I\Sigma$$

であるから，E_{q-1} が $E_{q-1}{}^0$ に十分近ければ $\Sigma(q)=0$ は少なくとも一つの解 $\varDelta_q$ をもつ．故に E_{q-1} において $\Sigma(q)$ に含まれる独立な方程式の箇数を $\mu_q(E_{q-1})$ とするとき

$$\dim V_q(x)\cap H(E_{q-1}) = q+n-r-\mu_q(E_{q-1}).$$

$E_{q-1}{}^0$ にたいしては

$$E_{q-1}{}^0 \subset E_r{}^0, \qquad E_r{}^0 \in I\Sigma$$

であるから

$$\dim V_q(x^0)\cup H(E_{q-1}{}^0) = n.$$

従って $V_q(x^0)$ と $H(E_{q-1}{}^0)$ は横断的に交わる．$E_{q-1}{}^0$ は正則積分要素であるから，E_{q-1} が $E_{q-1}{}^0$ に十分近いとき

$$\dim H(E_{q-1}) = \dim H(E_{q-1}{}^0).$$

故に $V_q(x)$ と $H(E_{q-1})$ は横断的に交わり

$$\dim V_q(x)\cap H(E_{q-1}) = \dim V_q(x^0)\cap H(E_{q-1}{}^0).$$

従って

$$\mu_q(E_{q-1}) = \mu_q(E_{q-1}{}^0).$$

これより定理の条件の必要性が導かれる．

次に定理の条件の十分性を示す．各 $\phi_\lambda{}^q$ は

$$\phi(\omega_\lambda{}^q) = \phi_\lambda{}^q, \qquad \omega_\lambda{}^q \in \Sigma^q \qquad (1\leqq q\leqq r,\ 1\leqq \lambda\leqq \nu_q)$$

によって $\omega_\lambda{}^q$ から導かれるものとする．$\Sigma(r)=\Sigma_r$ であるから，$G_r{}^0(X)$ の元 E_r が積分要素になるための必要十分条件は，E_r が $E_r{}^0$ に十分近いとき

(3)　$$\phi_\lambda{}^q = 0 \qquad (1\leqq q\leqq r,\ 1\leqq \lambda\leqq \nu_q).$$

ただし E_r の始点 x は $I\Sigma_0$ に含まれるとする．条件(ii)より，ν_q 箇の元からなる添字の集合 Γ_q が存在して，(3)は

$$l_\alpha{}^q \qquad (1\leqq q\leqq r,\ \alpha\in\Gamma_q)$$

に関して解ける．$G_q{}^0(X)$ の元 E_q が

$$\varDelta_i' = \frac{\partial}{\partial x_i} + \sum_{j>q}^{r} \lambda_j{}^i \frac{\partial}{\partial x_j} + \sum_{\alpha>r}^{n} \mu_\alpha{}^i \frac{\partial}{\partial x_\alpha} \qquad (1\leqq i\leqq q)$$

によって張られるとき，

$$\varDelta_i = \frac{\partial}{\partial x_i} + \sum_{\alpha>r}^{n} l_\alpha{}^i \frac{\partial}{\partial x_\alpha} \qquad (1\leqq i\leqq r)$$

によって張られる E_r が E_q を含むための必要十分条件は

$$(4)\qquad l_\alpha{}^i=\mu_\alpha{}^i-\sum_{j>q}^{r}\lambda_j{}^i l_\alpha{}^j \qquad (1\leqq i\leqq q,\ r<\alpha\leqq n).$$

これを(3)に代入すれば

$$\mu_\alpha{}^i\,(1\leqq i\leqq q, r<\alpha\leqq n),\qquad l_\alpha{}^j\,(q<j\leqq r<\alpha\leqq n),$$
$$\lambda_j{}^i\,(1\leqq i\leqq q<j\leqq r),\qquad x_i\,(1\leqq i\leqq n)$$

についての函数方程式

$$(5)\qquad \Phi_\lambda{}^q=0\qquad (1\leqq q\leqq r,\ 1\leqq\lambda\leqq\nu_q)$$

を得る．このとき $\lambda_j{}^i\,(1\leqq i\leqq q<j\leqq r)$ が十分小さければ，(5)は

$$\mu_\alpha{}^i\quad(1\leqq i\leqq q, \alpha\in\Gamma_i),\qquad l_\beta{}^j\quad(q<j\leqq r, \beta\in\Gamma_j)$$

に関して解ける．(5)の解から(4)によって積分要素 E_r を得る．従って(5)の解に延長し得る E_q は積分要素を与える．ただし始点 x は $I\Sigma_0$ に含まれるとする．故に，始点 x が $I\Sigma_0$ に含まれるとき，$E_q\in I\Sigma$ であるための必要十分条件は

$$\omega_\lambda{}^i(E_q)=0\qquad (1\leqq i\leqq q,\ 1\leqq\lambda\leqq\nu_i)$$

によって与えられる．これより定理の条件の十分性が導かれる(証終)．

命題2　定理1の条件がみたされるならば

$$\nu_1\leqq\nu_2\leqq\cdots\leqq\nu_r$$

であって，$x_{r+1},\cdots,x_n$ の順序を適当にかえれば，

$$\phi_\lambda{}^q=0\qquad(1\leqq\lambda\leqq\nu_q)$$

は $l_\alpha{}^q\,(r<\alpha\leqq r+\nu_q)$ に関して解ける．さらに

$$\dim H(E_{q-1}{}^0)=n-\nu_q\qquad(1\leqq q\leqq r)$$

であり，従って

$$s_q=\nu_{q+1}-\nu_q\qquad(1\leqq q<r),$$
$$s_r=n-r-\nu_r.$$

証明　$\theta\in\Sigma^{q-1}$ にたいして

$$\theta\equiv\phi dx_1\wedge\cdots\wedge dx_{q-1}$$
$$\mathrm{mod}\Bigl(dx_j, dx_\alpha-\sum_{i=1}^{q-1}l_\alpha{}^i dx_i;\ q\leqq j\leqq r<\alpha\leqq n\Bigr)$$

とするとき，ϕ は $l_\alpha{}^{q-1}\,(r<\alpha\leqq n)$ について1次式である．合同式の法をかえて

$$\theta \equiv \sum_{i=1}^{q} \psi_i dx_1 \wedge \cdots \overset{dx_i}{\wedge} \cdots \wedge dx_q$$

$$\mathrm{mod}\left(dx_j, dx_\alpha - \sum_{i=1}^{q} l_\alpha{}^i dx_i;\ q<j\leqq r<\alpha\leqq n \right)$$

とするとき，この法のもとで

$$\theta \wedge dx_{q-1} \equiv -\psi_{q-1} dx_1 \wedge \cdots \wedge dx_q.$$

従って $\psi_{q-1} \in \Sigma(q)$．この ψ_{q-1} は $l_\alpha{}^q\ (r<\alpha\leqq n)$ について 1 次式である．そして各 α について $l_\alpha{}^q$ の係数は ψ における $l_\alpha{}^{q-1}$ の係数に相等しい．これより命題の前半が導かれる．命題の後半は

$$\dim V_q(x^0) \cap H(E_{q-1}{}^0) = q+n-r-\nu_q,$$
$$\dim V_q(x^0) \cup H(E_{q-1}{}^0) = n, \qquad \dim V_q(x^0) = n-r+q$$

より得る(証終)．

これより高階微分イデアルを定義して，それが与えられた積分要素において包合的になるための一つの必要十分条件を与える．Σ を X 上の微分イデアルとするとき，その延長 $P\Sigma$ を 1-形式

$$\sum_{\alpha=1}^{r+1} (-1)^{\alpha-1} u(i_1, \cdots \overset{i_\alpha}{\wedge} \cdots, i_{r+1}) dx_{i\alpha}, \qquad 1\leqq i_1<\cdots<i_{r+1}\leqq n$$

および Σ^r のすべての元

$$\sum a(j_1, \cdots, j_r; x) dx_{j_1} \wedge \cdots \wedge dx_{j_r} \qquad (1\leqq j_1<\cdots<j_r\leqq n)$$

から導かれる 0-形式

$$\sum a(j_1, \cdots, j_r; x) u(j_1, \cdots, j_r)$$

から生成される $G_r(X)$ 上の微分イデアルとして定義する．ここで $u(j_1, \cdots, j_r)$ は $G_r(X)$ の非斉次 Grassmann 座標である．$G_r(X)$ の元 E_r にたいして，その始点の近傍における X の局所座標系 $x_1, \cdots, x_r, x_{r+1}, \cdots, x_n$ を

$$dx_1 \wedge \cdots \wedge dx_r(E_r) \neq 0$$

がみたされるようにとる．このとき E_r において $P\Sigma$ は 1-形式

$$dx_\alpha - \sum_{i=1}^{r} l_\alpha{}^i dx_i = 0 \qquad (r<\alpha\leqq n)$$

と 0-形式

$$\phi(\omega), \qquad \omega \in \Sigma^r$$

とから微分イデアルとして生成される．とくにすべての

$$\varphi \in \Sigma_0$$

にたいして

$$\partial^k \varphi \in (P\Sigma)_0, \qquad 1 \leqq k \leqq r.$$

零イデアル $\{0\}$ にたいして，$\mathcal{E}_r$ が $P\{0\}$ の r 次元積分要素であって

$$\dim \pi_* \mathcal{E}_r = r$$

をみたすならば，$\pi_* \mathcal{E}_r$ はその始点 E_r に一致する．帰納的に $G^l(X), l \geqq 0$，を

$$G^0(X) = X, \qquad G^l(X) = G_r(G^{l-1}(X))$$

によって定義する．X 上の $\{0\}$-イデアルを l 回 P によって延長して得られる $G^l(X)$ 上の微分イデアルを $P^l\{0\}$ によって表わす．

定義 1 $G^l(X)$ 上の微分イデアル Ω が X 上の l 階の微分イデアルであるとは，Ω が $P^l\{0\}$ と 0-形式とから微分イデアルとして生成されるときにいう．

定義より X 上の l 階の微分イデアルは $G^{l-1}(X)$ 上の 1 階の微分イデアルである．

X 上の 1 階の微分イデアル Ω とその 0 次元積分要素 $z=E_r$ にたいして，$T_z(G_r(x))$ の部分空間 $C(E_r;\Omega)$ を

$$C(E_r;\Omega) = \{\xi \in T_z(G_r(x)); d\varphi(\xi)=0, \varphi \in \Omega_0\}$$

によって定義する．ここで x は E_r の始点である．

$G_r(x)$ の元 E_r において，$T_z(G_r(x))$ は次のようにして

$$\mathrm{Hom}(E_r, T_x(X)/E_r)$$

と同一視される: $G_r(x)$ を Grassmann 座標 $z(i_1, \cdots, i_r)$ によって

$$\boldsymbol{P}^{N-1}, \qquad N = \binom{n}{r}$$

にうめ込む．そのうめ込みを ι で表わす．$T_z(G_r(x))$ の元 ξ が与えられたとき，E_r から $T_x(X)/E_r$ への写像

$$\sum_{i=1}^{n} \eta_i \frac{\partial}{\partial x_i} \rightarrow \sum_{i=1}^{n} \zeta_i \frac{\partial}{\partial x_i}$$

を

$$\sum_{\alpha=1}^{r+1} (-1)^{\alpha-1} \xi(i_1, \cdots \overset{i_\alpha}{\wedge} \cdots i_{r+1}) \eta_{i_\alpha}$$
$$= -\sum_{\alpha=1}^{r+1} (-1)^{\alpha-1} z(i_1, \cdots \overset{i_\alpha}{\wedge} \cdots, i_{r+1}) \zeta_{i_\alpha}, \qquad 1 \leqq i_1 < \cdots < i_{r+1} \leqq n$$

によって定義する．ここで

$$\iota_*\xi = \sum \xi(i_1, \cdots, i_r)\frac{\partial}{\partial z(i_1, \cdots, i_r)}, \qquad 1 \leqq i_1 < \cdots < i_r \leqq n.$$

特に E_r の近傍における $G_r(X)$ の局所座標系として

$$x_i \quad (1 \leqq i \leqq n), \qquad l_\alpha{}^j \quad (1 \leqq j \leqq r < \alpha \leqq n)$$

をとるとき，$\partial/\partial l_\alpha{}^j$ は $(\partial/\partial x_\alpha) \otimes dx_j$ と同一視される $(1 \leqq j \leqq r < \alpha \leqq n)$．

$G^l(X)$ の元にその始点を対応させる $G^l(X)$ から $G^{l-1}(X)$ への射影を π によって表わす．$\mathcal{O}(G^{l-1}(X))$ を $\mathcal{O}(G^l(X))$ の部分層 $\pi^*\mathcal{O}(G^{l-1}(X))$ と同一視する．

X 上の l 階の微分イデアルの r 次元積分要素 E^{l+1} が

$$\dim \pi_* E^{l+1} = r$$

をみたすならば，$\pi_* E^{l+1}$ は E^{l+1} の始点 E^l と一致する．

定理 2　E^{l+1} は E^l を始点とする Ω の r 次元積分要素であって

$$\dim \pi_* E^{l+1} = r$$

をみたすものとする．Ω_0 は E^l において $I\Omega_0$ の正則局所方程式を与えると仮定するとき，Ω が E^{l+1} において包合的であるための必要十分条件は，次の条件 (i), (ii), (iii) がみたされることである：

(i)　$C(E^l; \Omega)$ は $\mathrm{Hom}(E^l, T_x(G^{l-1}(X))/E^l)$ の部分空間として包合的である；

(ii)　$\dim pC(\cdot; \Omega)$ は $I\Omega_0$ 上 E^l の近傍で一定である；

(iii)　$\{(P\Omega)_0\}_w \cap \mathcal{O}_z(G^l(X)) = (\Omega_0)_z$.

ここで x は E^l の始点であり，$z = E^l$, $w = E^{l+1}$.

証明　一般性を失なうことなく $l=1$ と仮定し得る．E^1 の始点 E^0 の近傍における X の局所座標系 $(x_1, \cdots, x_n)$ を

$$dx_1 \wedge \cdots \wedge dx_r(E^1) \neq 0$$

がみたされるようにとる．E^1 の近傍における $G_r(X)$ の局所座標系として

$$x_i \quad (1 \leqq i \leqq r), \qquad x_\alpha \quad (r < \alpha \leqq n),$$

$$l_\beta{}^j \quad (1 \leqq j \leqq r < \beta \leqq n)$$

をとる．この座標系にたいして定義される $\mathcal{O}(G^1(X))$ から $\mathcal{O}(G^2(X))$ への作用素 ∂^q を δ^q によって表わす $(1 \leqq q \leqq r)$．この作用素が定義可能であるのは

$$\dim \pi_* E^2 = r$$

より，$\pi_* E^2 = E^1$ を得て

$$dx_1\wedge\cdots\wedge dx_r(E^2)\neq 0$$

が導かれるからである．$\mathcal{O}(G^1(X))$ の元 ψ にたいして

$$\delta^q\psi=\frac{\partial\psi}{\partial x_q}+\sum_{\alpha>r}^{n}\frac{\partial\psi}{\partial x_\alpha}\delta^q x_\alpha+\sum_{s=1}^{r}\sum_{\beta>r}^{n}\frac{\partial\psi}{\partial l_\beta{}^s}\delta^q l_\beta{}^s.$$

Ω_0 の E^1 の近傍 U 上における断面 $\psi_\lambda\,(1\leqq\lambda\leqq\nu)$ をとり，U の各点において Ω_0 は $\psi_\lambda\,(1\leqq\lambda\leqq\nu)$ によって生成されるとする．このとき各 $q\,(1\leqq q\leqq r)$ にたいして，$\Omega(q)$ は $\Omega(q-1)$ および

$$\delta^q\psi_\lambda\quad(1\leqq\lambda\leqq\nu),\qquad \delta^q l_\alpha{}^s-\delta^s l_\alpha{}^q\quad(r<\alpha\leqq n,1\leqq s<q),$$
$$\delta^q x_\beta-l_\beta{}^q\quad(r<\beta\leqq n)$$

によって生成される．

最初に定理の条件の必要性を示す．包合性の定義から条件(iii)はみたされる．定理1より，Ω_0 の生成元 $\psi_\lambda\,(1\leqq\lambda\leqq\nu)$ として次の条件(K)をみたす

$$\psi_\lambda{}^q\qquad(0\leqq q\leqq r,1\leqq\lambda\leqq\nu_q)$$

をとることができる：

(K)　U の各点において，すべての $q\,(0\leqq q\leqq r)$ にたいして，$\psi_\lambda{}^q$ は $\mathcal{O}(G_q{}^0(X))$ の U 上における断面であり，

$$d\psi_\lambda{}^q,\ dx_i,\ dl_\alpha{}^s\qquad(1\leqq\lambda\leqq\nu_q,1\leqq i\leqq r,0\leqq s<q,\ r<\alpha\leqq n)$$

は1次独立である．ここで $l_\alpha{}^0=x_\alpha\,(r<\alpha\leqq n)$.

上のような Ω_0 の生成元をとる．このとき

$$d(\delta^q\psi_\lambda{}^s),\qquad d(\delta^q l_\alpha{}^a-\delta^a l_\alpha{}^q),\qquad d(\delta^q x_\beta-l_\beta{}^q),$$
$$dx_i,\qquad dl_\gamma{}^h,\qquad d(\delta^b x_\sigma),\qquad d(\delta^c l_\tau{}^j)$$
$$(q\leqq s\leqq r,\ 1\leqq\lambda\leqq\nu_s,\ 1\leqq a,b,c<q,$$
$$r<\alpha,\beta,\gamma,\sigma,\tau\leqq n,\ 1\leqq i\leqq n,\ 1\leqq h,j\leqq r)$$

は，各 $q\,(1\leqq q\leqq r)$ にたいして E^2 において1次独立である．一方，すべての

$$d(\delta^q\psi_\lambda{}^t),\qquad 1\leqq t<q,\ 1\leqq\lambda\leqq\nu_t$$

は，各 $q\,(1\leqq q\leqq r)$ にたいして E^2 において，

$$d(\delta^q l_\alpha{}^a-\delta^a l_\alpha{}^q),\qquad d(\delta^q x_\beta-l_\beta{}^q),\qquad dx_i,\qquad dl_\gamma{}^h,$$
$$d(\delta^b x_\sigma),\qquad d(\delta^c l_\tau{}^j)$$
$$(1\leqq a,b,c<q,\ r<\alpha,\beta,\gamma,\sigma,\tau\leqq n,\ 1\leqq i\leqq n,\ 1\leqq h,j\leqq r)$$

に1次従属する．故に，定理1より，すべての

$$\delta^q\psi_\tau{}^t \qquad (1\leqq t<q,\ 1\leqq\tau\leqq\nu_t)$$

は，各 $q\,(1\leqq q\leqq r)$ にたいして E^2 において

$$\delta^a\psi_\lambda{}^j,\qquad \delta^b l_\alpha{}^h-\delta^h l_\alpha{}^b,\qquad \delta^c x_\beta-l_\beta{}^c,\qquad \psi_\mu{}^k$$
$$(1\leqq a\leqq j\leqq q,\ 1\leqq b<h\leqq q,\ 1\leqq c\leqq q,\ 0\leqq k\leqq r,$$
$$1\leqq\lambda\leqq\nu_j,\ r<\alpha,\beta\leqq n,\ 1\leqq\mu\leqq\nu_k)$$

によって生成される．$C(E^1;\Omega)$ は

$$\sum_{s=1}^{q}\sum_{\alpha>r}^{n}\xi_\alpha{}^s\frac{\partial\psi_\lambda{}^q}{\partial l_\alpha{}^s}=0\qquad(1\leqq q\leqq r,\ 1\leqq\lambda\leqq\nu_q)$$

をみたす $T_z(G_r(x))$ の元

$$\sum_{q=1}^{r}\sum_{\alpha>r}^{n}\xi_\alpha{}^q\frac{\partial}{\partial l_\alpha{}^q}$$

からなる．各 $q\,(1\leqq q\leqq r)$ について，$\xi_\alpha{}^q\,(r<\alpha\leqq n)$ に関する方程式

$$\sum_{\alpha>r}^{n}\xi_\alpha{}^q\frac{\partial\psi_\lambda{}^q}{\partial l_\alpha{}^q}=0\qquad(1\leqq\lambda\leqq\nu_q)$$

は独立である．故に§2，定理1から，E^1 の基底

$$\varDelta_1,\ \cdots,\ \varDelta_r$$

は $C(E^1;\Omega)$ に関して正則である．ここで

(6)
$$dx_i(\varDelta_j)=\delta_{ij}\qquad(1\leqq i,j\leqq r).$$

従って条件(i)はみたされる．$I\Omega_0$ 上 E^1 の近傍において

$$\dim pC(z';\Omega)=\frac{(n-r)r(r+1)}{2}-\sum_{q=1}^{r}q\nu_q$$

であるから，条件(ii)がみたされる．

次に定理の条件の十分性を示す．条件(i)より，(6)によって定義される E^1 の基底 $\varDelta_1,\cdots,\varDelta_r$ は $C(E^1;\Omega)$ に関して正則であると仮定することができる．条件(ii)より，U を十分小さくとるとき，$U\cap I\Omega_0$ の点 z' にたいして(6)によって定義される基底 $\varDelta_1,\cdots,\varDelta_r$ は $C(z';\Omega)$ に関してつねに正則であって，従って Ω_0 の生成元 $\psi_\lambda\,(1\leqq\lambda\leqq\nu)$ として条件(K)をみたす

$$\psi_\lambda{}^q\qquad(0\leqq q\leqq r,\ 1\leqq\lambda\leqq\nu_q)$$

をとることができる(§3，命題1および系1)．このとき，§2，定理1より，すべての

$$\delta^q\psi_\lambda{}^t \qquad (1\leqq t<q\leqq r,\ 1\leqq\lambda\leqq\nu_t)$$

は，E^2 において

(7)
$$\delta^q\psi_\lambda{}^t=\sum_{s=1}^{t}\sum_{a=s}^{q}\sum_{\alpha=1}^{\nu_a}A_{sa}{}^\alpha\delta^s\psi_\alpha{}^a+\sum_{s=1}^{t}\sum_{k>s}^{q}\sum_{\alpha>r}^{n}B_{sk}{}^\alpha(\delta^s l_\alpha{}^k-\delta^k l_\alpha{}^s)$$
$$+\sum_{j=1}^{q}\sum_{\alpha>r}^{n}C_j{}^\alpha(\delta^j x_\alpha-l_\alpha{}^j)+\sum_{s=1}^{t}\sum_{a=s}^{q}\sum_{\alpha>r}^{n}\phi_{sa}{}^\alpha\delta^s l_\alpha{}^a+\psi_\lambda{}^{qt}$$

と表わされる．ここで

$$A_{sa}{}^\alpha,\ B_{sk}{}^\alpha,\ C_j{}^\alpha,\ \phi_{sa}{}^\alpha,\ \psi_\lambda{}^{qt}\ \in\mathcal{O}(G_r(X))$$

であって，すべての

$$\phi_{sa}{}^\alpha \qquad (1\leqq s\leqq t,\ s<a\leqq q,\ r<\alpha\leqq n)$$

は $I\Omega_0$ 上で消える．故にすべての $\phi_{sa}{}^\alpha$ は Ω_0 に属する．従って(7)より，すべての

$$\psi_\lambda{}^{qt} \qquad (1\leqq t<q\leqq r,\ 1\leqq\lambda\leqq\nu_t)$$

は $(P\Omega)_0$ に属する．故に条件(iii)より Ω_0 に属する．従って定理1より Ω は E^2 において包合的である(証終)．

定義2 X 上の l 階の微分イデアル Ω がその0次元積分要素 E^l において包合的であるとは，E^l を始点とする r 次元積分要素 E^{l+1} が存在して次の条件(i), (ii)をみたすときにいう：

(i) Ω は E^{l+1} において包合的である；

(ii) $\dim\pi_*E^{l+1}=r$.

定理2より次の命題が導かれる：

命題3 Ω がその0次元積分要素 E^l において包合的ならば

$$\pi E^{l+1}=E^l, \qquad \dim\pi_*E^{l+1}=r$$

をみたすすべての r 次元積分要素 E^{l+1} において包合的である．

§5 包合系への延長

最初に二つの包合系の定義(§3，定義1および§4，定義2)が同等であることを示す．

ファイバーつき多様体$(M,N;\rho)$が与えられたとき，$J^l(M,N;\rho)$ を次のよう

にして $G^l(X), X=M$ のなかにうめ込む: N から M への写像 f で $\rho\circ f$ が恒等写像になるものが与えられたとき，f による N の像 F を考える．F は X の正則部分多様体であって，F の各点 x において

$$\dim \rho_* T_x(F) = r.$$

帰納的に $G^l(X)$ の部分多様体 F^l を次のように定義する:

$$F^l = T(F^{l-1}), \qquad F^0 = F.$$

このとき F^l は $G^l(X)$ の正則部分多様体である．F^l の点 E^l の始点を E^{l-1} とすれば，E^{l-1} は F^{l-1} の点であって

$$E^l = T_v(F^{l-1}), \qquad v = E^{l-1}.$$

また

$$\pi_* E^l = E^{l-1} \qquad (l>1)$$

が成立する．射影 π を l 回続けたものを π^l によって表わせば，

(1) $$\rho\pi^l E^l = x \in N$$

をみたす F^l の点 E^l はただ一つ存在する．$J^l(M, N;\rho)$ の元 $j_x{}^l(f)$ に(1)をみたす F^l の点 E^l を対応させる．この対応によって $J^l(M, N;\rho)$ は $G^l(X)$ のなかにうめ込まれる．$J^l(M, N;\rho)$ の像を $K_0{}^l(X)$ とするとき，$K_0{}^l(X)$ は次のように定義される: まず $K^l(X)$ を，$P^l\{0\}$ の 0 次元積分要素 E^l であって

$$\dim(\pi_*)^{l-1}E^l = r$$

をみたすもの全体として定義する．$K^l(X)$ は $G^l(X)$ の正則部分多様体である．$K^l(X)$ の元 E^l の始点を E^{l-1} とすれば，E^{l-1} は $K^{l-1}(X)$ の元であって

$$\pi_* E^l = E^{l-1}.$$

また $K^1(X)=G_r(X)$．ファイバーつき多様体 $(M, N;\rho)$ にたいして，$X=M$ として，$K^l(X)$ の元 E^l であって

$$\dim \rho_*(\pi_*)^{l-1}\, E^l = r$$

をみたすもの全体を $K_0{}^l(X)$ によって表わす．この $K_0{}^l(X)$ が上記の対応によって $J^l(M, N;\rho)$ の像となる．N の局所座標系 $(v_1, \cdots, v_r)$ にたいして

$$x_i = v_i\rho \qquad (1\leqq i\leqq r)$$

を延長して X の局所座標系 $(x_1, \cdots, x_r, x_{r+1}, \cdots, x_n)$ をとる．このとき $K^l(X)$ の元 E^l が $K_0{}^l(X)$ に入るための必要十分条件は

$$dx_1 \wedge \cdots \wedge dx_r(E^l) \neq 0.$$

上の座標系に関して$\partial^k(1\leqq k\leqq r)$を定義すれば，$K_0{}^l(X)$の元$E^l$にたいして

$$\partial^{k_1}\cdots\partial^{k_l}x_\alpha(E^l)$$

は，各$\alpha\,(r<\alpha\leqq n)$について$k_1,\cdots,k_l$にたいして対称である．$J^l(M,N;\rho)$の局所座標系を

$$x_i\quad(1\leqq i\leqq r),\qquad y_\alpha\quad(1\leqq\alpha\leqq m),$$
$$p_\alpha{}^{i_1\cdots i_q}\qquad(1\leqq\alpha\leqq m,\ 1\leqq q\leqq l,\ 1\leqq i_1\leqq\cdots\leqq i_q\leqq r)$$

ととる．ただし

$$y_\alpha=x_{r+\alpha}\quad(1\leqq\alpha\leqq m),\qquad m=n-r.$$

このとき$j_x{}^l(f)$にE^lが対応するならば

$$p_\alpha{}^{i_1\cdots i_q}(j_x{}^l(f))=\partial^{i_1}\cdots\partial^{i_q}y_\alpha(E^l),$$
$$1\leqq\alpha\leqq m,\ 1\leqq q\leqq l,\ 1\leqq i_1\leqq\cdots\leqq i_q\leqq r.$$

N上のl階の偏微分方程式系Φが与えられたとする．$\mathcal{O}(G^l(X))$の部分層$\Omega_0(\Phi)$を，$I\Phi$のうめ込みによる像の上で消える函数芽全体からなる層として定義する．そしてl階の微分イデアル$\Omega(\Phi)$を$\Omega_0(\Phi)$と$P^l\{0\}$によって生成される$G^l(X)$上の微分イデアルとして定義する．このとき，§3，定理3，§4，定理2，定義2より次の定理が導かれる：

定理1　Φが$I\Phi$の点zにおいて包合的であるための必要十分条件は，$\Omega(\Phi)$がzに対応する0次元積分要素E^lにおいて包合的になることである．

与えられたl階の偏微分方程式系Φを次のようにして延長する：$P_*\Phi$を

$$P_*\Phi=\bigcup_{h=1}^{\infty}P_0{}^h\Phi$$

によって定義する．このとき$P_*\Phi$はΦを含むN上のl階の偏微分方程式系であって，$I(P_*\Phi)$のすべての点において$P_*\Phi$はp-閉である(§3，定義2)．帰納的に$\Phi_h(h\geqq1)$を

$$\Phi_1=P_*\Phi,\qquad \Phi_{h+1}=P_*P\Phi_h$$

によって定義する．Φ_hはN上の$(l+h-1)$階の偏微分方程式系である．その定義より

(2)　$$\Phi_{h+1}\supset P\Phi_h\qquad(h\geqq1).$$

定理2　各$h\,(h\geqq1)$にたいして$z_h\in I\Phi_h$が存在して次の条件(i),(ii),(iii)をみたすと仮定する：

(i) $\rho_{l+h-1}(z_h)=z_{h-1}$ $(h>1)$;

(ii) Φ_h は z_h において $I\Phi_h$ の正則局所方程式を与える$(h\geqq 1)$;

(iii) 各 $h\,(h\geqq 1)$ について，$I\Phi_h$ 上 z_h の近傍において

$$\dim pC_\zeta(\Phi_h)=\text{constant}.$$

このとき十分大きい h にたいして，Φ_h は z_h において包合的になる．

証明 §3，定理3の条件(i)，(ii)，(iii)を Φ_h について調べる．Φ_h は z_h において p-閉であるから，条件(i)はみたされる．仮定(iii)より条件(ii)がみたされる．(2)より

$$C_{z_{h+1}}(\Phi_{h+1})\subset C_{z_{h+1}}(P\Phi_h)=pC_{z_h}(\Phi_h),\qquad h\geqq 1.$$

故に

$$A_h=C_{z_h}(\Phi_h),\qquad h\geqq 1$$

とすれば

$$A_{h+1}\subset pA_h\qquad (h\geqq 1)$$

となるから，§2，定理3が適用される．従って十分大きい h にたいしては

$$C_{z_{h+1}}(\Phi_{h+1})=pC_{z_h}(\Phi_h)$$

であってかつ $C_{z_h}(\Phi_h)$ は包合的になる．これより十分大きい h にたいして条件(iii)がみたされる(証終)．

例1 未知函数1箇の1階偏微分方程式系 Φ を考える．§2，例2より $C(\Phi)$ は包合的である．しかしながら Φ は必ずしも p-閉ではない．Φ が

$$F_\lambda(x_1,\cdots,x_r,y,p_1,\cdots,p_r)=0\qquad (1\leqq\lambda\leqq s)$$

によって生成されるとするならば，Φ が p-閉であるための必要十分条件は，すべての $1\leqq\lambda<\mu\leqq s$ にたいして Lagrange 括弧 $[F_\lambda,F_\mu]$ が Φ に含まれることである．故に $P_*\Phi$ は非可解系であるかまたは包合系である．

例2 Φ を，x,y を独立変数，u,v を未知函数として

$$u_x,\qquad v_y,\qquad u_y+v_x$$

によって生成される1階の偏微分方程式系とする．このとき Φ は p-閉である．しかしながら $C(\Phi)$ は§2の例1と一致して包合的でない．$P\Phi$ をつくれば，それは Φ と

$$u_{xx},\qquad u_{xy},\qquad u_{yy},\qquad v_{xx},\qquad v_{xy},\qquad v_{yy}$$

より生成され，$I(P\Phi)$ の各点において包合的である．

次に微分イデアルを包合系に延長する問題を考える．最初に正整数 r を固定して延長するとき低次元の積分多様体が失なわれることがあるのを注意する；x, y, u, v, w を独立変数として

$$du-wdy, \quad dv+wdx, \quad dw_\wedge dy, \quad dw_\wedge dx$$

から生成される微分イデアル Σ を考える(序章§6，例1)．このとき

$$\xi=w\frac{\partial}{\partial u}+\frac{\partial}{\partial y}, \quad \eta=w\frac{\partial}{\partial v}-\frac{\partial}{\partial x}$$

によって張られる積分要素 E_2 において Σ は包合的ではない．Σ は

$$dw_\wedge dy, \quad dw_\wedge dx$$

とともに

$$dw_\wedge du, \quad dw_\wedge dv$$

を含むから，Σ に dw をつけ加えても2次元積分多様体は失なわれない．Σ と dw から生成される微分イデアルを Σ^* とするとき，Σ^* は上の E^2 において包合的である．しかしながら Σ の1次元積分多様体

$$x=f(w), \quad y=g(w),$$

$$u=wg-\int gdw, \quad v=-wf+\int fdw$$

は Σ^* の積分多様体ではない．ここで f, g は w の任意函数である．

$G_r(X)$ 上の微分イデアル Σ' にたいして，$P_0\Sigma'$ を Σ' および

$$\sum a(i_1, \cdots, i_r; x, z)dx_{i_1}\wedge\cdots\wedge dx_{i_r} \qquad (1\leqq i_1<\cdots<i_r\leqq n)$$

の形をとるすべての $(\Sigma')^r$ の元から導かれる0-形式

$$\sum a(i_1, \cdots, i_r; x, z)u(i_1, \cdots, i_r)$$

から生成される $G_r(X)$ 上の微分イデアルとして定義する．ここで $u(i_1, \cdots, i_r)$ は $z\in G_r(x)$ の非斉次 Grassmann 座標である．

$G_r(X)$ の元 E_r にたいして，その始点 x の近傍における X の局所座標系 $x_1, \cdots, x_n$ を

$$dx_1{}_\wedge\cdots{}_\wedge dx_r(E_r)\neq 0$$

がみたされるようにとる．このとき E_r において

(3)　$$\partial^k\{\Sigma_0'\cap\mathcal{O}_x(X)\}\subset(P_0\Sigma')_0, \qquad 1\leqq k\leqq r.$$

Σ' にたいして $P_*\Sigma'$ を

$$P_*\Sigma' = \bigcup_{h=1}^{\infty} P_0{}^h \Sigma'$$

によって定義する．$P_*\Sigma'$ は Σ' を含む $G_r(X)$ 上の微分イデアルである．この $P_*\Sigma'$ について，(3) より

(4) $$\partial^k\{(P_*\Sigma')_0 \cap \mathcal{O}(X)\} \subset (P_*\Sigma')_0, \qquad 1 \leqq k \leqq r.$$

X 上の微分イデアル Σ を $P\Sigma$ に延長すれば §4 (p. 186) に述べたように

(5) $$\partial^k \Sigma_0 \subset (P\Sigma)_0, \qquad 1 \leqq k \leqq r.$$

Ω を X 上の 1 階の微分イデアルとする．E^2 は $P\Omega$ の 0 次元積分要素であって

$$\dim \pi_* E^2 = r$$

をみたすとするならば，E^2 の始点 E^1 は Ω の 0 次元積分要素であって

(6) $$p\{C(E^1;\Omega)\} = C(E^2; P\Omega).$$

この等式は，§0 (p. 145) に述べた同一視

$$T_z(G_r(x)) \subset T_z(G_r(X))/E^2, \qquad z = E^1, \qquad x = \pi z$$

$$\mathrm{Hom}(E^1, \mathrm{Hom}(E^1, T_x(X)/E^1))$$

$$= \mathrm{Hom}(E^1, T_z(G_r(x))) \subset \mathrm{Hom}(E^2, T_z(G_r(X))/E^2)$$

のもとでなりたつ．E^2 と E^1 は π_* によって同一視する．

微分イデアルの延長定理に現われる正則性の条件を述べるために ∂-イデアルを定義する．$K_0{}^l(X)$ の元 E^l の列が

$$\pi E^{l+1} = E^l \qquad (l \geqq 1)$$

をみたすと仮定する．このとき

$$\pi_* E^{l+1} = E^l \qquad (l \geqq 1).$$

各 E^l における $\mathcal{O}(K_0{}^l(X))$ の帰納的極限を $\mathcal{O}$ によって表わす．$\mathcal{O}$ はその上に $\partial^k (1 \leqq k \leqq r)$ が作用するところの環である．$\mathcal{O}$ のイデアル $\mathfrak{A}$ が

$$\partial^k \mathfrak{A} \subset \mathfrak{A} \qquad (1 \leqq k \leqq r)$$

をみたすときに ∂-イデアルとよぶ．

次に T を

$$y_\alpha \qquad (1 \leqq \alpha \leqq m),$$

$$p_\alpha{}^{i_1 \cdots i_l} \qquad (1 \leqq \alpha \leqq m,\ 1 \leqq l,\ 1 \leqq i_1 \leqq \cdots \leqq i_l \leqq r)$$

の全体とする．このとき T から $\{0, 1, 2, 3, \cdots\}$ への 1 対 1 写像 $|\ |$ が次の条件

(i), (ii)をみたすときに，Tの標識順序とよぶ:

(i)　$|v|>|w|$ ならば $|\partial^k v|>|\partial^k w|$, $1\leqq k\leqq r$;

(ii)　$l>k$ ならば $|p_\alpha{}^{i_1\cdots i_l}|>|p_\beta{}^{j_1\cdots j_k}|$.

標識順序の例としては，Tをふつうに

$$y_1,\cdots,y_m,p_1{}^1,\cdots,p_m{}^1,\cdots,p_1{}^r,\cdots,p_m{}^r,$$
$$p_1{}^{11},\cdots,p_m{}^{11},\cdots,p_1{}^{r-1,r},\cdots,p_m{}^{r-1,r},$$
$$\cdots\cdots$$

と整列して順序をつけて得られるものがある.

標識順序 $|\ |$ を次のようにして$\mathcal{O}$から$\{-1,0,1,2,\cdots\}$への写像$|\ |$に延長する: $f\in\mathcal{O}$にたいして

$$|f|=\max_{t\in T}\left\{|t|;\ \frac{\partial f}{\partial t}\neq 0\right\}$$

によって$|f|$を定義する．ただし$f=f(x_1,\cdots,x_r)$にたいしては$|f|=-1$と定義する.

定義1　次の条件をみたすような標識順序 $|\ |$ が存在するときに，$\mathfrak{A}$を正則∂-イデアルとよぶ: $\mathfrak{A}$の各元fは

$$f=\sum_{i=1}^{\nu}A_i(w_i-g_i)+\sum_{j=1}^{\mu}B_j\phi_j \tag{7}$$

と表わされる．ここで

$$A_i,B_j\in\mathcal{O};\ \ w_i\in T;\ \ w_i-g_i,\phi_j\in\mathfrak{A};$$
$$\|A_i\|,\|B_j\|\leqq\|f\|;\ \ |g_i|<|w_i|\leqq|f|;$$
$$\|\phi_j\|=-1$$

がみたされる．ただし$\|g\|$はふつうの階数であって

$$\|g\|=\max\left\{l;\ \frac{\partial g}{\partial p_\alpha{}^{i_1\cdots i_l}}\neq 0\right\},$$
$$\|g(x_1,\cdots,x_r)\|=-1.$$

この定義において特に条件

$$|g_i|<|w_i|\leqq|f|$$

が重要である．これより標識順序についての条件(ii)から

$$\|g_i\|\leqq\|w_i\|\leqq\|f\|.$$

次の Riquier による定理([29, p. 147])を補題として準備する：

補題 1　単項式 $w_i = x_1^{i_1} \cdots x_r^{i_r}$ の無限列 $w_1, w_2, w_3, \cdots$ においては，つねに $k < j$ であって w_k が w_j を割り切るような k, j が存在する．ここで r は固定された正整数である．

証明　$r=1$ のとき補題は正しい．$r-1$ の場合に正しいとして，r の場合に証明する．$i(\alpha), \alpha = 1, 2, 3, \cdots$ を，各 α について

$$i(\alpha) < i(\alpha+1), \qquad i_r(\alpha) \leqq i_r(\alpha+1)$$

をみたすようにとる．ここで

$$w_{i(\alpha)} = x_1^{i_1(\alpha)} \cdots x_r^{i_r(\alpha)}.$$

各 α にたいして v_α を

$$v_\alpha = \frac{w_{i(\alpha)}}{x_r^{i_r(\alpha)}}$$

によって定義すれば，帰納法の仮定より $\alpha < \beta$ が存在して，v_α は v_β を割り切る．このとき $w_{i(\alpha)}$ は $w_{i(\beta)}$ を割り切る(証終)．

定理 3　$\mathfrak{A}$ を $\mathcal{O}$ の正則 ∂-イデアルとする．このとき次のような有限箇の $\mathfrak{A}$ の生成元 $\psi_1, \cdots, \psi_\sigma$ が存在する：$\mathfrak{A}$ の各元 f は

$$f = \sum_{\alpha=1}^{\sigma} \sum_{\beta=0}^{\tau} A_{\alpha,(\beta)} \partial^{(\beta)} \psi_\alpha + \sum_{\gamma=1}^{\mu} B_\gamma \phi_\gamma$$

と表わされる．ここで

$$A_{\alpha,(\beta)}, B_\gamma \in \mathcal{O};\ \ \phi_\gamma \in \mathfrak{A};$$
$$\partial^{(\beta)} = \partial^{i_1} \cdots \partial^{i_\beta};$$
$$\|A_{\alpha,(\beta)}\|,\ \|\partial^{(\beta)} \psi_\alpha\|,\ \|B_\gamma\| \leqq \|f\|;\ \ \|\phi_\gamma\| = -1.$$

証明　次の条件をみたす $w \in T$ の集合を W とする：$\mathcal{O}$ の元 g が存在して

(8) $$w - g \in \mathfrak{A}, \qquad |g| < |w|.$$

このとき，補題 1 より W に有限箇の元

$$w^{(1)},\ \cdots,\ w^{(\sigma)}$$

が存在して，W の任意の元 w はある $\alpha\,(1 \leqq \alpha \leqq \sigma)$ にたいして

$$w = \partial^{(\beta)} w^{(\alpha)}$$

と表わされる．各 $\alpha\,(1 \leqq \alpha \leqq \sigma)$ について

$$w^{(\alpha)} - g^{(\alpha)} \in \mathfrak{A}, \qquad |g^{(\alpha)}| < |w^{(\alpha)}|$$

をみたす $g^{(\alpha)}$ を一つとり

$$\psi_\alpha = w^{(\alpha)} - g^{(\alpha)}, \qquad 1 \leqq \alpha \leqq \sigma$$

とおく．(8)をみたす w, g にたいして

$$w = \partial^{(\beta)} w^{(\alpha)}$$

とするとき

$$w - g = \partial^{(\beta)} \psi_\alpha + \partial^{(\beta)} g^{(\alpha)} - g.$$

ここで標識順序についての条件(i)より

$$|\partial^{(\beta)} g^{(\alpha)}| < |\partial^{(\beta)} w^{(\alpha)}| = |w|$$

であるから

$$|\partial^{(\beta)} g^{(\alpha)} - g| < |w|.$$

そして

$$\|\partial^{(\beta)} \psi_\alpha\| = \|\partial^{(\beta)} w^{(\alpha)}\| = \|w\|.$$

これより $|f|$ についての帰納法によって，(7)から定理が導かれる(証終)．

この定理において，とくに不等式

$$\|\partial^{(\beta)} \psi_\alpha\| \leqq \|f\|$$

が重要である．

与えられた微分イデアル Σ から帰納的に $\Sigma^{(l)} (l \geqq 0)$ を

$$\Sigma^{(0)} = \Sigma, \qquad \Sigma^{(l+1)} = P_* P \Sigma^{(l)}$$

によって定義する．$\Sigma^{(l)}$ は l 階の微分イデアルである．$\Sigma^{(l)}$ の0次元積分要素 E^l の列が存在して

$$\dim \pi_* E^l = r, \qquad \pi E^l = E^{l-1} \qquad (l > 1)$$

をみたすと仮定する．このとき

$$\pi_* E^l = E^{l-1} \qquad (l > 1).$$

各 $l (l \geqq 1)$ にたいして

$$\Sigma_0^{(l)} \subset (P \Sigma^{(l)})_0 \subset \Sigma_0^{(l+1)}.$$

E^1 において

$$dx_1 \wedge \cdots \wedge dx_r(E^1) \neq 0$$

をみたす X の局所座標系 $x_1, \cdots, x_r, x_{r+1}, \cdots, x_n$ をとる．$K_0{}^l(X)$ の $G^l(X)$ へのうめ込みを ι によって表わす．各 E^l における

$$\iota^* \Sigma_0{}^{(l)} \subset \mathcal{O}(K_0{}^l(X)), \qquad l \geqq 1$$

の帰納的極限を

$$\mathfrak{A}(\Sigma, E^l; l \geqq 1)$$

によって表わす．(5)より

$$\partial^k \Sigma_0^{(l)} \subset (P\Sigma^{(l)})_0 \subset \Sigma_0^{(l+1)} \qquad (1 \leqq k \leqq r)$$

であるから $\mathfrak{A}(\Sigma, E^l; l \geqq 1)$ は $\mathcal{O}$ の ∂-イデアルを与える．

定理 4　$\Sigma^{(l)}$ の 0 次元積分要素 E^l の列が存在して次の条件(i)-(iv)をみたすと仮定する：

(i)　$\dim \pi_* E^l = r$,　$\pi E^l = E^{l-1} (l > 1)$;

(ii)　$\Sigma_0^{(l)}$ は E^l において $I\Sigma_0^{(l)}$ の正則局所方程式を与える；

(iii)　$I\Sigma_0^{(l)}$ 上 E^l の近傍において

$$\dim pC(\cdot; \Sigma^{(l)}) = \text{constant};$$

(iv)　$\mathfrak{A}(\Sigma, E^l; l \geqq 1)$ は正則 ∂-イデアルである．

このとき十分大きい l にたいして $\Sigma^{(l)}$ は E^l において包合的である．

証明　§4, 定理 2 の条件(i), (ii), (iii)を $\Omega = \Sigma^{(l)}$ について調べる．条件(ii)は仮定(iii)よりみたされている．仮定(iv)より定理 3 を $\mathfrak{A}(\Sigma, E^l; l \geqq 1)$ に適用することができる：この ∂-イデアルに含まれてかつ $\|\phi\| = -1$ をみたすものは $\phi = 0$ に限る．故に，$\mathfrak{A}(\Sigma, E^l; l \geqq 1)$ の生成元

$$\psi_1, \cdots, \psi_\sigma$$

が存在して，各元 f は

$$f = \sum_{\alpha=1}^{\sigma} \sum_{\beta=1}^{\tau} A_{\alpha,(\beta)} \partial^{(\beta)} \psi_\alpha$$

と表わされる．ここで

$$\|A_{\alpha,(\beta)}\|, \ \|\partial^{(\beta)} \psi_\alpha\| \leqq \|f\|.$$

正数 l_0 を十分大きくとれば，すべての $l \geqq l_0$ にたいして

$$\psi_1, \cdots, \psi_\sigma \in \iota^* \Sigma_0^{(l)}, \qquad l \geqq l_0.$$

故に(4)より

$$\partial^{(\beta)} \psi_\alpha \in \iota^* \Sigma_0^{(j)}, \qquad j = \max(l_0, \|\partial^{(\beta)} \psi_\alpha\|).$$

従って

$$\|\partial^{(\beta)} \psi_\alpha\| \leqq \|f\|$$

より

$$f \in \iota^* \Sigma_0^{(k)}, \qquad k = \max(l_0, \|f\|).$$

これより，$l \geqq l_0$ にたいして

$$\{\iota^* \Sigma_0^{(l)}\}_z = \mathcal{O}_z(K_0^l(X)) \cap \{\iota^* \Sigma_0^{(l+1)}\}_w.$$

ここで

$$z = E^l, \qquad w = E^{l+1}.$$

従って

$$\{\Sigma_0^{(l)}\}_z = \mathcal{O}_z(G^l(X)) \cap \{\Sigma_0^{(l+1)}\}_w.$$

故に条件(iii)が

$$\Sigma^{(l)}, \qquad l \geqq l_0$$

にたいしてみたされる．最後に(6)より

$$pC(E^l; \Sigma^{(l)}) = C(E^{l+1}; P\Sigma^{(l)}) \supset C(E^{l+1}; \Sigma^{(l+1)})$$

より，§2，定理3が

$$A_l = C(E^l; \Sigma^{(l)}), \qquad l \geqq 1$$

にたいして適用される．従って，正数 l_1 が存在して，すべての $l \geqq l_1$ について

$$pC(E^l; \Sigma^{(l)}) = C(E^{l+1}; \Sigma^{(l+1)})$$

であって，$C(E^l; \Sigma^{(l)})$ は包合的である．これより条件(i)が

$$\Sigma^{(l)}, \qquad l \geqq l_1$$

にたいしてみたされる．故に

$$\Sigma^{(l)}, \qquad l \geqq \max(l_0, l_1)$$

は，E^{l+1} において包合的である．従って§4，定義2より，上の $\Sigma^{(l)}$ は E^l において包合的である(証終)．

文　　献

[1] N. Bourbaki, Éléments de mathématique, Algèbre commutative, Hermann, Paris, 1961.

[2] E. Cartan, Sur l'intégration des systèmes d'équations aux différentielles totales, Ann. Sci. Ecole Norm. Sup. **18** (1901), 241–311.

[3] ——, Leçons sur les invariants intégraux, Hermann, Paris, 1922.

[4] ——, Les systèmes différentiels éxtérieurs et leurs applications géométriques, Hermann, Paris, 1945.

[5] E. Delassus, Extension du théorème de Cauchy aux systèmes les plus généraux d'équations aux dérivées partielles, Ann. Sci. Ecole Norm. Sup. Ser. 3, **13** (1896), 421–467.

[6] L. P. Eisenhart, A treatise on the differential geometry of curves and surfaces, Ginn, Boston, 1909.

[7] A. R. Forsyth, Theory of differential equations, Part I, Exact equations and Pfaff's problem, Cambridge Univ. Press, London, 1890 ; Dover, New York, 1959.

[8] ——, Theory of differential equations, Part II, Ordinary equations, not linear, Vol. II, Cambridge Univ. Press, London, 1900 ; Dover, New York, 1959.

[9] ——, Theory of differential equations, Part IV, Partial differential equations, Vol. VI, Cambridge Univ. Press, London, 1906 ; Dover, New York, 1959.

[10] E. Goursat, Leçons sur l'intégration des équations aux dérivées partielles du premier ordre, Hermann, Paris, 1891 ; 独訳(H. Maser), Teubner, Leipzig, 1893.

[11] V. W. Guillemin and S. Sternberg, An algebraic model of transitive differential geometry, Bull. Amer. Math. Soc. **70** (1964), 16–47.

[12] ——, Leçons sur l'intégration des équations aux dérivées partielles du second ordre à deux variables indépendentes, I, II, Hermann, Paris, 1896 ; 1898.

[13] ——, Le problème de Bäcklund, Mémor. Sci. Math. 6, Gauthier-Villars, Paris, 1925.

[14] E. Kähler, Einführung in die Theorie der Systeme von Differentialgleichungen, Teubner, Leipzig, 1934 ; Chealsea, New York, 1949.

[15] K. Kakié, On involutive systems of partial differential equations in two independent variables, J. Fac. Sci. Univ. Tokyo, Sec. IA, **21** (1974), 405–433.

[16] S. v. Kowalevsky, Zur Theorie der partiellen Differentialgleichungen, J. Reine Angew. Math. **80** (1875), 1–32.

[17] M. Kuranishi, On E. Cartan's prolongation theorem of exterior differential systems, Amer. J. Math. **79**(1957), 1–47.

[18] ——, On the local theory of continuous infinite pseudo groups, I, II, Nagoya Math. J. **15**(1959), 225–260; **19**(1961), 55–91.

[19] ——, Lectures on exterior differential systems, Tata Inst. Fund. Res., Bombay, 1962.

[20] ——, Lectures on involutive systems of partial differential equations, Publ. Soc. Mat. São Paulo, 1967.

[21] M. Matsuda, Cartan–Kuranishi's prolongation of differential systems combined with that of Lagrange and Jacobi, Publ. Res. Inst. Math. Sci. **3**(1967), 69–84.

[22] ——, Involutive な偏微分方程式系について, 数学, **21**(1969), 161–177.

[23] ——, Two methods of integrating Monge–Ampère's equations, I, II, Trans. Amer. Math. Soc. **150**(1970), 327–343; **166**(1972), 371–386.

[24] ——, Monge–Ampère 方程式について, 数学, **24**(1972), 100–118.

[25] ——, Generalized Pfaff's problem, J. Fac. Sci. Univ. Tokyo, Sec. IA, **19** (1972), 231–242.

[26] ——, Integration of ordinary differential equations of the first order by quadratures, Osaka J. Math. **11**(1974), 23–36.

[27] Y. Matsushima, On a theorem concerning the prolongation of a differential system, Nagoya Math, J. **6**(1953), 1–16.

[28] C. Riquier, Les systèmes d'équations aux dérivées partielles, Gauthier–Villars, Paris, 1910.

[29] J. F. Ritt, Differential algebra, Amer. Math. Soc. Colloq. Publ. 33, 1950.

[30] I. M. Singer and S. Sternberg, The infinite groups of Lie and Cartan, Part I (The transitive groups), J. Analyse Math. **15**(1965), 1–114.

[31] D. C. Spencer, Overdetermined systems of linear partial differential equations, Bull. Amer. Math. Soc. **75**(1969), 179–239.

[32] 高木貞治, 代数学講義, 共立社, 東京, 1930; 共立出版, 東京, 1948.

[33] AR. Tresse, Sur les invariants différentielles des groups continus de transformations, Acta Math. **18**(1894), 1–88.

あとがき

本書で扱いきれなかった問題についての参考文献を記したい.

1. 線形偏微分方程式の包合系の理論については, Spencer[31]を参照されたい.

2. 序論に述べた“Pfaffの問題”はふつう“一般化されたPfaffの問題”とよばれ,“Pfaffの問題”というときには単独Pfaff方程式の場合を指すことが多い. この問題の歴史についてはForsyth[7]を参照されたい.

3. 序章§0に述べた求積論の問題(II)については, 筆者[26]を参照されたい.

4. 序章§0に述べた求積論の問題(III)については, Forsyth[8, Chap. 9, Chap. 10]を参照されたい. 線形常微分方程式が初等超越函数で解けるための判定条件を与えるPicard–Vessiotの理論については, 次の文献を参照されたい:

E. R. Kolchin, Algebraic matric groups and the Picard–Vessiot theory of homogeneous ordinary linear differential equations, Ann. of Math. **49** (1948), 1–42.

K. Okugawa, Basic properties of differential fields of an arbitrary characteristic and the Picard–Vessiot theory, J. Math. Kyoto Univ. **2** (1963), 295–322.

5. 序章§5に述べたMongeの求積法を一般化した方法の中でもっとも強力なものとしてDarbouxの方法が知られている(Goursat[11, Chap. 7]). この方法と可積分系による解法との間の関連について述べることができなかったのを残念に思う. Darbouxの方法は単独方程式に限って適用されるものであったが, 垣江[15]は2独立変数の包合系の構造を深く考察し, Darbouxの方法を方程式系に適用し得る方法に一般化した.

6. 第1章§8に述べたBäcklund変換について, その一般論はGoursat[12]を参照されたい.

7. 第2章§0に述べたRiquierの方法については, Riquier[28], Delassus[5],

Tresse[33], Ritt[29, Chap. 8] を参照されたい.

8. 多様体上の外微分形式の理論については，次の文献を参照されたい:

H. K. Nickerson(ニッカーソン), D. C. Spencer(スペンサー), N. E. Steenrod(スティーンロッド)，現代ベクトル解析——ベクトル解析から調和積分へ——(原田重春，佐藤正次訳)，岩波書店，1965.

9. 多様体上の Pfaff 方程式系についての Frobenius の定理は，C^∞ の範疇で大域的に証明されている(C. Chevalley, Theory of Lie groups I, Princeton Univ. Press, 1946 : Chap. 3).

10. 序章§3, 定理1は，ここでは Cauchy-Kowalevsky の定理を用いて証明したが，常微分方程式の解の存在定理に帰着させることができる. これより序章§3, §4，第1章§1, §2, §3, §5, §6 は C^∞ の範疇で議論することが可能である. このときには状況が"一般的(generic)"であることの厳格な定義を各場合に下して，その条件のもとで議論しなければならない. それについては，

C. Carathéodory, Variationsrechnung und partielle Differentialgleichungen erster Ordnung, Teubner, 1935.

を参照されたい. 求積論を現代化するためには，この"一般的"という概念を抽象的に把握しなければならない.

11. 第2章包合系の理論を実(または複素)解析的の範疇で論じるのは，解の存在の証明が Cauchy-Kowalevsky の定理に依存するからである. その導入部として，序章§6は解析的の範疇に属する.

12. 外微分形式論の物理科学への応用については,次の文献を参照されたい:

H. Flanders(フランダース)，微分形式の理論およびその物理科学への応用(岩堀長慶訳)，岩波書店，1967.

私のささやかな研究が，こういう形で世に出ることになったのは藤田宏教授のおすすめによるものである. 執筆中 Donald C. Spencer 教授，小松彦三郎助教授の激励を受けた. 垣江邦夫博士は原稿に目を通して下さった. 書店からは荒井秀男氏にお世話いただいた. あわせて厚い感謝の意を表したい.

著　者

索引と対訳

A

Ampère(アンペール)　1
青本(Aomoto)　65

B

Bäcklund(バックルント)変換　129
ベクトル場(vector field)　8
Bianchi(ビアンキ)の変換　128
微分イデアル(differential ideal)
　59, 146
　l 階の——(of order l)　186
母函数(generating function)
　接触変換の——　91

C

Cartan(カルタン)　1, 2, 135, 137
Cauchy(コーシー)　13

Cartan-Kähler の定理 ⇀ 第一, 第二存在定理
Cartan の定理
　Pfaff 方程式系についての——　50, 54
　特性系についての——　67, 68, 70
Cauchy-Darboux の定理
　1階偏微分方程式についての——　37
Cauchy-Kowalevsky の定理　21
Clairaut(クレロー)型方程式　93

D

Darboux(ダルブー)　2
第一積分(first integral)
　Pfaff 方程式系の——　31
第一存在定理
　Cartan-Kähler の——　148
第二存在定理
　Cartan-Kähler の——　155
Darboux の定理 ⇀ Frobenius-Darboux の定理
∂-イデアル(∂-ideal)　196
同階数の延長(prolongation of the same order)
　偏微分方程式系の——　142, 178

E

延長(prolongation)
　Hom(F, E)の部分空間 A の——　158

F

Frobenius(フロベニウス)　1

ファイバーつき多様体(fibered manifold)
　169
Frobenius の定理
　Pfaff 方程式系についての——　31
Frobenius-Darboux の定理
　Pfaff 形式の標準型についての——
　　78, 80

G

Goursat(グルサ)　2
Guillemin(ギルミン)　2, 140, 141

外微分(exterior derivative)
Pfaff 形式の—— 6
外微分形式の—— 58
外微分形式(exterior differential form) 57
外微分形式系(system of exterior differential forms; exterior differential system) 135
外積(exterior product)
Pfaff 形式の—— 5, 57
外微分形式の—— 58, 59
Grassmann 多様体(Grassmann manifold)
多様体上の—— 64
Grassmann 座標(Grassmann coordinate)
接要素の—— 60

H

Hamilton(ハミルトン)-Jacobi(ヤコビ)の解法 112
偏微分方程式系(system of partial differential equations) 171
非可解系(incompatible system)
外微分形式の—— 64, 136
偏微分方程式の—— 63
非斉次(inhomogenious) Grassmann 座標 61
包合系(involutive system)
外微分形式の—— 136
偏微分方程式の—— 139
1階偏微分方程式の—— 114
包合的(involutive)
微分イデアルがその積分要素において—— 144, 147
偏微分方程式系がその積分点で—— 172
高階微分イデアルがその0次元積分要素において—— 190
包合的部分空間(involutive subspace)
Hom(F, E)の—— 140
標識順序(marking order) 196

I

1階偏微分方程式(partial differential equation of the first order) 33, 92, 101
1階偏微分方程式系 113
Imschenetsky(イムシェネツキ)変換 130
一般解(general solution)
1階偏微分方程式系の—— 116
1階偏微分方程式の—— 34, 102
一般底(generic basis)
部分空間 A に関する—— 158
1助変数変換群(one-parameter group of transformations) 8

J

Jacobi(ヤコビ) 1, 142

Jacobi 系(Jacobian system) 24
Jacobi-Mayer(マイヤー)の解法 117, 118
jet(ジェット) 170

K

Kähler(ケーラー) 2, 138
Kowalevsky(コワレフスキ) 13
倉西(Kuranishi) 2, 139, 140, 141

Kähler の判定条件(criterion)
微分イデアルが包合系であるための—— 182
階数(rank)
完全系の—— 25

Pfaff 方程式系の——　77
準線形偏微分方程式系の——　28
括弧積(bracket product)　9
完全解(complete integral)
1階偏微分方程式系の——　116
1階偏微分方程式の——　33, 101
完全系(complete system)
線形偏微分方程式の——　24
準線形偏微分方程式の——　27
完全積分可能(completely integrable)
Pfaff 方程式系が——　29
可積分系(integrable system)　119
基準延長(standard prolongation)
偏微分方程式系の——　139, 172
高階微分イデアル(differential ideal of higher order)　186
Kowalevsky 系(Kowalevskian system)　22
倉西の延長定理(Kuranishi's prolongation theorem)　140
極小曲面(minimal surface)の方程式　123
極要素(polar element)
積分要素の——　49, 138, 146

L

Lagrange(ラグランジュ)　1
Lie(リー)　2

Lagrange-Charpit(シャルピ)系　36, 103
Lagrange 型の常微分方程式　93
Lagrange 括弧(Lagrange bracket)　35, 85
Lagrange の定理
1階偏微分方程式についての——　35
Laplace(ラプラス)の変換(Laplace transformation)　127
Legendre(ルジャンドル)変換　84
Lie による解の概念　93
Lie の定理
1階偏微分方程式についての——　93
Monge-Ampère 方程式についての——　98
接触変換についての——　85, 88, 89
Liouville(リウヴィル)方程式　126

M

松島(Matsushima)　2
Monge(モンジュ)　1

面要素(surface element)　82, 84
M_1-可積分(M_1-integrable)
Monge-Ampère 方程式が——　112
Monge-Ampère 方程式　42, 95, 121
Monge 可積分(Monge integrable)
Monge-Ampère 方程式が——　45
Monge 系
Monge-Ampère 方程式の——　42
無限小変換(infinitesimal transformation)　8

O

横断的(transversal)に交わる
部分空間が——　148

P

Pfaff(パッフ)　1

Pfaff 方程式(Pfaffian equation)　5
Pfaff 形式(Pfaffian form)　4
——の標準型(canonical form)　81, 82
Pfaff の問題　1
p-閉(p-closed)

偏微分方程式系が—— 142, 178
Plücker(プリュッカー)座標 60
Poisson(ポアッソン)括弧(bracket) 105

R

Riquier(リキエ) 143
Ritt(リット) 4

類数(class number)
Pfaff 方程式系の—— 71
Pfaff 方程式(形式)の—— 76

S

Serre(セール) 141
Singer(シンガー) 140
Sternberg(スタンバーグ) 2, 140, 141

正則(regular)∂-イデアル 196
正則局所方程式(regular local equation) 147
正則鎖(regular chain)
積分要素の—— 138, 147
正則積分要素(regular integral element)
外微分形式系の—— 138, 146, 147
Pfaff 方程式系の—— 49
正則底(regular basis)
部分空間 A に関する—— 159
正常積分要素(ordinary integral element)
微分イデアルの—— 147
正準変換(canonical transformation) 104
助変数 t を含むところの—— 106
積分多様体(integral manifold)
微分イデアルの—— 59
外微分方程式の—— 58
無限小変換の系の—— 10
Pfaff 方程式の—— 5
積分要素(integral element)
微分イデアルの—— 146
外微分方程式の—— 61
外微分形式系の—— 62
Pfaff 方程式系の—— 49
線形偏微分方程式系(system of linear partial differential equations) 23
接触変換(contact transformation; tangential transformation) 83
接要素(contact element) 59
始点(origin)
接要素の—— 59
jet の—— 170
種数(genus)
Pfaff 方程式系の—— 49
微分イデアルの—— 135
主要部(principal part)
偏微分方程式系の—— 139, 171

T

特異解(singular solution)
1階偏微分方程式系の—— 116
1階偏微分方程式の—— 34, 102
特異積分要素(singular integral element)
Pfaff 方程式系の—— 55
特性系(characteristic system) 66
中間積分(intermediate integral)
Monge-Ampère 方程式の—— 45

Y

優級数(majorant series) 13

Z

準線形偏微分方程式系(system of quasi-linear partial differential equations) 26

■岩波オンデマンドブックス■

外微分形式の理論

1976年2月20日　第1刷発行
2017年11月10日　オンデマンド版発行

著　者　松田道彦（まつだ みちひこ）

発行者　岡本　厚

発行所　株式会社　岩波書店
〒101-8002 東京都千代田区一ツ橋2-5-5
電話案内 03-5210-4000
http://www.iwanami.co.jp/

印刷／製本・法令印刷

ISBN 978-4-00-730695-2　Printed in Japan